W0258528

DIE GRUNDLEHREN DER

MATHEMATISCHEN WISSENSCHAFTEN

IN EINZELDARSTELLUNGEN MIT BESONDERER
BERÜCKSICHTIGUNG DER ANWENDUNGSGEBIETE

HERAUSGEGEBEN VON

J. L. DOOB · R. GRAMMEL · E. HEINZ · F. HIRZEBRUCH
E. HOPF · H. HOPF · W. MAAK · W. MAGNUS
F. K. SCHMIDT · K. STEIN

GESCHÄFTSFÜHRENDE HERAUSGEBER

B. ECKMANN UND B. L. VAN DER WAERDEN
ZÜRICH

BAND 118

SPRINGER-VERLAG
BERLIN · GÖTTINGEN · HEIDELBERG
1963

EINFÜHRUNG IN DIE THEORIE

DER

SPEZIELLEN FUNKTIONEN

DER

MATHEMATISCHEN PHYSIK

VON

DR. FRIEDRICH WILHELM SCHÄFKE

ORD. PROFESSOR DER MATHEMATIK
AN DER UNIVERSITÄT KÖLN

MIT 1 ABBILDUNG

SPRINGER-VERLAG

BERLIN · GÖTTINGEN · HEIDELBERG

1963

Geschäftsführende Herausgeber:
Prof. Dr. B. Eckmann,
Eidgenössische Technische Hochschule Zürich
Prof. Dr. B. L. van der Waerden,
Mathematisches Institut der Universität Zürich

ISBN-13: 978-3-642-94868-8   e-ISBN-13: 978-3-642-94867-1
DOI: 10.1007/978-3-642-94867-1

Vorwort

Das vorliegende Buch ist zum Teil aus Vorlesungen entstanden, die ich in den vergangenen zehn Jahren an verschiedenen Universitäten gehalten habe. Es verdankt daneben viel einer intensiven Beschäftigung auch mit den höheren speziellen Funktionen, vor allem dem Bemühen, für ihre Untersuchung eine solide mathematische Grundlage zu schaffen. So ist mit dieser Einführung ein Werk entstanden, das versucht, die Theorie der behandelten Funktionen mit dem Blick auf das mathematisch Wesentliche zu erfassen, den Zugang zu ihnen zu vereinfachen, ihre Vielfalt zu überschauen und zu beherrschen. Ich habe die Hoffnung, daß die Theorie so auch für den, der diese Funktionen nicht als Gegenstand rein mathematischer Betrachtungen ansehen kann, sondern sie als Hilfsmittel benötigt, etwas gewonnen hat.

Zu besonderem Dank bin ich verpflichtet Fräulein K. Kappes für die sorgfältige Reinschrift des Manuskripts, meinen Mitarbeitern R. Ebert und A. Schneider für die große Mühe einer kritischen Durchsicht, Herrn A. Schneider insbesondere für die gewissenhafte Unterstützung bei der Korrektur. Dem Verlage schließlich gilt mein Dank für sein Verständnis bei mancher Verzögerung der Fertigstellung und für die vorzügliche Ausstattung des Buches.

Köln, im Juni 1963   F. W. Schäfke

Inhaltsverzeichnis

Einleitung

Das vorliegende Werk will, seinem Titel entsprechend, eine Einführung in die Theorie der speziellen Funktionen der mathematischen Physik geben.

Als spezielle Funktionen der mathematischen Physik werden dabei diejenigen Funktionen verstanden, die bei der Separation der dreidimensionalen Schwingungsgleichung $\Delta u + k^2 u = 0$ in krummlinigen orthogonalen Koordinatensystemen auftreten.

Gegenstand des Werkes ist die mathematische Theorie dieser Funktionen. Auf eine Darstellung von Anwendungen wird verzichtet. Auch werden Gesichtspunkte und Interessen der Anwendungen nicht bewußt in den Vordergrund gestellt. Es liegt allerdings in der Natur der Sache, daß die Herkunft der behandelten Funktionen und die wesentlich mit dieser Herkunft zusammenhängenden Prinzipien der mathematischen Theorie weitgehend zu Resultaten führen, die eine besondere Bedeutung auch für die Anwendungen haben.

Die Absicht einer Einführung bringt einige wesentliche Konsequenzen hinsichtlich Darstellung und Umfang mit sich. Im Gegensatz zu Handbüchern, Formelsammlungen und Spezialliteratur muß es Aufgabe einer Einführung sein, mit der Bereitstellung einer geeigneten Grundlage vor allem die wesentlichen Prinzipien aufzuzeigen, und sie in ihrer Fruchtbarkeit zu beleuchten, die, weitgehend für viele Klassen spezieller Funktionen gemeinsam, nicht nur die Hauptresultate der Theorie liefern, sondern auch den Kenner in die Lage versetzen, erfolgreich selbst weiterzuarbeiten, neue Aussagen — auch für andere Funktionenklassen — herzuleiten und bei zahlreichen, etwa in den Formelsammlungen notierten, Formeln und Sätzen schnell die naturgemäße Begründung zu sehen.

Zu diesen Prinzipien gehören natürlich die Hauptsätze über gewöhnliche lineare Differentialgleichungen im Komplexen und deren Singularitäten. Auch sind selbstverständlich für die „einfachen" Klassen spezieller Funktionen die Konsequenzen der Theorie der hypergeometrischen Funktionen von großer Bedeutung. Man würde jedoch die — für Theorie und Anwendungen — wesentlichen Besonderheiten unserer speziellen Funktionen außer acht lassen, wollte man ihre Theorie vor allem auf die Lösung ihrer Differentialgleichungen durch Reihen und komplexe Integrale gründen.

Auch die Theorie der auf die sog. F-Gleichung $\frac{\partial}{\partial z} F(z, \alpha) = F(z, \alpha+1)$ zurückführbaren Differentialrekursionen und ähnliche Überlegungen bilden wichtige Gesichtspunkte, die zahlreiche Resultate über spezielle Funktionen auf eine einfache allgemeine Grundlage zurückführen. Man muß jedoch wieder einschränkend sagen, daß einmal nur die einfachen Klassen spezieller Funktionen sich so einordnen lassen und zum anderen kaum die wesentlichen Besonderheiten der speziellen Funktionen der mathematischen Physik erfaßt werden.

Diese wesentlichen Besonderheiten unserer Funktionen, und zwar *aller* Klassen spezieller Funktionen der mathematischen Physik, sind naturgemäß die Konsequenzen ihres gemeinsamen Ursprungs aus der Separation der Schwingungsgleichung.

Die Schwingungsgleichung ist in bestimmter Weise als partielle lineare Differentialgleichung zweiter Ordnung durch ihre Orthogonalinvarianz gekennzeichnet. So sind die aus dieser Orthogonalinvarianz fließenden Eigenschaften der speziellen Funktionen für ihre Theorie in besonderem Maße charakteristisch und von Bedeutung. Daher muß es auch eine wesentliche Aufgabe einer Einführung sein, die Fruchtbarkeit der Orthogonalinvarianz als eines Beweisprinzips aufzuzeigen.

Hiermit untrennbar verbunden liefert der mit der Separation der Schwingungsgleichung gegebene Zusammenhang zwischen dieser einerseits und den durch Separationsparameter gekoppelten gewöhnlichen Differentialgleichungen der speziellen Funktionen andererseits nicht nur gerade den Ursprung dieser Funktionen und eben spezielle Produktlösungen der Schwingungsgleichung, sondern vielmehr auch fast unmittelbar eine Reihe von sehr allgemeinen Sätzen über Integralrelationen zwischen speziellen Funktionen, darunter elementare Integraldarstellungen, bei denen Lösungen der Schwingungsgleichung, auf die betreffenden Koordinaten umgerechnet, als Kern dienen. Hier ist, direkt mit der Definition der Funktionen verbunden, ein außerordentlich fruchtbares und für diese Funktionen charakteristisches Prinzip gegeben, dessen Bedeutung in einer Einführung besonders hervorgehoben werden muß.

Diese Integralrelationen und ähnliche, die sich oft in analoger Weise ergeben, sind der Hauptgrund für die vielfältige Anwendbarkeit von Sätzen der Theorie spezieller Integraltransformationen für das Studium unserer Funktionen. Eine besondere Rolle spielen die LaplaceTransformation und ihre Modifikationen. Und hier wieder gehören jene Sätze, die es gestatten, Potenzreihen der einen Funktion in asymptotische Reihen der anderen zu übersetzen, zu den wichtigsten Prinzipien unserer Theorie.

Als Analogon zu den Integralrelationen und Integraltransformationen sind für die Theorie unserer Funktionen Reihenentwicklungen und entsprechende Entwicklungssätze für Reihen nach bestimmten Systemen spezieller Funktionen von prinzipieller Bedeutung. Sie bilden insbesondere eine wesentliche Grundlage für die Untersuchung höherer spezieller Funktionen, z.B. der Mathieuschen Funktionen und der Sphäroidfunktionen, wo sie im Zusammenwirken mit den erwähnten Prinzipien der Integralrelationen und der Orthogonalinvarianz unter anderem umfassende Additionstheoreme liefern, die bequem rein deduktiv einen großen Teil der Theorie herzuleiten gestatten. Diese wichtigsten Reihenentwicklungen nach speziellen Funktionen sind in bestimmtem Sinne Biorthogonalentwicklungen, Verallgemeinerungen von Laurent-Reihen bzw. Fourier-Reihen. Sie lassen sich mit Methoden der modernen Theorie der Eigenwertprobleme, insbesondere in Verbindung mit Gesichtspunkten der Störungstheorie und in übersichtlicher funktionalanalytischer Beschreibung, einfach und einheitlich gewinnen. Als Nebenresultate ergeben sich wichtige asymptotische Formeln bzw. auch Reihen. Auf eine Darstellung dieser Theorie, zumal eine solche hier erstmals gegeben wird, durfte im Rahmen einer Einführung, die sich die Aufgabe stellt, in erster Linie die grundlegenden und fruchtbarsten Prinzipien hervorzuheben, nicht verzichtet werden.

Neben dieser Aufgabe war für den Umfang und die Stoffauswahl dieser Einführung bestimmend, daß diese nur gerade die wichtigsten Grundlagen, einerseits für die weitere Ausgestaltung der gegebenen Theorie, auch für das Studium höherer spezieller Funktionen, andererseits für die häufigsten Anwendungen, bieten soll. Auf diese Weise ergab sich neben der Betonung der für *alle* Klassen spezieller Funktionen fruchtbaren Methoden und Gesichtspunkte die Beschränkung auf die Theorie allein der *einfachen* speziellen Funktionen. Auch hier wurde, zumal im Hinblick auf Handbücher, Formelsammlungen und Spezialliteratur, keinerlei Vollständigkeit angestrebt. Manches interessante Resultat fehlt, weil es entweder für den Kenner der dargestellten Prinzipien der Theorie in naheliegender Weise erhalten werden kann oder aus dem Rahmen der gegebenen Grundzüge herausfällt.

Darstellung und Umfang bestimmten sich ferner nicht zuletzt durch den Wunsch, diese Einführung besonders auch in der Hand interessierter Studierender mittlerer Semester zu sehen.

So fehlt z.B. in dem den allgemeinen Grundlagen gewidmeten Abschnitt **1.** nicht ein strenger Beweis für die Darstellung des Laplaceschen Operators in krummlinigen orthogonalen Koordinatensystemen. Auch erschien zumindest die Nennung der wichtigsten, später immer wieder anzuwendenden Hauptsätze der komplexen Funktionentheorie angezeigt. Es sind in **1.1.** nicht sämtliche Koordinatensysteme aufgezählt, in denen die Separation der Schwingungsgleichung möglich ist; z. B. wird auf die Behandlung der elliptischen Koordinaten verzichtet. Der Abschnitt über die Laplace-Transformation — wichtigstes Beispiel einer Integraltransformation — beschränkt sich auf die einfachste Funktionenklasse und die ersten Sätze.

Abschnitt 2. gibt einen Abriß der Grundlagen der Theorie der Gammafunktion. Auf ihre Kenntnis kann in der Theorie der speziellen Funktionen der mathematischen Physik ebensowenig verzichtet werden wie auf die der elementaren Funktionen.

Es folgt im Abschnitt 3. die Theorie der Zylinderfunktionen. Den Interessen mancher Benutzer entgegenkommend wurde dabei eine kurze Herleitung einfacher Eigenschaften der Bessel-Funktionen ganzer Ordnung vorangestellt. Insgesamt wurden — entsprechend den oben ausführlich erwähnten Motiven — stets diejenigen Methoden und Gesichtspunkte bevorzugt, die besonders fruchtbar und verallgemeinerungsfähig sind. So werden z. B. die Rekursionsformeln aus der Bemerkung erhalten, daß die Ableitung nach einer kartesischen Koordinate mit dem Laplaceschen Operator vertauschbar ist, was natürlich auch als eine einfache Konsequenz der Orthogonalinvarianz aufgefaßt werden kann.

Als Vorbereitung für die folgenden Abschnitte, insbesondere für die Theorie der Kugelfunktionen, wird in 4. — sehr kurz — die hypergeometrische Differentialgleichung behandelt. Es genügt die Kenntnis der Lösungen durch Potenzreihen und Integrale sowie der linearen und quadratischen Transformationen.

Abschnitt 5. bringt nun die Theorie der Kugelfunktionen — entsprechend den genannten Gesichtspunkten. Auch hier wird zunächst eine elementare Darstellung der Funktionen ganzer Ordnung und ganzen Grades vorangestellt, die natürlich die Kugelflächenfunktionen und harmonischen Polynome mit einschließt. Im Anschluß an die Untersuchung der Funktionen mit beliebigen Indizes werden relativ ausführlich die Rekursionsformeln studiert, und zwar vor allem die Differentialrekursionen, dies auch im Hinblick auf die Anwendungen der Konsequenzen der F-Gleichung (vgl. Abschnitt 7.). Alle diese Differentialrekursionen lassen sich recht einfach und natürlich wieder mit der gleichen Methode erhalten, wie sie auch für die der Zylinderfunktionen verwendet wurde. — Eine Herleitung der Additionstheoreme der Funktionen beliebiger Indizes wird nicht gegeben. Der mit den gebotenen Hilfsmitteln vertraute Leser wird sie, gestützt auf die Prinzipien der Orthogonalinvarianz und der Integralrelationen, sowie in Analogie zu der des ebenen Additionstheorems der Zylinderfunktionen, relativ leicht selbst hinschreiben können. — Eine gewisse Lücke besteht z. B. hinsichtlich asymptotischer Formeln bzw. Reihen für große Indizes. Allerdings bringt hierzu die Theorie der Biorthogonalreihen (Abschnitt 8.) einige Beiträge.

Es schließt sich mit **6.** ein Abriß der Grundlagen der Theorie der konfluenten hypergeometrischen Funktionen an. Hier stehen bewußt die mit der Differentialgleichung allein gegebenen mathematischen Methoden und Gesichtspunkte im Vordergrunde. Auf die Konsequenzen des Auftretens bei der Separation der Schwingungsgleichung konnte hier nur kurz hingewiesen werden. Eine entsprechende Darstellung wäre über den gesetzten Rahmen einer Einführung hinausgegangen.

Theorie und Anwendungen der F-Gleichung sind in **7.** skizziert. Die Theorie beschränkt sich auf die einfachsten und wichtigsten Tatsachen. Grundlage der Anwendungen sind die mit den Differentialrekursionen der Abschnitte **3.**, **5.** und **6.** gegebenen zahlreichen speziellen Lösungen der F-Gleichung.

Abschnitt **8.** bringt eine Darstellung des oben schon genannten Prinzips zur Gewinnung von Biorthogonalentwicklungen und asymptotischen Formeln. Im Hinblick auf die hier betrachteten Anwendungen genügte die Beschränkung auf gleiche Eigenwerte des „gestörten" und „ungestörten" Problems. Zahlreiche Anwendungen und Folgerungen werden ausführlich behandelt, viele davon auch im Hinblick auf einen weiteren Ausbau der Theorie spezieller Funktionen der mathematischen Physik bzw. solcher Funktionen, die entstehen, wenn man Verallgemeinerungen der Schwingungsgleichung betrachtet oder höhere Dimensionszahl wählt.

Zum Schluß sind einige Literaturhinweise auf Handbücher, Formelsammlungen sowie auf weiterführende Spezialliteratur, insbesondere zu den Einzelabschnitten gegeben. Dabei wurde in keiner Weise an eine Vollständigkeit oder Wertung gedacht. Auf ein umfangreicheres Literaturverzeichnis, das weitgehend auch Originalarbeiten zitiert, mußte und konnte verzichtet werden. Hier kann auf die Handbücher und anderen Spezialwerke verwiesen werden.

Die Bezeichnungen schließen sich möglichst an die des unter den Literaturhinweisen an erster Stelle genannten Handbuchwerkes an. Eine wesentliche Ausnahme bildet lediglich die Notierung der Kugelfunktionen beliebiger Indizes: $\mathfrak{P}_\nu^\mu$, $\mathfrak{Q}_\nu^\mu$, P_ν^μ, Q_ν^μ. Hier ist die Übereinstimmung mit der Formelsammlung von MAGNUS und OBERHETTINGER und mit den Werken zahlreicher anderer Autoren gegeben. Es sind nun einmal z. B. $\mathfrak{Q}_\nu^\mu(x)$ und $Q_\nu^\mu(x)$ *verschiedene analytische Funktionen*. Daher erscheint es als ungewöhnlich und irreführend, das gleiche Funktionszeichen Q zu wählen, selbst dann, wenn man sagt, man wolle eine Unterscheidung durch die Bezeichnung oder Beschränkung der Argumente verabreden. Man muß selbstverständlich auch z. B. $Q_\nu^\mu(x)$ als analytische

Funktion betrachten können und stets am Prinzip der Bezeichnungs-
freiheit für die unabhängige Variable festhalten. Zu denken wäre
natürlich an eine Unterscheidung durch Fettbuchstaben. Das aber ist
nur bei wirklich einwandfreiem, weitgehend fehlerlosem *Druck* möglich.
Mit Rücksicht jedoch auf hand- und maschinenschriftliche Manuskripte,
sowie auf Vorträge an der Tafel muß man wohl eine derartige Bezeich-
nungsweise ausschließen. Der Gegeneinwand der Rücksichtnahme auf
angelsächsische Verlage bezüglich des Fehlens der Frakturlettern erscheint relativ schwach; das griechische Alphabet, sogar z.B. etwa
das Weierstraßsche $\wp$ oder hebräische Zeichen für Mächtigkeiten, werden
ja auch akzeptiert. Der vernünftige Vorschlag, P_ν^μ, Q_ν^μ, p_ν^μ, q_ν^μ zu
schreiben, dürfte sich leider heute nicht mehr durchsetzen; zu viel
Gewohntes müßte geändert werden.

1. Grundlagen

1.1. Die Schwingungsgleichung

1.11. grad, div, Δ in orthogonalen Koordinatensystemen. $\Re_3$ sei der reelle dreidimensionale Raum, dessen Punkte wir $x=(\xi_1,\xi_2,\xi_3)$, $y=(\eta_1,\eta_2,\eta_3)$, $x^*=(\xi_1^*,\xi_2^*,\xi_3^*)$ usf. bezeichnen. $\mathfrak{G}$ und $\mathfrak{G}^*$ seien zwei Gebiete (offene und zusammenhängende Punktmengen) im $\Re_3$.

$\mathfrak{G}$ und $\mathfrak{G}^*$ mögen nun eineindeutig und in beiden Richtungen zweimal stetig differenzierbar aufeinander abgebildet sein. Bezeichnen wir Punkte aus $\mathfrak{G}$ und $\mathfrak{G}^*$, die sich bei der Abbildung entsprechen, mit x, x^*, so sind also, wenn wir zu den Koordinaten übergehen,

$$\xi_\nu=\xi_\nu(\xi_1^*,\xi_2^*,\xi_3^*) \qquad (\nu=1,2,3)$$

in $\mathfrak{G}^*$ und

$$\xi_\nu^*=\xi_\nu^*(\xi_1,\xi_2,\xi_3) \qquad (\nu=1,2,3)$$

in $\mathfrak{G}$ zweimal stetig differenzierbare Funktionen.

Durch eine solche Abbildung ist im Gebiete $\mathfrak{G}$ neben dem kartesischen Koordinatensystem $x=(\xi_1,\xi_2,\xi_3)$ ein (im allgemeinen, d.h., falls nicht $\mathfrak{G}^*=\mathfrak{G}$, $x^*=x$) neues Koordinatensystem eingeführt: man kennzeichnet einen Punkt x aus $\mathfrak{G}$ durch die kartesischen Koordinaten ξ_1^*,ξ_2^*,ξ_3^* seines Bildpunktes x^* in $\mathfrak{G}^*$.

Das neue Koordinatensystem wird anschaulich, indem man in $\mathfrak{G}$ die entsprechenden Koordinatenflächen, auf denen jeweils eine Koordinate konstant ist, z. B.

$$\xi_\nu=\xi_\nu(\xi_{10}^*,\xi_2^*,\xi_3^*)$$

mit festem ξ_{10}^*, und (als deren Schnittlinien) die Koordinatenlinien, auf denen jeweils nur eine Koordinate variiert, z. B. die ξ_1^*-Linie

$$\xi_\nu=\xi_\nu(\xi_1^*,\xi_{20}^*,\xi_{30}^*)$$

mit festen ξ_{20}^*, ξ_{30}^*, betrachtet. Der Leser möge sich alles etwa am Beispiel der Kugelkoordinaten

$$\xi_1=\xi_1^*\sin\xi_2^*\cos\xi_3^*,$$
$$\xi_2=\xi_1^*\sin\xi_2^*\sin\xi_3^*,$$
$$\xi_3=\xi_1^*\cos\xi_2^*$$

verdeutlichen, wo man üblicherweise $x^*=(r,\vartheta,\varphi)$ schreibt. Die Koordinatenflächen sind Kugelflächen, Kegelflächen und Ebenen; die

Koordinatenlinien sind Strahlen (vom Ursprung aus), Meridiankreise und Breitenkreise.

Bekanntlich sind (Kettenregel) die Funktionalmatrizen

$$\frac{dx}{dx^*} = \begin{pmatrix} \dfrac{\partial \xi_1}{\partial \xi_1^*} & \dfrac{\partial \xi_1}{\partial \xi_2^*} & \dfrac{\partial \xi_1}{\partial \xi_3^*} \\[2mm] \dfrac{\partial \xi_2}{\partial \xi_1^*} & \dfrac{\partial \xi_2}{\partial \xi_2^*} & \dfrac{\partial \xi_2}{\partial \xi_3^*} \\[2mm] \dfrac{\partial \xi_3}{\partial \xi_1^*} & \dfrac{\partial \xi_3}{\partial \xi_2^*} & \dfrac{\partial \xi_3}{\partial \xi_3^*} \end{pmatrix}$$

und — analog — $\dfrac{dx^*}{dx}$ zueinander reziprok:

$$\frac{dx}{dx^*} \cdot \frac{dx^*}{dx} = E.$$

Daher sind auch die entsprechenden Funktionaldeterminanten (Multiplikationssatz) reziproke Zahlen. Insbesondere ist

$$\frac{\partial(\xi_1, \xi_2, \xi_3)}{\partial(\xi_1^*, \xi_2^*, \xi_3^*)} = \det\left(\frac{dx}{dx^*}\right) \neq 0.$$

Die Vektoren

$$x_\nu = \frac{\partial x}{\partial \xi_\nu^*} = \left(\frac{\partial \xi_1}{\partial \xi_\nu^*}, \frac{\partial \xi_2}{\partial \xi_\nu^*}, \frac{\partial \xi_3}{\partial \xi_\nu^*}\right) \quad (\nu = 1, 2, 3)$$

sind als Spaltenvektoren von $\dfrac{dx}{dx^*}$ nicht Nullvektoren. Sie sind offenbar im jeweils betrachteten Punkte x Tangentenvektoren an die ξ_ν^*-(Koordinaten-)Linien. Diese Linien erweisen sich damit (lokal) als zweimal stetig differenzierbare glatte Kurven.

Im folgenden wollen wir uns auf die Betrachtung orthogonaler Koordinatensysteme beschränken. Es wird also gefordert bzw. angenommen, daß die Koordinatenlinien (und damit die Koordinatenflächen) zueinander orthogonal sind. In jedem Punkte x ist also (inneres Produkt)

$$x_\nu \cdot x_\mu = 0 \quad (\nu \neq \mu).$$

Wir setzen (inneres Quadrat)

$$x_\nu^2 = g_\nu \quad (\nu = 1, 2, 3).$$

Es ist damit $\sqrt{g_\nu}$ — hier und im folgenden stets positiv genommen — die Länge des Tangentenvektors x_ν. Die drei Vektoren

$$e_\nu^* = \frac{1}{\sqrt{g_\nu}}\, x_\nu \quad (\nu = 1, 2, 3)$$

bilden dann ein orthogonales normiertes Dreibein:

$$e_\nu^* \, e_\mu^* = \delta_{\nu\mu} = \begin{cases} 1 & (\nu = \mu), \\ 0 & (\nu \neq \mu). \end{cases}$$

Im Gegensatz zum Dreibein des kartesischen Systems

$$e_1 = (1, 0, 0), \quad e_2 = (0, 1, 0), \quad e_3 = (0, 0, 1)$$

ist das Dreibein e_ν^* im allgemeinen in $\mathfrak{G}$ von Punkt zu Punkt variabel.

Wir bemerken noch, daß die Funktionaldeterminante mittels

$$\left(\frac{\partial(\xi_1, \xi_2, \xi_3)}{\partial(\xi_1^*, \xi_2^*, \xi_3^*)} \right)^2 = g_1 g_2 g_3 = g$$

mit den g_ν zusammenhängt. Ferner notieren wir, daß die Koordinaten-flächen (lokal) nunmehr deutlich als zweimal stetig differenzierbare reguläre Flächen erkennbar sind. So bilden etwa auf der Fläche

$$\xi_\nu = \xi_\nu(\xi_1^*, \xi_2^*, \xi_{30}^*)$$

die entsprechenden ξ_1^*- bzw. ξ_2^*-Linien ein orthogonales Netz; der entsprechende metrische Fundamentaltensor ist

$$\begin{pmatrix} g_1 & 0 \\ 0 & g_2 \end{pmatrix}.$$

Mit den Vektoren e_1^*, e_2^*, e_3^* als Spaltenvektoren bilden wir die Matrix O; sie ist danach eine orthogonale Matrix: es gilt, wenn ' die transponierte Matrix kennzeichnet,

$$O'O = OO' = E,$$

E Einheitsmatrix.

Nun sei $u(x) = u(\xi_1, \xi_2, \xi_3)$ eine in $\mathfrak{G}$ differenzierbare Funktion; sie kann mit $\xi_\nu = \xi_\nu(\xi_1^*, \xi_2^*, \xi_3^*)$ als Funktion der neuen Koordinaten um-gerechnet werden:

$$u(x) = u^*(x^*) = u^*(\xi_1^*, \xi_2^*, \xi_3^*).$$

Die Kettenregel sagt dann offenbar

$$\begin{pmatrix} \dfrac{u_{\xi_1^*}^*}{\sqrt{g_1}} \\[2ex] \dfrac{u_{\xi_2^*}^*}{\sqrt{g_2}} \\[2ex] \dfrac{u_{\xi_3^*}^*}{\sqrt{g_3}} \end{pmatrix} = O' \begin{pmatrix} u_{\xi_1} \\[2ex] u_{\xi_2} \\[2ex] u_{\xi_3} \end{pmatrix}.$$

Wir multiplizieren dies von vorn mit O. Dann entsteht

$$\begin{pmatrix} u_{\xi_1} \\ u_{\xi_2} \\ u_{\xi_3} \end{pmatrix} = O \begin{pmatrix} \dfrac{u_{\xi_1}^*}{\sqrt{g_1}} \\ \dfrac{u_{\xi_2}^*}{\sqrt{g_2}} \\ \dfrac{u_{\xi_3}^*}{\sqrt{g_3}} \end{pmatrix}.$$

Auf Grund der Konstruktion von O kann das auch geschrieben werden:

$$\operatorname{grad} u = u_{\xi_1} e_1 + u_{\xi_2} e_2 + u_{\xi_3} e_3 = \frac{u_{\xi_1}^*}{\sqrt{g_1}} e_1^* + \frac{u_{\xi_2}^*}{\sqrt{g_2}} e_2^* + \frac{u_{\xi_3}^*}{\sqrt{g_3}} e_3^*. \tag{1}$$

Damit haben wir die Formel für die Darstellung des Gradienten im neuen Koordinatensystem erhalten, d. h. für die Darstellung, die einerseits nur die Abhängigkeit der Ortsfunktion (Skalar) von den neuen Koordinaten benutzt und andererseits die Zerlegung nach dem Dreibein der Tangentenvektoren des neuen Koordinatensystems liefert. Wir bemerken dazu, daß die $\sqrt{g_\nu}$ unmittelbar als Funktionen der neuen Koordinaten erscheinen.

Die Formel für die Darstellung der Divergenz eines Vektorfeldes im neuen Koordinatensystem kann wohl am durchsichtigsten im Zusammenhang mit dem Integralsatz von GAUSS gewonnen werden. Dieser wird dabei auf ein von Koordinatenflächen begrenztes Gebiet angewandt. Es ist daher von Interesse, die Gültigkeit des Integralsatzes in diesem Falle möglichst elementar einzusehen.

Sei dazu Ω^* ein achsenparalleler Quader in $\mathfrak{G}^*$, gekennzeichnet durch die Schranken

$$\xi_{\nu 1}^* \leqq \xi_\nu^* \leqq \xi_{\nu 2}^* \qquad (\nu = 1, 2, 3).$$

Die sechs Seitenflächen $(\xi_\nu^* = \xi_{\nu\varkappa}^*, \varkappa = 1, 2)$ — in $\mathfrak{G}^*$ — seien entsprechend mit $\mathfrak{F}_{\nu\varkappa}^*$ bezeichnet; speziell also sei $\mathfrak{F}_{12}^*$ die Fläche

$$\xi_1^* = \xi_{12}^*, \qquad \xi_{21}^* \leqq \xi_2^* \leqq \xi_{22}^*, \qquad \xi_{31}^* \leqq \xi_3^* \leqq \xi_{32}^*.$$

Der Rand von Ω^* ist die Vereinigungsmenge aller sechs $\mathfrak{F}_{\nu\varkappa}^*$, die wir mit $\mathfrak{F}^*$ bezeichnen. Die Bilder von Ω^*, $\mathfrak{F}_{\nu\varkappa}^*$, $\mathfrak{F}^*$ in $\mathfrak{G}$ seien dann Ω, $\mathfrak{F}_{\nu\varkappa}$, $\mathfrak{F}$.

Nun möge $\alpha_1(x) = \alpha_1(\xi_1, \xi_2, \xi_3)$ eine stetig differenzierbare Funktion in $\mathfrak{G}$ sein; sie sei mit

$$\alpha_1(x) = \alpha_1^*(x^*) = \alpha_1^*(\xi_1^*, \xi_2^*, \xi_3^*)$$

auf die neuen Koordinaten umgerechnet. Wir betrachten dann $(dx = d\xi_1 \, d\xi_2 \, d\xi_3)$

$$I = \iiint\limits_{\Omega} \alpha_{1\xi_1}(x) \, dx.$$

Dies rechnen wir mit der Transformationsregel für mehrfache Integrale und der Kettenregel um zu

$$I = \iiint\limits_{\Omega^*} \left(\alpha^*_{1\xi_1} \frac{\partial \xi^*_1}{\partial \xi_1} + \alpha^*_{1\xi^*_2} \frac{\partial \xi^*_2}{\partial \xi_1} + \alpha^*_{1\xi^*_3} \frac{\partial \xi^*_3}{\partial \xi_1} \right) \left| \frac{\partial(\xi_1, \xi_2, \xi_3)}{\partial(\xi^*_1, \xi^*_2, \xi^*_3)} \right| dx^*.$$

Nun kann wegen $\dfrac{dx^*}{dx} = \left(\dfrac{dx}{dx^*} \right)^{-1}$ geschrieben werden

$$\frac{\partial(\xi_1, \xi_2, \xi_3)}{\partial(\xi^*_1, \xi^*_2, \xi^*_3)} \frac{\partial \xi^*_1}{\partial \xi_1} = \frac{\partial \xi_2}{\partial \xi^*_2} \frac{\partial \xi_3}{\partial \xi^*_3} - \frac{\partial \xi_2}{\partial \xi^*_3} \frac{\partial \xi_3}{\partial \xi^*_2} = \frac{\partial(\xi_2, \xi_3)}{\partial(\xi^*_2, \xi^*_3)},$$

$$\frac{\partial(\xi_1, \xi_2, \xi_3)}{\partial(\xi^*_1, \xi^*_2, \xi^*_3)} \frac{\partial \xi^*_2}{\partial \xi_1} = \frac{\partial(\xi_2, \xi_3)}{\partial(\xi^*_3, \xi^*_1)},$$

$$\frac{\partial(\xi_1, \xi_2, \xi_3)}{\partial(\xi^*_1, \xi^*_2, \xi^*_3)} \frac{\partial \xi^*_3}{\partial \xi_1} = \frac{\partial(\xi_2, \xi_3)}{\partial(\xi^*_1, \xi^*_2)},$$

wobei wegen der vorausgesetzten zweimaligen stetigen Differenzierbarkeit der Abbildung

$$\left(\frac{\partial(\xi_2, \xi_3)}{\partial(\xi^*_2, \xi^*_3)} \right)_{\xi^*_1} + \left(\frac{\partial(\xi_2, \xi_3)}{\partial(\xi^*_3, \xi^*_1)} \right)_{\xi^*_2} + \left(\frac{\partial(\xi_2, \xi_3)}{\partial(\xi^*_1, \xi^*_2)} \right)_{\xi^*_3} = 0$$

gilt. So hat man

$$I = \pm \iiint\limits_{\Omega^*} \left[\left(\alpha^*_1 \frac{\partial(\xi_2, \xi_3)}{\partial(\xi^*_2, \xi^*_3)} \right)_{\xi^*_1} + \left(\alpha^*_1 \frac{\partial(\xi_2, \xi_3)}{\partial(\xi^*_3, \xi^*_1)} \right)_{\xi^*_2} + \left(\alpha^*_1 \frac{\partial(\xi_2, \xi_3)}{\partial(\xi^*_1 \xi^*_2)} \right)_{\xi^*_3} \right] dx^*,$$

mit $\pm$ entsprechend sign $\dfrac{\partial(\xi_1, \xi_2, \xi_3)}{\partial(\xi^*_1, \xi^*_2, \xi^*_3)}$. Hier kann man elementar, indem man beim ersten Glied die Integration nach ξ^*_1 usf. zuerst ausführt, auf ein Integral über $\mathfrak{F}^*$ umrechnen. So entstehen z.B. beim ersten Summanden die Glieder

$$\pm \iint\limits_{\mathfrak{F}_{12}} \alpha^*_1 \frac{\partial(\xi_2, \xi_3)}{\partial(\xi^*_2, \xi^*_3)} d\xi^*_2 d\xi^*_3 \mp \iint\limits_{\mathfrak{F}_{11}} \cdots .$$

Nun ist nach dem oben Gesagten offenbar gerade ($\times$ bezeichnet das äußere Produkt, bei dem die Orientierung wesentlich ist)

$$\pm (x_2 \times x_3) = \sqrt{g_2} \sqrt{g_3} \, e^*_1.$$

e^*_1 ist auf $\mathfrak{F}_{12}$ der äußere, auf $\mathfrak{F}_{11}$ der innere Normaleneinheitsvektor bezüglich Ω. Man hat also, da auf $\mathfrak{F}_{12}$, $\mathfrak{F}_{11}$ ja das Flächenelement

$$d\omega = \sqrt{g_2} \sqrt{g_3} \, d\xi^*_2 d\xi^*_3$$

wird, mit dem äußeren Normalenvektor n die Glieder

$$\iint\limits_{\mathfrak{F}_{12}} \alpha_1 (n \, e_1) \, d\omega + \iint\limits_{\mathfrak{F}_{11}} \alpha_1 (n \, e_1) \, d\omega.$$

Analog rechnen sich die übrigen vier Glieder um, so daß schließlich

$$I = \iint\limits_{\mathfrak{F}} \alpha_1 (n\,e_1)\,d\omega$$

wird.

Sind neben α_1 auch α_2, α_3 stetig differenzierbar, so kann man mit $\alpha_{2\xi_3}$, $\alpha_{3\xi_3}$ entsprechend verfahren. Setzt man

$$a = \alpha_1 e_1 + \alpha_2 e_2 + \alpha_3 e_3,$$

so hat man daher den Integralsatz:

$$\iiint\limits_{\Omega} \operatorname{div} a\,dx = \iint\limits_{\mathfrak{F}} (a\,n)\,d\omega\,.$$

Ihn wollen wir nun zur Umrechnung der Divergenz benutzen: ist im neuen Koordinatensystem und im Dreibein e_ν^*

$$a = \beta_1^* (\xi_1^*, \xi_2^*, \xi_3^*)\,e_1^* + \beta_2^*\,e_2^* + \beta_3^*\,e_3^*\,,$$

so soll

$$\operatorname{div} a = \alpha_{1\xi_1} + \alpha_{2\xi_2} + \alpha_{3\xi_3}$$

durch die Ableitungen der β_ν^* dargestellt werden.

Wir rechnen

$$\iiint\limits_{\Omega} \operatorname{div} a\,dx = \iint\limits_{\mathfrak{F}} a\,n\,d\omega = \sum_{\nu,\,\varkappa} \iint\limits_{\mathfrak{F}_{\nu\varkappa}} a\,n\,d\omega$$

und z. B.

$$\iint\limits_{\mathfrak{F}_{12}} a\,n\,d\omega + \iint\limits_{\mathfrak{F}_{11}} a\,n\,d\omega = \iint\limits_{\substack{\xi_{2_1}^* \leq \xi_2^* \leq \xi_{2_2}^* \\ \xi_{3_1}^* \leq \xi_3^* \leq \xi_{3_2}^*}} \left[\sqrt{g_2\,g_3}\,\beta_1^* \right]_{\xi_{1_1}^*}^{\xi_{1_2}^*} d\xi_2^*\,d\xi_3^*$$

$$= \iiint\limits_{\Omega^*} \left(\sqrt{g_2\,g_3}\,\beta_1^* \right)_{\xi_1^*}\,dx^*\,.$$

Denn auf $\mathfrak{F}_{12}$ ist $a\,n = \beta_1^*$, auf $\mathfrak{F}_{11}$ dagegen $a\,n = -\beta_1^*$. Zusammenfassung aller entsprechenden Glieder und Transformation liefert

$$\iiint\limits_{\Omega} \operatorname{div} a\,dx = \iiint\limits_{\Omega} \frac{1}{\sqrt{g}} \left\{ \left(\sqrt{g_2\,g_3}\,\beta_1^* \right)_{\xi_1^*} + \left(\sqrt{g_3\,g_1}\,\beta_2^* \right)_{\xi_2^*} + \left(\sqrt{g_1\,g_2}\,\beta_3^* \right)_{\xi_3^*} \right\} dx\,,$$

wobei im zweiten Integral der Integrand als Funktion von $x = (\xi_1, \xi_2, \xi_3)$ aufgefaßt werden müßte.

Die vorstehende Formel gilt für jedes Ω. Daher sind die Integranden gleich:

$$\operatorname{div} a = \frac{1}{\sqrt{g}} \left\{ \left(\sqrt{g_2\,g_3}\,\beta_1^* \right)_{\xi_1^*} + \left(\sqrt{g_3\,g_1}\,\beta_2^* \right)_{\xi_2^*} + \left(\sqrt{g_1\,g_2}\,\beta_3^* \right)_{\xi_3^*} \right\}. \qquad (2)$$

Das ist die gesuchte Darstellung der Divergenz im neuen Koordinatensystem.

Ist nun u eine zweimal stetig differenzierbare Funktion in $\mathfrak{G}$ — wir wollen die umgerechnete Funktion der neuen Koordinaten jetzt der Einfachheit halber mit dem gleichen Symbol bezeichnen —, so kann auch $\varDelta u = \operatorname{div} \operatorname{grad} u$ durch Zusammensetzung der entsprechenden Formeln (1), (2) in umgerechneter Form erhalten werden:

$$\varDelta u = \frac{1}{\sqrt{g}} \left\{ \left(\sqrt{\frac{g_2 g_3}{g_1}}\, u_{\xi_1} \right)_{\xi_1} + \left(\sqrt{\frac{g_3 g_1}{g_2}}\, u_{\xi_2} \right)_{\xi_2} + \left(\sqrt{\frac{g_1 g_2}{g_3}}\, u_{\xi_3} \right)_{\xi_3} \right\}. \tag{3}$$

1.12. Orthogonalinvarianz. Man erhält im Gebiete $\mathfrak{G}$ ein neues kartesisches Koordinatensystem $(\xi_1^*, \xi_2^*, \xi_3^*)$ genau dann, wenn die entsprechende Abbildung die Form

$$x = O\,x^* + x_0$$

hat, wobei O eine orthogonale Matrix ist. (Dies ist dann zugleich das O des vorigen Abschnitts.)

In diesem Falle sind

$$g_1 = g_2 = g_3 = g = 1.$$

Man hat somit in **1.11.**, (1), (2), (3):

$$u_{\xi_1} e_1 + u_{\xi_2} e_2 + u_{\xi_3} e_3 = u_{\xi_1^*}^* e_1^* + u_{\xi_2^*}^* e_2^* + u_{\xi_3^*}^* e_3^*,$$

$$\alpha_{1\xi_1} + \alpha_{2\xi_2} + \alpha_{3\xi_3} = \beta_1^* {}_{\xi_1^*} + \beta_2^* {}_{\xi_2^*} + \beta_3^* {}_{\xi_3^*},$$

$$u_{\xi_1 \xi_1} + u_{\xi_2 \xi_2} + u_{\xi_3 \xi_3} = u_{\xi_1^* \xi_1^*} + u_{\xi_2^* \xi_2^*} + u_{\xi_3^* \xi_3^*}.$$

Danach werden grad, div, $\varDelta$ in jedem kartesischen Koordinatensystem in gleicher Weise gebildet. Wir bezeichnen diese Eigenschaft als die „Orthogonalinvarianz" der genannten Operationen.

Im folgenden wollen wir uns auf den rein skalaren Operator $\varDelta$ beschränken und zeigen, daß dieser in bestimmtem Sinne auch umgekehrt durch die Forderung der Orthogonalinvarianz gekennzeichnet ist.

Wir betrachten zunächst nur an einer Stelle $\hat{x}$ einen linearen homogenen Differentialoperator zweiter Ordnung:

$$L[u] = \sum_{\nu,\mu=1}^{3} \alpha_{\nu\mu}\, u_{\xi_\nu \xi_\mu} + \sum_{\mu=1}^{3} \beta_\mu\, u_{\xi_\mu} + \gamma u. \tag{1}$$

Dabei sei

$$u(x) = u(\xi_1, \xi_2, \xi_3)$$

in der Umgebung von $\hat{x}$ zweimal stetig differenzierbar,

$$u_{\xi_\nu \xi_\mu} = \frac{\partial^2 u}{\partial \xi_\mu \partial \xi_\nu}(\hat{x}), \qquad u_{\xi_\mu} = \frac{\partial u}{\partial \xi_\mu}(\hat{x}), \qquad u = u(\hat{x}).$$

Wir können wegen $u_{\xi_\nu \xi_\mu} = u_{\xi_\mu \xi_\nu}$ offenbar

$$\alpha_{\nu\mu} = \alpha_{\mu\nu}$$

annehmen. Mit $x = O\,x^* + x_0$, O orthogonale Matrix, rechnen wir um:

$$u(x) = u^*(x^*) = u^*(\xi_1^*, \xi_2^*, \xi_3^*).$$

Wir nennen nun den Operator L (in $\hat{x}$) „richtungsinvariant" (eine Translation ist offenbar unerheblich), wenn für alle O (und x_0) mit den analog in $\hat{x}^*$ gebildeten Größen $u^*_{\xi_\nu^* \xi_\mu^*}$, $u^*_{\xi_\mu^*}$, $u^* = u$ auch

$$L[u] = \sum_{\nu, \mu = 1}^{3} \alpha_{\nu\mu}\, u^*_{\xi_\nu^* \xi_\mu^*} + \sum_{\mu = 1}^{3} \beta_\mu\, u^*_{\xi_\mu^*} + \gamma\, u^* \tag{2}$$

gilt. Zur Gewinnung einer notwendigen und hinreichenden Bedingung kürzen wir ab:

$$d = \begin{pmatrix} \dfrac{\partial}{\partial \xi_1} \\[1ex] \dfrac{\partial}{\partial \xi_2} \\[1ex] \dfrac{\partial}{\partial \xi_3} \end{pmatrix}, \qquad d^* = \begin{pmatrix} \dfrac{\partial}{\partial \xi_1^*} \\[1ex] \dfrac{\partial}{\partial \xi_2^*} \\[1ex] \dfrac{\partial}{\partial \xi_3^*} \end{pmatrix},$$

$$b = \begin{pmatrix} \beta_1 \\ \beta_2 \\ \beta_3 \end{pmatrix}, \qquad A = \begin{pmatrix} \alpha_{11} & \alpha_{12} & \alpha_{13} \\ \alpha_{21} & \alpha_{22} & \alpha_{23} \\ \alpha_{31} & \alpha_{32} & \alpha_{33} \end{pmatrix}$$

und kennzeichnen Transposition durch ′. Dann können (1) und (2) geschrieben werden

$$L[u] = (d'\,A\,d)\,u + (b'\,d)\,u + \gamma\,u,$$

$$L[u] = (d^{*\prime}\,A\,d^*)\,u^* + (b'\,d^*)\,u^* + \gamma\,u^*.$$

Nun ist (Kettenregel)

$$d^* = O'\,d.$$

Es ist daher zu fordern, daß

$$d'\,A\,d + b'\,d = d'\,(O\,A\,O')\,d + (O\,b)'\,d$$

(gleiche Operatoren) gilt. Anwendung auf lineare Funktionen $u(x)$ zeigt, daß

$$O\,b = b$$

gelten muß — für alle O. Daher muß

$$b = 0$$

sein. Es bleibt nun offenbar

$$O\,A\,O' = A$$

— für alle O. Nun ist A, da reell und symmetrisch, orthogonal-ähnlich einer Diagonalmatrix. Wählt man das entsprechende O, so ist schon A

als Diagonalmatrix erkannt. Weiter kann man dann aber durch geeignete Wahl von O (als Permutationsmatrizen) beliebige Diagonalelemente vertauschen. Also ist $A = \alpha E$, Vielfaches der Einheitsmatrix.

Damit ist erkannt: L ist genau dann richtungsinvariant, wenn

$$L[u] = \alpha \Delta u + \gamma u.$$

Danach ist ein in einem Gebiet $\mathfrak{G}$ definierter linearer homogener Differentialoperator zweiter Ordnung genau dann an jeder Stelle richtungsinvariant, wenn er von der Form

$$L[u(x)] = \alpha(x)\,\Delta u(x) + \gamma(x)\,u(x) \tag{3}$$

ist. —

Anschließend kann nun leicht die Orthogonalinvarianz noch in einer anderen (schärferen) Form diskutiert werden. Man betrachtet, in einem Gebiet $\mathfrak{G}$ definiert, den linearen homogenen Differentialoperator zweiter Ordnung

$$L[u(x)] = \sum_{\nu,\mu=1}^{3} \alpha_{\nu\mu}(x)\, u_{\xi_\nu \xi_\mu}(x) + \sum_{\mu=1}^{3} \beta_\mu(x)\, u_{\xi_\mu}(x) + \gamma(x)\,u(x)$$

und fordert: für jedes $x \in \mathfrak{G}$ soll, falls $x^* \in \mathfrak{G}$, $x = O\,x^* + x_0$, O orthogonal, gelten

$$L[u(x)] = \sum_{\nu,\mu=1}^{3} \alpha_{\nu\mu}(x^*)\, u^*_{\xi_\nu^* \xi_\mu^*}(x^*) + \sum_{\mu=1}^{3} \beta_\mu(x^*)\, u^*_{\xi_\mu^*}(x^*) + \gamma(x^*)\,u^*(x^*).$$

Dabei ist $u^*(x^*) = u(x)$, u^* die umgerechnete Funktion; dagegen sollen bei den Koeffizienten *dieselben* Funktionen $\alpha_{\nu\mu}$, β_μ, γ, nur an der Stelle x^*, genommen werden. Offenbar hat mit konstanten α, γ

$$\alpha \Delta u(x) + \gamma u(x)$$

die geforderte Eigenschaft. Wir zeigen, daß dies auch notwendig ist. Dazu betrachtet man zuerst eine Stelle $\hat{x}$ und wählt zu jedem O das x_0 so, daß $\hat{x}^* = \hat{x}$, was offenbar möglich ist. Dann hat man in $\hat{x}$ nur die Forderung der Richtungsinvarianz, die wir oben diskutierten. Es muß also

$$L[u(x)] = \alpha(x)\,\Delta u(x) + \gamma(x)\,u(x)$$

sein. Nun nimmt man noch die Translationsinvarianz bezüglich

$$x = x^* + x_0$$

$(x \in \mathfrak{G},\ x^* \in \mathfrak{G})$ hinzu und erhält

$$\alpha(x^*) = \alpha(x), \quad \gamma(x^*) = \gamma(x).$$

Also sind $\alpha(x) = \alpha$, $\gamma(x) = \gamma$ konstant, wie wir zeigen wollten.

Die einzigen (im oben definierten Sinne) orthogonalinvarianten linearen homogenen Differentialoperatoren zweiter Ordnung sind danach

$$L[u(x)] = \alpha \Delta u(x) + \gamma u(x). \tag{4}$$

Die einzigen entsprechenden Differentialgleichungen (durch $\alpha \neq 0$ wird dividiert) sind

$$\Delta u + \lambda u = 0. \tag{5}$$

Wir ergänzen dazu noch, daß

$$\Delta u(x) = 0 \tag{6}$$

sich als die einzige lineare homogene Differentialgleichung zweiter Ordnung charakterisieren läßt, die an jeder Stelle richtungsinvariant ist und die Lösung $u(x) \equiv 1$ besitzt. Denn die letzte Forderung bedeutet in (3) offenbar $\gamma(x) \equiv 0$.

Zum Schluß bemerken wir, daß alle unsere Überlegungen analog auch für Funktionen zweier oder einer Variablen gelten. (Im letzten Falle ist $O = \pm 1$.)

1.13. Bedeutung der Schwingungsgleichung. Die im vorangehenden Abschnitt **1.12.** gewonnene Differentialgleichung (5) wird als „Schwingungsgleichung", ihr Spezialfall (6) als „Potentialgleichung" bezeichnet. Das Auftreten dieser Differentialgleichungen bei zahlreichen Problemen der mathematischen Physik kann mit Hilfe der in **1.12.** geschilderten Kennzeichnung leicht a priori erkannt werden. Daß die Differentialgleichung linear und homogen ist, entspricht dem „Superpositionsprinzip". Die Orthogonalinvarianz spiegelt die physikalische Bedeutungslosigkeit der Wahl des Koordinatensystems wider, d.h. Forderungen wie „Homogenität" bzw. „Isotropie des Mediums". Wir gehen auf die physikalische Bedeutung im einzelnen nicht ein und ersparen uns eine Aufzählung. Diesbezüglich kann auf die entsprechenden guten Lehrbücher verwiesen werden.

Von Interesse ist jedoch das Auftreten der Schwingungsgleichung in einem allgemeineren Zusammenhange.

Als „Telegraphengleichung" wird die Differentialgleichung

$$\Delta U = \alpha \, \frac{\partial^2 U}{\partial t^2} + \beta \cdot \frac{\partial U}{\partial t} + \gamma U \tag{1}$$

für eine Raum-Zeit-Funktion $U(\xi_1, \xi_2, \xi_3, t)$ bezeichnet. In ihr sind die „Wellengleichung" ($\beta = \gamma = 0$, $\alpha = c^{-2}$), die „Wärmeleitungsgleichung" ($\alpha = \gamma = 0$), sowie natürlich die rein raumbezügliche Schwingungsgleichung bzw. Potentialgleichung als Spezialfälle enthalten. Man kann nun nach Lösungen der Form

$$U = u(x)\, v(t) \tag{2}$$

fragen. (1) und (2) schreiben sich

$$\Delta u(x) \cdot v(t) = u(x) \cdot \left(\alpha v''(t) + \beta v'(t) + \gamma v(t) \right). \tag{3}$$

Von Interesse ist nun nur $u(x) \not\equiv 0$, $v(t) \not\equiv 0$. Dann wählt man x_0, t_0 mit $u(x_0) \neq 0$, $v(t_0) \neq 0$ und setzt

$$\frac{\Delta u(x_0)}{u(x_0)} = \frac{\alpha v''(t_0) + \beta v'(t_0) + \gamma v(t_0)}{v(t_0)} = -\lambda.$$

Damit wird (3) zu

$$\left. \begin{array}{r} \Delta u(x) + \lambda u(x) = 0, \\ \alpha v''(t) + \beta v'(t) + (\gamma + \lambda) v(t) = 0. \end{array} \right\} \tag{4}$$

Besteht umgekehrt (4) für zwei Funktionen $u(x)$, $v(t)$ mit einer Konstanten λ, so genügt die mit (2) gegebene Funktion $U(x, t)$ der Telegraphengleichung (1). Mit (4) erhält man somit alle ,,Raum-Zeit-separierten'' Lösungen von (1). Wie man sieht, entsteht dabei für den Raumanteil u in jedem Falle die Schwingungsgleichung **1.12.**, (5).

Im Falle der Wellengleichung wird ein durch (2) beschreibbarer physikalischer Vorgang — bis auf ortsabhängigen Faktor gleicher Zeitablauf — zumeist als ,,Schwingung'' bezeichnet (speziell, wenn $\alpha = c^{-2}$, $\lambda = k^2$, $v(t) = e^{\pm ikct}$). Die — hiernach benannte — Schwingungsgleichung liefert dann die ortsabhängige ,,Amplitude'' $u(x)$.

Die im Zusammenhange (1), (2), (3), (4) geschilderte Methode (zur Gewinnung von Lösungen von (1)) wird als ,,Separation'' bezeichnet. Die Konstante λ, die in (4) die beiden Gleichungen koppelt, heißt entsprechend ,,Separationsparameter''.

1.14. Separation der Schwingungsgleichung. Es liegt nahe, die eben geschilderte Methode der Separation auf die Schwingungsgleichung selbst anzuwenden.

Das kann zunächst an der ursprünglichen, auf kartesische Koordinaten bezüglichen Form

$$u_{\xi_1 \xi_1} + u_{\xi_2 \xi_2} + u_{\xi_3 \xi_3} + \lambda u = 0 \tag{1}$$

geschehen. Man erkennt, daß eine Lösung

$$u = u_1(\xi_1) v(\xi_2, \xi_3), \tag{2}$$

die nicht-trival ist, d.h.

$$u_1(\xi_1) \not\equiv 0, \quad v(\xi_2, \xi_3) \not\equiv 0,$$

genau dann gegeben ist, wenn die Gleichungen

$$\left. \begin{array}{r} u_1''(\xi_1) + \lambda_1 u_1(\xi_1) = 0, \\ v_{\xi_2 \xi_2} + v_{\xi_3 \xi_3} + \lambda_2 v = 0, \\ \lambda_1 + \lambda_2 = \lambda \end{array} \right\} \tag{3}$$

bestehen (ein Separationsparameter, z.B. λ_1). Entsprechend ist

$$u = u_1(\xi_1)\, u_2(\xi_2)\, u_3(\xi_3) \tag{4}$$

mit

$$u_\nu(\xi_\nu) \not\equiv 0 \quad (\nu = 1, 2, 3)$$

genau dann, wenn die Gleichungen

$$\left.\begin{aligned}
u_\nu''(\xi_\nu) + \lambda_\nu u_\nu(\xi_\nu) &= 0 \quad (\nu = 1, 2, 3), \\
\lambda_1 + \lambda_2 + \lambda_3 &= \lambda
\end{aligned}\right\} \tag{5}$$

bestehen (zwei Separationsparameter, z.B. λ_1, λ_2). Für die Funktionen
einer Variablen $u_\nu(\xi_\nu)$ entsteht stets — abgesehen vom Parameter --
dieselbe gewöhnliche Differentialgleichung, nämlich die eindimen-
sionale Schwingungsgleichung

$$y''(x) + \varkappa^2 y(x) = 0,$$

die

$$\cos \varkappa x, \frac{1}{\varkappa} \sin \varkappa x \quad \text{bzw.} \quad e^{\pm i \varkappa x}$$

als Fundamentalsysteme von (eventuell komplexwertigen) Lösungen
besitzt. Man kann so explizit und elementar alle in kartesischen Koordinaten separierten Lösungen der Schwingungsgleichung angeben:

$$u = e^{\pm i \varkappa_1 \xi_1}\, e^{\pm i \varkappa_2 \xi_2}\, e^{\pm i \varkappa_3 \xi_3}, \quad \varkappa_1^2 + \varkappa_2^2 + \varkappa_3^2 = \lambda.$$

Die Notierung ist abkürzend und symbolisch zu verstehen: $\pm$ bedeutet
an jeder Stelle, daß dort eine beliebige Linearkombination der beiden
Funktionen $e^{\pm i \varkappa_\nu \xi_\nu}$ stehen kann, bzw. für $\varkappa_\nu = 0$ von 1 und ξ_ν.

Andere Möglichkeiten der Separation der Schwingungsgleichung ergeben sich, wenn man diese mit **1.11.**, (3) auf ein anderes Koordinatensystem umrechnet. Eingehende Untersuchungen[1] zeigen, daß hier im
wesentlichen, d.h. bis auf triviale Transformationen (Ersetzung einer
Koordinate durch eine Funktion dieser Koordinate), nur endlich viele
Koordinatensysteme die „vollständige Separation" überhaupt zulassen.

Im folgenden zählen wir die einfachsten und wichtigsten der Koordinatensysteme auf, die — außer den kartesischen — die Separation
der Schwingungsgleichung in drei (durch zwei Separationsparameter
gekoppelte) gewöhnliche Differentialgleichungen gestatten. Wir verzichten dabei auf die Diskussion der Eineindeutigkeit, d.h. auf die der
Frage nach geeigneten Gebieten $\mathfrak{G}$, $\mathfrak{G}^*$ gemäß **1.11.** Dies darf dem Leser
überlassen bleiben, zumal, da hier verschiedene Möglichkeiten bestehen,
die man z.B. bei Behandlung eines konkreten physikalischen Problems
entsprechend auswählen wird. Wir geben für jedes dieser Koordinatensysteme die Schwingungsgleichung $\Delta u + k^2 u = 0$ gemäß **1.11.**, (3) an.

---

[1] Vgl. insbesondere L. P. Eisenhart, Ann. of Math. 35, 284–305 (1934).

Auf die Darstellung der Herleitung im einzelnen darf wieder verzichtet werden; der Leser wird sie in jedem speziellen Falle an Hand von **1.11.** leicht nachvollziehen können. Wir notieren weiter die durch Separation entstehenden gewöhnlichen Differentialgleichungen, wobei wir wieder die Herleitung an Hand der Vorbilder in **1.13.** und zu Beginn dieses Abschnitts dem Leser überlassen. In jedem Falle geben wir schließlich die Bezeichnung der durch die auftretende gewöhnliche Differentialgleichung definierten Klasse „spezieller Funktionen der mathematischen Physik".

① Zylinderkoordinaten ϱ, φ, z.

$$\xi_1 = \varrho \cos \varphi,$$
$$\xi_2 = \varrho \sin \varphi,$$
$$\xi_3 = z.$$

Schwingungsgleichung:

$$u_{\varrho\varrho} + \frac{1}{\varrho} u_\varrho + \frac{1}{\varrho^2} u_{\varphi\varphi} + u_{zz} + k^2 u = 0.$$

Separation:

$$u = u_1(\varrho) u_2(\varphi) u_3(z) \not\equiv 0,$$

$$\varrho(\varrho u_1')' + [(k^2 - \alpha^2)\varrho^2 - v^2] u_1 = 0, \tag{1.1}$$

$$u_2'' + v^2 u_2 = 0, \tag{1.2}$$

$$u_3'' + \alpha^2 u_3 = 0. \tag{1.3}$$

(1.2), (1.3) sind elementar lösbar, ebenso (1.1) im Falle $k^2 - \alpha^2 = 0$ durch ϱ^v, $\varrho^{-v} (v \neq 0)$ bzw. 1, $\log \varrho$ $(v = 0)$. (1.1) wird im Falle $k^2 - \alpha^2 \neq 0$ mit

$$x = (k^2 - \alpha^2)^{\frac{1}{2}} \varrho, \qquad u_1(\varrho) = y(x)$$

zu

$$x(x y'(x))' + (x^2 - v^2) y(x) = 0. \tag{1.4}$$

(1.4) wird als Besselsche Differentialgleichung bezeichnet; ihre Lösungen sind die Zylinderfunktionen

$$y(x) = Z_v(x).$$

Die separierten Lösungen der Schwingungsgleichung sind — bis auf Ausartungen —

$$u = Z_v\big((k^2 - \alpha^2)^{\frac{1}{2}} \varrho\big) e^{\pm i v \varphi} e^{\pm i \alpha z}.$$

② Kugelkoordinaten r, ϑ, φ.

$$\xi_1 = r \sin \vartheta \cos \varphi,$$
$$\xi_2 = r \sin \vartheta \sin \varphi,$$
$$\xi_3 = r \cos \vartheta.$$

Schwingungsgleichung (mit $\eta = \cos\vartheta$):

$$u_{rr} + \frac{2}{r}\, u_r + \frac{1}{r^2}\left[(1-\eta^2)\, u_\eta\right]_\eta + \frac{1}{r^2(1-\eta^2)}\, u_{\varphi\varphi} + k^2 u = 0\,.$$

Separation:

$$u = u_1(r)\, u_2(\eta)\, u_3(\varphi) \not\equiv 0\,,$$

$$\left(r^2 u_1'\right)' + \left(k^2 r^2 - \nu(\nu+1)\right) u_1 = 0\,, \tag{2.1}$$

$$\left[(1-\eta^2)\, u_2'\right]' + \left(\frac{-\mu^2}{1-\eta^2} + \nu(\nu+1)\right) u_2 = 0\,, \tag{2.2}$$

$$u_3'' + \mu^2 u_3 = 0\,; \tag{2.3}$$

Separationsparameter $\nu(\nu+1)$ und μ^2. (2.3) ist bekannt. (2.1) hat für $k^2 = 0$ die Lösungen r^ν, $r^{-\nu-1}$ bzw. $(\nu = -\tfrac{1}{2})$ die Lösungen $r^{-\frac{1}{2}}$, $r^{-\frac{1}{2}}\log r$; für $k^2 \neq 0$ geht (2.1) mit

$$kr = x\,, \qquad r^{\frac{1}{2}} u_1(r) = y(x)$$

in die Besselsche Differentialgleichung

$$x\left(x\, y'(x)\right)' + \left(x^2 - (\nu+\tfrac{1}{2})^2\right) y(x) = 0$$

über, hat also die Lösungen

$$u_1(r) = r^{-\frac{1}{2}} Z_{\nu+\frac{1}{2}}(kr)\,.$$

(2.2) bezeichnen wir als Legendresche Differentialgleichung, ihre Lösungen als Kugelfunktionen:

$$u_2(\eta) = \mathfrak{K}_\nu^\mu(\eta)\,.$$

Die separierten Lösungen der Schwingungsgleichung sind — bis auf Ausartungen —

$$u = r^{-\frac{1}{2}} Z_{\nu+\frac{1}{2}}(kr)\, \mathfrak{K}_\nu^\mu(\eta)\, e^{\pm i\mu\varphi}\,.$$

③ **Parabolische Zylinderkoordinaten ξ, η, z.**

$$\xi_1 = \tfrac{1}{2}(\xi^2 - \eta^2)\,,$$
$$\xi_2 = \xi\eta\,,$$
$$\xi_3 = z\,.$$

Schwingungsgleichung:

$$\frac{1}{\xi^2 + \eta^2}\left(u_{\xi\xi} + u_{\eta\eta}\right) + u_{zz} + k^2 u = 0\,.$$

Separation:

$$u = u_1(\xi)\, u_2(\eta)\, u_3(z) \not\equiv 0\,,$$

$$u_1'' + \left(\lambda + (k^2 - \alpha^2)\xi^2\right) u_1 = 0\,, \tag{3.1}$$

$$u_2'' + \left(-\lambda + (k^2 - \alpha^2)\eta^2\right) u_2 = 0\,, \tag{3.2}$$

$$u_3'' + \alpha^2 u_3 = 0\,. \tag{3.3}$$

(3.3) ist bekannt, ebenso (3.1), (3.2) für den Fall $k^2-\alpha^2=0$. Ist $k^2-\alpha^2\neq0$, so können (3.1) und (3.2) je leicht in

$$y''(x)+(\nu+\tfrac{1}{2}-\tfrac{1}{4}x^2)\,y(x)=0 \qquad (3.4)$$

(im Komplexen) transformiert werden.

(3.4) definiert die „Funktionen des parabolischen Zylinders"; das sind spezielle konfluente hypergeometrische Funktionen (vgl. Abschnitt 6.).

④ **Rotationsparabolische Koordinaten** $\xi,\ \eta,\ \varphi$.

$$\xi_1=\xi\eta\cos\varphi,$$
$$\xi_2=\xi\eta\sin\varphi,$$
$$\xi_3=\tfrac{1}{2}(\xi^2-\eta^2).$$

Schwingungsgleichung:

$$\frac{1}{\xi}\,(\xi u_\xi)_\xi+\frac{1}{\eta}\,(\eta u_\eta)_\eta+\left(\frac{1}{\xi^2}+\frac{1}{\eta^2}\right)u_{\varphi\varphi}+k^2(\xi^2+\eta^2)\,u=0.$$

Separation:

$$u=u_1(\xi)\,u_2(\eta)\,u_3(\varphi)\not\equiv0,$$

$$\frac{1}{\xi}\,(\xi u_1')'+\left(k^2\xi^2-\frac{\mu^2}{\xi^2}+\lambda\right)u_1=0, \qquad (4.1)$$

$$\frac{1}{\eta}\,(\eta u_2')'+\left(k^2\eta^2-\frac{\mu^2}{\eta^2}-\lambda\right)u_2=0, \qquad (4.2)$$

$$u_3''+\mu^2 u_3=0. \qquad (4.3)$$

(4.3) ist wieder bekannt. (4.1) und (4.2), die bis auf eine Parameterbezeichnung identisch sind, lassen sich durch konfluente hypergeometrische Funktionen lösen (vgl. Abschnitt 6.).

⑤ **Elliptische Zylinderkoordinaten** $\xi,\ \eta,\ z$.

$$\xi_1=c\operatorname{Cos}\xi\cos\eta,$$
$$\xi_2=c\operatorname{Sin}\xi\sin\eta,$$
$$\xi_3=z.$$

Wir bezeichnen die Hyperbelfunktionen

$$\tfrac{1}{2}(e^x+e^{-x})=\operatorname{Cos}x,$$
$$\tfrac{1}{2}(e^x-e^{-x})=\operatorname{Sin}x.$$

Schwingungsgleichung:

$$u_{\xi\xi}+u_{\eta\eta}+c^2(\operatorname{Cos}^2\xi-\cos^2\eta)(u_{zz}+k^2u)=0.$$

Separation:

$$u = u_1(\xi)\, u_2(\eta)\, u_3(z) \not\equiv 0,$$

$$-u_1'' + (\lambda - 2h^2 \mathrm{Cos}\, 2\xi)\, u_1 = 0, \tag{5.1}$$

$$u_2'' + (\lambda - 2h^2 \cos 2\eta)\, u_2 = 0, \tag{5.2}$$

$$u_3'' + \alpha^2 u_3 = 0, \tag{5.3}$$

mit

$$h^2 = \tfrac{1}{4}(k^2 - \alpha^2)\, c^2.$$

(5.2) wird als Mathieusche Differentialgleichung bezeichnet; ihre Lösungen heißen Mathieusche Funktionen oder Funktionen des elliptischen Zylinders. (5.1) geht mit $\xi = i\eta$ in (5.2) über.

⑥ Rotationselliptische Koordinaten ξ, η, φ.

a) Gestreckt-rotationselliptische:

$$\xi_1 = c\,(\xi^2 - 1)^{\frac{1}{2}}(1 - \eta^2)^{\frac{1}{2}}\cos\varphi,$$
$$\xi_2 = c\,(\xi^2 - 1)^{\frac{1}{2}}(1 - \eta^2)^{\frac{1}{2}}\sin\varphi,$$
$$\xi_3 = c\,\xi\eta.$$

b) Abgeplattet-rotationselliptische:

$$\xi_1 = c\,(\xi^2 + 1)^{\frac{1}{2}}(1 - \eta^2)^{\frac{1}{2}}\cos\varphi,$$
$$\xi_2 = c\,(\xi^2 + 1)^{\frac{1}{2}}(1 - \eta^2)^{\frac{1}{2}}\sin\varphi,$$
$$\xi_3 = c\,\xi\eta.$$

Schwingungsgleichung: $(\gamma = kc)$

a) $\left[(\xi^2 - 1)\, u_\xi\right]_\xi + \left[(1 - \eta^2)\, u_\eta\right]_\eta + \dfrac{\xi^2 - \eta^2}{(\xi^2 - 1)(1 - \eta^2)}\, u_{\varphi\varphi} + \gamma^2(\xi^2 - \eta^2)\, u = 0,$

b) $\left[(\xi^2 + 1)\, u_\xi\right]_\xi + \left[(1 - \eta^2)\, u_\eta\right]_\eta + \dfrac{\xi^2 + \eta^2}{(\xi^2 + 1)(1 - \eta^2)}\, u_{\varphi\varphi} + \gamma^2(\xi^2 + \eta^2)\, u = 0.$

Separation:

$$u = u_1(\xi)\, u_2(\eta)\, u_3(\varphi) \not\equiv 0,$$

$$\left[(1 - \xi^2)\, u_1'\right]' + \left[\frac{-\mu^2}{1 - \xi^2} + \lambda + \gamma^2(1 - \xi^2)\right] u_1 = 0, \tag{6a 1}$$

$$\left[(1 - \eta^2)\, u_2'\right]' + \left[\frac{-\mu^2}{1 - \eta^2} + \lambda + \gamma^2(1 - \eta^2)\right] u_2 = 0, \tag{6a.2}$$

$$u_3'' + \mu^2 u_3 = 0, \tag{6a.3}$$

bzw.

$$-\left[(1 + \xi^2)\, u_1'\right]' + \left[\frac{-\mu^2}{1 + \xi^2} + \lambda - \gamma^2(1 + \xi^2)\right] u_1 = 0, \tag{6b.1}$$

$$\left[(1 - \eta^2)\, u_2'\right]' + \left[\frac{-\mu^2}{1 - \eta^2} + \lambda - \gamma^2(1 - \eta^2)\right] u_2 = 0, \tag{6b.2}$$

$$u_3'' + \mu^2 u_3 = 0. \tag{6b.3}$$

(6a.1) bzw. (6a.2) wird als Sphäroiddifferentialgleichung bezeichnet; ihre Lösungen heißen Sphäroidfunktionen. (6b.1), (6b.2) lassen sich leicht ($\gamma \to i\gamma$, $\xi = i\eta$) auf (6a.2) transformieren.

Für $\gamma^2 = 0$ (Potentialgleichung) entsteht in (6a.1), (6a.2), (6b.2) die Legendresche Differentialgleichung (2.2), in (6b.1) eine entsprechende Modifikation ($\xi = i\eta$). Es lassen sich also mit Kugelfunktionen separierte Lösungen der Potentialgleichung bilden:

$$\text{a)} \quad \mathfrak{R}_\nu^\mu(\xi)\, \mathfrak{R}_\nu^\mu(\eta)\, e^{\pm i\mu\varphi},$$

$$\text{b)} \quad \mathfrak{R}_\nu^\mu(i\xi)\, \mathfrak{R}_\nu^\mu(\eta)\, e^{\pm i\mu\varphi}.$$

1.2. Funktionentheoretische Hilfsmittel

$\mathfrak{G}$ sei ein Gebiet (offen, zusammenhängend) der komplexen Zahlenebene. Eine in $\mathfrak{G}$ erklärte komplexwertige eindeutige Funktion $f(z)$ wird als „analytisch in $\mathfrak{G}$" bezeichnet, wenn $f(z)$ an jeder Stelle von $\mathfrak{G}$ differenzierbar ist. Um das Fehlen von Singularitäten zu betonen, sagen wir gelegentlich deutlicher „regulär analytisch" oder „holomorph".

Wir notieren einige Haupteigenschaften analytischer Funktionen, die wir unten immer wieder mit Vorteil anwenden werden. Man beweist, ausgehend von der oben gegebenen Definition und der Definition des Kurvenintegrals, als Grundlage für alle weiteren Resultate den Hauptsatz bzw. Integralsatz von Cauchy.

Satz 1. *Ist $\mathfrak{G}$ einfach-zusammenhängend, $f(z)$ in $\mathfrak{G}$ holomorph, $\mathfrak{C}$ eine geschlossene rektifizierbare Kurve innerhalb $\mathfrak{G}$, so gilt*

$$\oint_\mathfrak{C} f(z)\, dz = 0.$$

Dabei kann „einfach-zusammenhängend" bekanntlich entweder durch die Forderung erklärt werden, daß jede geschlossene rektifizierbare Kurve innerhalb $\mathfrak{G}$ um jeden nicht zu $\mathfrak{G}$ gehörenden Punkt die Umlaufszahl 0 hat, oder durch die Forderung, daß $\mathfrak{G}$, als Punktmenge der Zahlenkugel betrachtet, als Rand ein Kontinuum besitzt.

Eine relativ einfache Folgerung ist dann die Integralformel von Cauchy, die wir sofort auch für die Ableitungen (ihre Existenz ist damit gegeben) notieren.

Satz 2. *$f(z)$ sei im einfach-zusammenhängenden Gebiet $\mathfrak{G}$ holomorph. $\mathfrak{C}$ sei eine einfach-geschlossene Kurve innerhalb $\mathfrak{G}$. Für alle $z \in \mathfrak{G}$, die $\mathfrak{C}$ einmal positiv umschließt, d.h.*

$$\frac{1}{2\pi i} \oint_\mathfrak{C} \frac{f(\zeta)}{\zeta - z}\, d\zeta = 1,$$

gilt dann ($n = 0, 1, 2, \ldots$)

$$f^{(n)}(z) = \frac{n!}{2\pi i} \oint_\mathfrak{C} \frac{f(\zeta)}{(\zeta - z)^{n+1}}\, d\zeta.$$

Wählt man bei $n=0$ in der Integralformel $\mathfrak{C}$ als Kreis um a, entwickelt unter dem Integral nach Potenzen von $z-a$ und integriert gliedweise, so beweist man

Satz 3. *Ist $f(z)$ im Gebiete $\mathfrak{G}$ holomorph, so läßt sich $f(z)$ um jede Stelle a aus $\mathfrak{G}$ in eine Potenzreihe entwickeln*

$$f(z) = \sum_{n=0}^{\infty} a_n (z-a)^n.$$

Sie konvergiert sicher in dem größten Kreise um a, der noch in $\mathfrak{G}$ liegt.

Natürlich ist mit Satz 2 dabei

$$a_n = \frac{1}{n!} f^{(n)}(a) = \frac{1}{2\pi i} \oint_{\mathfrak{C}} \frac{f(\zeta)}{(\zeta-a)^{n+1}} d\zeta,$$

wobei $\mathfrak{C}$ hinreichend nahe bei a die Stelle a einmal positiv umläuft.

Da offenbar, wenn nur $f(\zeta)$ auf $\mathfrak{C}$ stetig ist,

$$\frac{1}{2\pi i} \oint_{\mathfrak{C}} \frac{f(\zeta)}{\zeta-z} d\zeta$$

„im Innern" von $\mathfrak{C}\left(\dfrac{1}{2\pi i} \oint_{\mathfrak{C}} \dfrac{1}{\zeta-z} d\zeta = 1\right)$ holomorph ist (Differentiation unter dem Integralzeichen), folgt mit Satz 2 leicht der Satz von WEIERSTRASS.

Satz 4. *Die Funktionen $f_n(z)$ $(n=1, 2, 3, \ldots)$ seien in $\mathfrak{G}$ holomorph. Auf jeder kompakten Teilmenge von $\mathfrak{G}$ möge (gleichmäßige Konvergenz)*

$$f_n(z) \Rightarrow f(z) \qquad (n \to \infty)$$

gelten.

Dann ist $f(z)$ in $\mathfrak{G}$ holomorph, und man hat auch

$$f_n^{(k)}(z) \Rightarrow f^{(k)}(z) \qquad (k=1, 2, 3, \ldots)$$

auf jeder kompakten Teilmenge von $\mathfrak{G}$.

Eine wichtige Folgerung von Satz 3 ist der Identitätssatz.

Satz 5. *Sind $f_1(z)$, $f_2(z)$ in $\mathfrak{G}$ holomorph, ist $\mathfrak{M}$ eine Teilmenge von $\mathfrak{G}$, die in $\mathfrak{G}$ einen Häufungspunkt hat, und hat man $f_1(z) = f_2(z)$ in $\mathfrak{M}$, dann gilt*

$$f_1(z) \equiv f_2(z)$$

in $\mathfrak{G}$.

Schließlich kann als Folgerung aus Satz 4 ein Satz über Integraldarstellungen analytischer Funktionen entnommen werden.

Satz 6. *Die Funktion $F(t, z)$ sei für $\alpha \le t \le \beta$ und z im Gebiet $\mathfrak{G}$ der komplexen Zahlenebene erklärt. Sie sei dort eine stetige Funktion des*

Zahlenpaars (t, z); sie sei ferner für jedes t eine in $\mathfrak{G}$ holomorphe Funktion von z.

Dann ist

$$f(z) = \int\limits_{\alpha}^{\beta} F(t, z)\, dt$$

in $\mathfrak{G}$ holomorph; $\dfrac{\partial^k}{\partial z^k} F(t, z)$ $(k = 0, 1, 2, \ldots)$ hat die oben für $F(t, z)$ genannten Eigenschaften; es gilt

$$f^{(k)}(z) = \int\limits_{\alpha}^{\beta} \frac{\partial^k}{\partial z^k} F(t, z)\, dt.$$

Wegen ausführlicherer Beweise der Sätze 1 bis 6 müssen wir auf eines der zahlreichen guten Lehrbücher der komplexen Funktionentheorie verweisen.

Wir beweisen speziell für unsere Zwecke noch einige Resultate, die sich auf lineare Differentialoperatoren beziehen.

Satz 7. *$q_0(t), q_1(t), \ldots, q_m(t)$ seien im Gebiete $\mathfrak{D}$ holomorphe Funktionen. Für eine in $\mathfrak{D}$ holomorphe Funktion $w(t)$ werde definiert*

$$Q(w) = q_m w^{(m)} + q_{m-1} w^{(m-1)} + \cdots + q_0 w$$

und

$$\tilde{Q}(w) = (-1)^m (q_m w)^{(m)} + (-1)^{m-1} (q_{m-1} w)^{(m-1)} + \cdots + q_0 w.$$

Für zwei in $\mathfrak{D}$ holomorphe Funktionen $u(t), v(t)$ sei ferner

$$Q[u, v] = \sum_{\mu=1}^{m} \{ q_\mu v \cdot u^{(\mu-1)} - (q_\mu v)' u^{(\mu-2)} + - \cdots - (-1)^\mu (q_\mu v)^{(\mu-1)} u \}.$$

Ist dann $\mathfrak{C}$ eine in $\mathfrak{D}$ zwischen a und b verlaufende rektifizierbare Kurve, so gilt

$$\int\limits_{\mathfrak{C}\,a}^{b} (Q(u) v - u \tilde{Q}(v))\, dt = Q[u, v] \big|_a^b.$$

$\tilde{Q}$ wird als der zu Q „adjungierte" Differentialoperator bezeichnet. $Q[u, v]$ nennen wir die zugehörige „Bilinearform". Der Beweis von Satz 7 ist damit gegeben, daß man

$$q_\mu v \cdot u^{(\mu-1)} - (q_\mu v)' u^{(\mu-2)} + - \cdots - (-1)^\mu (q_\mu v)^{(\mu-1)} u$$

differenziert. Man erhält

$$q_\mu v \cdot u^{(\mu)} - (-1)^\mu (q_\mu v)^{(\mu)} u;$$

die übrigen Glieder fallen wegen der alternierenden Vorzeichen fort.

Man rechnet leicht nach, daß

$$\tilde{\tilde{Q}}(w) = Q(w),$$

$$\tilde{Q}[u, v] = -Q[v, u].$$

Ferner bestätigt man unschwer, daß ein Operator der Form

$$Q(w) = \sum_{\mu=0}^{m} \left(r_\mu(t)\, w^{(\mu)}(t) \right)^{(\mu)}$$

„selbstadjungiert'' ist, d.h., daß

$$\tilde{Q}(w) = Q(w)$$

gilt. In diesem Falle ist

$$Q[u,v] = \sum_{\mu=1}^{m} \left\{ (r_\mu u^{(\mu)})^{(\mu-1)} v - + \cdots + (-1)^{\mu-1} r_\mu \left(u^{(\mu)} v^{(\mu-1)} - u^{(\mu-1)} v^{(\mu)} \right) + \right.$$
$$\left. + - \cdots - (r_\mu v^{(\mu)})^{(\mu-1)} u \right\}.$$

Im folgenden werden derartige Differentialoperatoren auch auf Funktionen zweier Variablen angewendet; wir haben dann die Differentiationen als partielle zu notieren. Wir beweisen

Satz 8. *Voraussetzungen: 1) Die Funktionen $p_0(z)$, $p_1(z)$, ..., $p_n(z)$ seien im Gebiete $\mathfrak{P}$, die Funktionen $q_0(t)$, $q_1(t)$, ..., $q_m(t)$ im Gebiete $\mathfrak{Q}$ regulär analytisch. Mit ihnen seien die (nur auf z bzw. nur auf t bezüglichen) Operatoren*

$$P(w) = \sum_{\nu=0}^{n} p_\nu(z)\, \frac{\partial^\nu w}{\partial z^\nu}, \qquad Q(w) = \sum_{\mu=0}^{m} q_\mu(t)\, \frac{\partial^\mu w}{\partial t^\mu}$$

gebildet.

2) $K(z,t)$ sei für $z \in \mathfrak{P}$, $t \in \mathfrak{Q}$ eine stetige Funktion von (z,t). Für festes $t \in \mathfrak{Q}$ bzw. $z \in \mathfrak{P}$ sei $K(z,t)$ in $\mathfrak{P}$ bzw. $\mathfrak{Q}$ eine holomorphe Funktion von z bzw. t. K genüge der partiellen Differentialgleichung

$$P(K) = Q(K).$$

3) $v(t)$ sei in $\mathfrak{Q}$ holomorph und genüge mit einer Konstanten λ der Differentialgleichung

$$\tilde{Q}(v) = \lambda v.$$

4) $\mathfrak{C}$ sei eine zwischen a und b in $\mathfrak{Q}$ verlaufende rektifizierbare Kurve. Für jedes $z \in \mathfrak{P}$ gelte

$$Q[K,v]\big|_a^b = 0.$$

Behauptung: Die Funktion

$$u(z) = \int_{\mathfrak{C}\, a}^{b} K(z,t)\, v(t)\, dt$$

ist in $\mathfrak{P}$ holomorph und Lösung der Differentialgleichung

$$P(u) = \lambda u.$$

Zum Beweise rechnet man

$$P(u)=\int_a^b P(K)\,v\,dt=\int_a^b Q(K)\,v\,dt=\int_a^b K\,\tilde{Q}(v)\,dt+Q[K,v]\big|_a^b=\lambda\int_a^b K\,v\,dt=\lambda u.$$

Dabei benutzt man im ersten Schritt die Definition von u und Satz 6, wobei man auf die dortige Form mit Hilfe einer Parameterdarstellung von $\mathfrak{C}$ übergeht. Im zweiten Schritt wird die Differentialgleichung von 2) angewandt. Zum dritten Schritt verwendet man Satz 7. Der vierte, letzte Schritt ist dann mit 3) und 4) gegeben. —

Es ist nun wesentlich, Satz 8 auch auf uneigentliche Integrationswege zu übertragen. Wir nehmen an, $\mathfrak{C}$ besitze eine Parameterdarstellung $t=\varphi(\tau)$ ($-\infty<\tau<\infty$); ist dann $-\infty<\alpha<\beta<\infty$, $\varphi(\alpha)=a$, $\varphi(\beta)=b$, so sei der Abschnitt von $\mathfrak{C}$ zwischen a und b eine in $\mathfrak{Q}$ verlaufende rektifizierbare Kurve. Es gilt in diesem Falle

Satz 9. *Voraussetzungen: Bezüglich $\mathfrak{P}$, $\mathfrak{Q}$, P, Q, K, v seien 1), 2), 3) von Satz 8 erfüllt.*

4′) Hat man $\alpha_n<\beta_n$, $\alpha_n\searrow-\infty$, $\beta_n\nearrow+\infty$, $a_n=\varphi(\alpha_n)$, $b_n=\varphi(\beta_n)$, so gelte für jedes $z\in\mathfrak{P}$

$$Q[K,v]\big|_{a_n}^{b_n}\to0\quad(n\to\infty),$$

sowie gleichmäßig bezüglich z in kompakten Teilmengen von $\mathfrak{P}$

$$u_n(z)={}_{\mathfrak{C}}\!\int_{a_n}^{b_n}K(z,t)\,v(t)\,dt\to u(z)=\int_{\mathfrak{C}}K(z,t)\,v(t)\,dt.$$

Behauptung: $u(z)$ ist in $\mathfrak{P}$ holomorph und erfüllt

$$P(u)=\lambda u.$$

Beweis. Man hat nach Voraussetzung in kompakten Teilmengen von $\mathfrak{P}$ gleichmäßig

$$u_n(z)\to u(z),$$

also ist nach Satz 4 $u(z)$ in $\mathfrak{P}$ holomorph und es gilt

$$P(u_n)\to P(u).\qquad(*)$$

Andererseits kann man wie bei Satz 8 rechnen

$$P(u_n)=\int_{a_n}^{b_n}P(K)\,v\,dt=\int_{a_n}^{b_n}Q(K)\,v\,dt=\int_{a_n}^{b_n}K\,Q(v)\,dt+Q[K,v]\big|_{a_n}^{b_n}$$
$$=\lambda u_n+Q[K,v]\big|_{a_n}^{b_n},$$

und daraus folgt mit 4′)

$$P(u_n)\to\lambda u.$$

Das aber ergibt mit $(*)$ die Behauptung.

Zum Schluß notieren wir einen unten oft benutzten Existenzsatz für lineare Differentialgleichungen im Komplexen.

Satz 10. *Die Funktionen $f_1(z), f_2(z), \ldots, f_n(z)$ und $f(z)$ seien in dem einfach-zusammenhängenden Gebiet $\mathfrak{G}$ holomorph. z_0 sei eine Stelle aus $\mathfrak{G}$, $y_0, y_1, \ldots, y_{n-1}$ seien gegebene Zahlen. Dann gibt es genau eine in $\mathfrak{G}$ (eindeutige) holomorphe Funktion $y(z)$, die der Differentialgleichung*

$$y^{(n)}(z) + f_1(z)\, y^{(n-1)}(z) + \cdots + f_n(z)\, y(z) = f(z)$$

und den Anfangsbedingungen in z_0

$$y^{(\nu)}(z_0) = y_\nu \qquad (\nu = 0, 1, \ldots, n-1)$$

genügt.

Zum Beweise führt man am bequemsten die Vektoren

$$\begin{pmatrix} y_0 \\ y_1 \\ \vdots \\ y_{n-1} \end{pmatrix} = \mathfrak{y}_0, \qquad \begin{pmatrix} y(z) \\ y'(z) \\ \vdots \\ y^{(n-1)}(z) \end{pmatrix} = \mathfrak{y}(z), \qquad \begin{pmatrix} 0 \\ 0 \\ \vdots \\ 0 \\ f(z) \end{pmatrix} = \mathfrak{b}(z)$$

und die Matrix

$$\mathfrak{A}(z) = \begin{pmatrix} 0 & 1 & 0 & \ldots & \ldots & 0 \\ 0 & 0 & 1 & 0 & \ldots & 0 \\ \vdots & & & & & \vdots \\ 0 & 0 & \ldots & \ldots & 0 & 1 \\ -f_n(z) & -f_{n-1}(z) & \ldots & \ldots & \ldots & -f_1(z) \end{pmatrix}$$

ein. Man kann dann Differentialgleichung und Anfangsbedingungen zu

$$\mathfrak{y}(z) = \int_{z_0}^{z} \big(\mathfrak{A}(x)\, \mathfrak{y}(x) + \mathfrak{b}(x)\big)\, dx + \mathfrak{y}_0$$

zusammenfassen. Diese Gleichung wird nun durch das Iterationsverfahren

$$\mathfrak{y}_0(z) = \mathfrak{y}_0, \qquad \mathfrak{y}_{m+1}(z) = \int_{z_0}^{z} \big(\mathfrak{A}(x)\, \mathfrak{y}_m(x) + \mathfrak{b}(x)\big)\, dx + \mathfrak{y}_0 \qquad (m = 0, 1, 2, \ldots)$$

gelöst: man zeigt, daß in kompakten Teilgebieten von $\mathfrak{G}$ gleichmäßig die Funktionen $\mathfrak{y}_m(z)$ gegen eine Lösung $\mathfrak{y}(z)$ konvergieren. Die Eindeutigkeit folgt mit der Tatsache, daß aus

$$\mathfrak{x}(z) = \int_{z_0}^{z} \mathfrak{A}(x)\, \mathfrak{x}(x)\, dx$$

folgt $\mathfrak{x}(z) \equiv 0$.

Dies Beweisverfahren ergibt mit kleinen zusätzlichen Überlegungen noch den

Zusatz zu Satz 10. *Es seien die Funktionen*

$$f_\nu(z) = f_\nu(z, \lambda) \quad (\nu = 1, 2, \ldots, n), \qquad f(z) = f(z, \lambda)$$

noch abhängig von einem Parameter λ, derart daß sie für z aus $\mathfrak{G}$ und λ aus einem Gebiet $\mathfrak{G}_1$ eindeutige holomorphe Funktionen der zwei Variablen (z, λ) sind, dagegen $z_0, y_0, \ldots, y_{n-1}$ von λ unabhängig. Dann sind auch

$$y(z, \lambda), y'(z, \lambda), \ldots, y^{(n)}(z, \lambda)$$

für z aus $\mathfrak{G}$ und λ aus $\mathfrak{G}_1$ eindeutige holomorphe Funktionen von (z, λ).

Zum Beweise zeigt man die gleichmäßige Konvergenz der $\mathfrak{y}_m(z, \lambda)$ des geschilderten Iterationsverfahrens in kompakten (z, λ)-Gebieten.

Wegen einer genaueren Ausführung der Beweise von Satz 10 und des Zusatzes darf auf eines der guten Lehrbücher der Theorie der gewöhnlichen Differentialgleichungen verwiesen werden.

1.3. Die Laplace-Transformation

Die durch

$$f(s) = \int\limits_0^\infty e^{-st} F(t)\, dt$$

vermittelte Zuordnung

$$F(t) \to f(s)$$

wird als Laplace-Transformation bezeichnet. Wir benötigen unten nur einige wenige Tatsachen der Theorie dieser Funktionaltransformation; insbesondere genügt für uns die Beschränkung auf einen relativ engen Bereich von Funktionen $F(t)$, den wir als Λ bezeichnen wollen.

Eine in $0 < t < \infty$ definierte komplexwertige Funktion gehöre zu Λ genau dann, wenn

1) $F(t)$ in $0 < t < \infty$ stetig ist, und

2) ein s_0 und ein K_0 existieren, so daß für alle ε, T $(0 < \varepsilon < T < \infty)$

$$\int\limits_\varepsilon^T |e^{-s_0 t} F(t)|\, dt < K_0$$

gilt.

Die Forderung 2) bedeutet kurz gesagt, daß das (bezüglich ∞ und eventuell 0) uneigentliche Integral

$$\int\limits_0^\infty e^{-s_0 t} F(t)\, dt$$

absolut konvergent ist. Sie zieht nach sich, daß für jedes s

$$\int\limits_0^1 e^{-st} F(t)\, dt$$

absolut konvergent ist. Es ist ja $e^{(s_0-s)t}$ in $[0, 1]$ beschränkt. Weiter aber folgt analog, daß für alle s mit

$$\Re e\, s \geqq \Re e\, s_0$$

auch

$$\int_0^\infty e^{-st} F(t)\, dt$$

absolut konvergent ist. Denn dann ist

$$\left| e^{(s_0-s)t} \right| = e^{(\Re e\, s_0 - \Re e\, s)t} \leqq 1$$

in $0 \leqq t < \infty$. Daher kann man auch

$$\left| \int_0^\infty e^{-st} F(t)\, dt - \int_\varepsilon^T e^{-st} F(t)\, dt \right| \leqq \left| \int_0^\varepsilon e^{-st} F(t)\, dt \right| + \left| \int_T^\infty e^{-st} F(t)\, dt \right|$$

$$\leqq \int_0^\varepsilon \left| e^{-s_0 t} F(t) \right| dt + \int_T^\infty \left| e^{-s_0 t} F(t) \right| dt$$

abschätzen. Damit gilt in $\Re e\, s \geqq \Re e\, s_0$ gleichmäßig

$$\int_\varepsilon^T e^{-st} F(t)\, dt \to \int_0^\infty e^{-st} F(t)\, dt = f(s)$$

für $\varepsilon \to 0$, $T \to \infty$. Das erste Integral ist für $0 < \varepsilon < T < \infty$ nach **1.2.**, Satz 6 eine ganze analytische Funktion von s. Daher folgt mit **1.2.**, Satz 4:

Satz 1. *Sei $F(t) \in \Lambda$ und speziell $\int_0^\infty \left| e^{-s_0 t} F(t) \right| dt < \infty$. Dann ist*

$$f(s) = \int_0^\infty e^{-st} F(t)\, dt$$

in $\Re e\, s \geqq \Re e\, s_0$ stetig und in $\Re e\, s > \Re e\, s_0$ holomorph. In dieser offenen Halbebene ist

$$f^{(k)}(s) = \int_0^\infty e^{-st} (-t)^k F(t)\, dt$$

Zur letzten Aussage ist nur zu bemerken, daß für $\Re e\, s_1 > \Re e\, s_0$ die Funktionen

$$(-t)^k\, e^{(s_0-s_1)t}$$

in $(0, \infty)$ beschränkt sind, was nach sich zieht, daß auch die Funktionen

$$(-t)^k F(t)$$

unserem Bereich Λ angehören (mit s_1 statt s_0). Danach kann mit Hilfe von **1.2.**, Satz 4 und Satz 6 gerechnet werden:

$$\frac{d^k}{ds^k} \int_\varepsilon^T e^{-st} F(t)\, dt = \int_\varepsilon^T e^{-st} (-t)^k F(t)\, dt \begin{cases} \to f^{(k)}(s), \\[2mm] \to \int_0^\infty e^{-st} (-t)^k F(t)\, dt. \end{cases}$$

Eine Haupteigenschaft der Laplace-Transformierten $f(s)$ einer Funktion $F(t)$ aus Λ gibt

Satz 2. *Für $\mathfrak{Re}\,s \to +\infty$ gilt gleichmäßig bezüglich $\mathfrak{Im}\,s$*

$$f(s) \to 0.$$

Sei wieder

$$f(s) = \int\limits_0^\infty e^{-st} F(t)\,dt$$

und

$$\int\limits_0^\infty |e^{-s_0 t} F(t)|\,dt < \infty.$$

Dann kann für $\mathfrak{Re}\,s > \mathfrak{Re}\,s_0$ abgeschätzt werden

$$|f(s)| \leqq \int\limits_0^\delta |e^{-s_0 t} F(t)|\,dt + e^{-(\mathfrak{Re}\,s - \mathfrak{Re}\,s_0)\delta} \int\limits_\delta^\infty |e^{-s_0 t} F(t)|\,dt.$$

Ist nun $\varepsilon > 0$ vorgegeben, so kann zunächst die Hilfsgröße δ positiv so gewählt werden, daß das erste Glied kleiner als $\varepsilon/2$ ist; danach wählt man S so, daß für $\mathfrak{Re}\,s > S$ das zweite Glied kleiner als $\varepsilon/2$ wird. Insgesamt ist dann, wie zu zeigen war,

$$|f(s)| < \varepsilon \qquad (\mathfrak{Re}\,s > S).$$

Schon Satz 1 zeigte, wie sich die Differentiation der Funktion $f(s)$ im Bereiche Λ (als Multiplikation mit $(-t)$) widerspiegelt. Von Interesse ist nun der umgekehrte Zusammenhang. Wir kürzen dabei

$$\int\limits_0^\infty e^{-st} F(t)\,dt = f(s) = \mathfrak{L}\{F\}$$

ab.

Satz 3. *Es mögen $F(t)$ und $F'(t)$ zu Λ gehören. Dann existiert*

$$\lim_{t \to +0} F(t) = F(0)$$

und es ist

$$\mathfrak{L}\{F'\} = s\,\mathfrak{L}\{F\} - F(0).$$

Die Existenz von $F(0)$ folgt mit

$$|F(\varepsilon_1) - F(\varepsilon_2)| = \left|\int\limits_{\varepsilon_1}^{\varepsilon_2} F'(t)\,dt\right| \leqq \int\limits_{\varepsilon_1}^{\varepsilon_2} |F'(t)|\,dt \qquad (\varepsilon_1 < \varepsilon_2)$$

wegen der mit $F'(t) \in \Lambda$ gesicherten absoluten Konvergenz von $\int\limits_0^1 F'(t)\,dt$. Weiter kann für $0 < \varepsilon < T < \infty$ partiell integriert werden:

$$\int\limits_\varepsilon^T e^{-st} F'(t)\,dt = e^{-st} F(t)\big|_\varepsilon^T + s \int\limits_\varepsilon^T e^{-st} F(t)\,dt. \qquad (*)$$

Nehmen wir nun s im Innern des Durchschnitts der beiden Halbebenen der absoluten Konvergenz der Laplace-Integrale für F und F' an. Dann existieren die limites der beiden notierten Integrale für $\varepsilon \to 0$, $T \to \infty$. Also existiert auch

$$\lim_{T \to \infty} e^{-sT} F(T) = A(s).$$

Nun existiert zu jedem der genannten s ein ebenfalls zulässiges s_1 mit $\Re s_1 < \Re s$. Dann ist aber

$$\lim_{T \to \infty} e^{-sT} F(T) = \lim_{T \to \infty} e^{-(s-s_1)T} \lim_{T \to \infty} e^{-s_1 T} F(T) = 0 \cdot A(s_1) = 0;$$

also ist stets $A(s) = 0$. Damit schließlich liefert (*) die Behauptung des Satzes 3.

Aus Satz 3 ergibt sich unmittelbar durch mehrfache Anwendung

Satz 4. *Es mögen $F(t), F'(t), \ldots, F^{(n)}(t)$ zu Λ gehören. Dann existieren*

$$\lim_{t \to +0} F^{(v)}(t) = F^{(v)}(0) \qquad (v = 0, 1, \ldots, n-1)$$

und es ist

$$\mathfrak{L}\{F^{(n)}\} = s^n \mathfrak{L}\{F\} - s^{n-1} F(0) - s^{n-2} F'(0) - \cdots - F^{(n-1)}(0).$$

Satz 4 ergibt zusammen mit Satz 2 den zur Gewinnung vieler asymptotischer Aussagen wichtigen

Satz 5. *Gehören $F(t), F'(t), \ldots, F^{(n)}(t)$ zu Λ und sind (vgl. Satz 4)*

$$F(0) = F'(0) = \cdots = F^{(n-1)}(0) = 0,$$

dann gilt für $\Re s \to \infty$ gleichmäßig bezüglich $\Im s$

$$f(s) = o(s^{-n}).$$

Denn nach Satz 2 gilt $\mathfrak{L}\{F^{(n)}\} \to 0$ und nach Satz 4

$$\mathfrak{L}\{F^{(n)}\} = s^n f(s).$$

Satz 5 besagt offenbar qualitativ: wenn $F(t)$ für $t \to +0$ rasch klein wird, so $f(s)$ für $\Re s \to +\infty$. Die Kopplung großer s mit kleinen t wird durch das Auftreten von st im Laplace-Integral plausibel.

Zur Erläuterung notieren wir ein Beispiel, das auch für den weiteren Aufbau der Theorie wichtig werden wird. Wir gehen davon aus, daß für

$$\Re \alpha > -1$$

das Integral (2. Eulersches Integral) (τ^α Hauptwert)

$$\int_0^\infty e^{-\tau} \tau^\alpha \, d\tau = \Gamma(\alpha + 1) \tag{1}$$

absolut konvergent ist. Wir nehmen dies als vorläufige Definition der „*Gammafunktion*" $\Gamma(\alpha)$ für $\Re \alpha > 0$.

(1) ergibt bekanntlich speziell $\Gamma(n+1)=n!$ für $n=0, 1, 2, \ldots$. Wir substituieren nun in (1) $\tau = st$ mit $s > 0$. Dann entsteht

$$\int_0^\infty e^{-st} t^\alpha \, dt = \Gamma(\alpha+1) \, s^{-\alpha-1}. \tag{2}$$

Dies gilt zunächst für $s > 0$. Nun ist aber das Laplace-Integral links für $\Re e\, s > 0$ absolut konvergent und stellt dort nach Satz 1 eine holomorphe Funktion dar; auch $s^{-\alpha-1}$ (der Hauptwert) ist in $\Re e\, s > 0$ holomorph; daher kann **1.2.**, Satz 5 angewandt werden. Danach gilt (2) für

$$\Re e\, \alpha > -1, \quad \Re e\, s > 0.$$

Im folgenden wird es oft wesentlich sein, von Eigenschaften der Funktion $f(s)$ auf solche von $F(t)$ schließen zu können. Dazu zeigen wir, daß die durch die Laplace-Transformation vermittelte Abbildung ein-eindeutig ist, d. h. daß $f(s) \equiv 0$ nur für $F(t) \equiv 0$ und kein anderes $F(t) \in \Lambda$ möglich ist. Man zeigt leicht schärfer

Satz 6. *Sei* $F(t) \in \Lambda$, $f(s) = \mathfrak{L}\{F\}$ *und* $f(s) = 0$ *für* $s = \sigma + n + 1$ $(n = 0, 1, 2, \ldots)$. *Dann ist* $F(t) \equiv 0$.

Zum Beweise kann offenbar

$$\int_0^\infty |e^{-\sigma t} F(t)| \, dt < \infty$$

angenommen werden. Wir definieren

$$\Psi(t) = \int_0^t e^{-\sigma\tau} F(\tau) \, d\tau.$$

Dann ist $\Psi(t)$ in $0 \leq t \leq \infty$ stetig $\big(\Psi(\infty)$ existiert und ist $f(\sigma)\big)$. Die partielle Integration

$$\int_\varepsilon^T e^{-(s-\sigma)t} e^{-\sigma t} F(t) \, dt = e^{-(s-\sigma)t} \Psi(t) \Big|_\varepsilon^T + (s-\sigma) \int_\varepsilon^T e^{-(s-\sigma)t} \Psi(t) \, dt$$

liefert dann für $\Re e\, s > \Re e\, \sigma$

$$f(s) = (s-\sigma) \int_0^\infty e^{-(s-\sigma)t} \Psi(t) \, dt.$$

Nach Voraussetzung ist nun

$$\int_0^\infty e^{-(n+1)t} \Psi(t) \, dt = 0 \quad (n = 0, 1, 2, \ldots).$$

Wir transformieren mit

$$e^{-t} = u, \quad t = -\log u$$

und erhalten für

$$\varphi(u) = \Psi(-\log u),$$

was nun in $0 \leqq u \leqq 1$ stetig ist,

$$\int_0^1 \varphi(u)\, u^n\, du = 0 \qquad (n = 0, 1, 2, \ldots).$$

Daraus folgt

$$\varphi(u) \equiv 0.$$

Denn $\overline{\varphi(u)}$ kann in $[0, 1]$ durch Polynome, d.h. Linearkombinationen der Potenzen u^n gleichmäßig beliebig approximiert werden (Weierstraßscher Approximationssatz); daher hat man

$$\int_0^1 |\varphi(u)|^2\, du = 0,$$

und dies liefert mit Hilfe der Stetigkeit bekanntlich $\varphi(u) \equiv 0$. Damit ist nun aber auch $\Psi(t) \equiv 0$; und durch Differentiation entsteht $F(t) \equiv 0$.

Als erste Anwendung von Satz 6 lesen wir aus (2) ab:

$$\Gamma(\alpha) \neq 0 \qquad (\Re\, \alpha > 0). \tag{3}$$

Weiter kann (2) nach Satz 1 differenziert werden:

$$\int_0^\infty e^{-st}\, t^{\alpha+1}\, dt = (\alpha+1)\, \Gamma(\alpha+1)\, s^{-\alpha-2}.$$

Andererseits kann man in (2) α durch $\alpha+1$ ersetzen. Das ergibt

$$\Gamma(\alpha+1) = \alpha\, \Gamma(\alpha), \tag{4}$$

die Funktionalgleichung der Gammafunktion.

Die durch die Laplace-Transformation vermittelte, als eineindeutig in Satz 6 erkannte Zuordnung

$$F(t) \leftrightarrow f(s)$$

ist, wie man sofort sieht, linear:

$$\mathfrak{L}\{F_1 + F_2\} = \mathfrak{L}\{F_1\} + \mathfrak{L}\{F_2\},$$
$$\mathfrak{L}\{\alpha F\} = \alpha\, \mathfrak{L}\{F\}.$$

In Satz 1 und Satz 4 wurde gezeigt, welche Operationen der Differentiation von $f(s)$ bzw. $F(t)$ im Bereich der Bildfunktionen $F(t)$ bzw. $f(s)$ entsprechen. Wir ergänzen diese Kenntnisse durch die Angabe des Urbildes eines Produktes $f_1(s)\, f_2(s)$.

Satz 7. *$F_1(t)$, $F_2(t)$ mögen zu Λ gehören. Die entsprechenden Laplace-Integrale mögen beide in der abgeschlossenen rechten Halbebene $\mathfrak{H}$ absolut konvergieren.*

Dann gehört[1]

$$F_1(t) * F_2(t) = \int\limits_0^t F_1(t-\tau)\, F_2(\tau)\, d\tau \tag{5}$$

zu Λ. Das entsprechende Laplace-Integral ist in $\mathfrak{H}$ absolut konvergent. Dort gilt

$$\mathfrak{L}\{F_1 * F_2\} = \mathfrak{L}\{F_1\} \cdot \mathfrak{L}\{F_2\}.$$

Die Bildung (5) wird als „Faltung" bezeichnet. Sie existiert für $0 < t < \infty$ und ist dort stetig, falls nur $F_1(t)$ und $F_2(t)$ dort stetig und nach 0 heran absolut integrabel sind. Die Existenz ist klar, weil der Integrand von (5) im offenen Intervall $(0, t)$ stetig und nach den Enden hin absolut integrabel ist; denn letzteres gilt jeweils für einen Faktor, während der andere stetig, also beschränkt ist. Die Stetigkeit von $F_3(t) = F_1(t) * F_2(t)$ läßt sich beweisen, indem man durch Variablentransformation in einer Intervallhälfte

$$F_3(t) = \int\limits_0^{t/2} F_1(t-\tau)\, F_2(\tau)\, d\tau + \int\limits_0^{t/2} F_2(t-\tau)\, F_1(\tau)\, d\tau$$

darstellt, was auch die Symmetrie der Faltung deutlich macht. Es genügt dann, z.B. das erste Integral als in $t_0\,(0 < t_0 < \infty)$ stetig nachzuweisen. Wir zerlegen es mit

$$0 < 2\delta < t_0 < \infty,$$

noch einmal in

$$\int\limits_0^{\delta} F_1(t-\tau)\, F_2(\tau)\, d\tau + \int\limits_{\delta}^{t/2} F_1(t-\tau)\, F_2(\tau)\, d\tau.$$

Dann läßt sich der erste Teil durch geeignete Wahl von δ für alle t einer Umgebung von t_0 gleichmäßig beliebig klein machen; andererseits ist der zweite Teil für jedes δ offenbar in der Umgebung von t_0 stetig. Daraus ergibt sich in bekannter Weise die Behauptung. Die genauere Durchführung darf dem Leser überlassen bleiben.

Die für die Zugehörigkeit von $F_3(t)$ zu Λ geforderte Eigenschaft 2) und die letzte Aussage von Satz 7 werden nun gleichzeitig bewiesen.

Sei $s \in \mathfrak{H}$. Dann rechnen wir

$$\mathfrak{L}\{F_1\} \cdot \mathfrak{L}\{F_2\} = \int\limits_0^{\infty} e^{-st} F_1(t)\, dt \int\limits_0^{\infty} e^{-su} F_2(u)\, du = \iint\limits_{\Omega} e^{-s(t+u)} F_1(t)\, F_2(u)\, (dt\, du).$$

Dabei ist Ω die offene Viertelebene

$$0 < t < \infty, \quad 0 < u < \infty.$$

---

[1] Der Funktionswert von $F_1(t) * F_2(t)$ in t_0 ist nicht schon mit den einzelnen Werten $F_1(t_0)$ und $F_2(t_0)$ gegeben. Doch ist diese Notierung im Hinblick auf die speziellen Funktionen vorzuziehen.

Das zweidimensionale Integral ist absolut konvergent, da die zuvor notierten Laplace-Integrale es sind. Mit

$$u = u, \quad v = u + t$$

transformieren wir nun auf die Achtelebene

$$\mathfrak{D}: \ 0 < v < \infty, \quad 0 < u < v.$$

Wir erhalten wegen

$$\frac{\partial(u, t)}{\partial(u, v)} = 1$$

dann

$$\iint\limits_{\mathfrak{D}} e^{-sv} F_1(v - u) F_2(u) \, (du \, dv),$$

was natürlich ebenfalls absolut konvergent ist. Dies Integral kann nun

$$\int\limits_0^\infty e^{-sv} \left(\int\limits_0^v F_1(v - u) F_2(u) \, du \right) dv = \mathfrak{L}\{F_1 * F_2\}$$

berechnet werden, wobei nach allem das äußere Integral absolut konvergiert. Damit ist Satz 7 bewiesen[1].

Mit Hilfe von Satz 6 und Satz 7 erhält man leicht Kommutativität und Assoziativität der Faltung:

$$F_1 * F_2 = F_2 * F_1, \quad (F_1 * F_2) * F_3 = F_1 * (F_2 * F_3).$$

Nach Satz 7 nämlich haben beide Seiten — falls $F_\nu \subset \varLambda$ — gleiche Laplace-Transformierte, und nach Satz 6 sind sie damit selbst gleich. Man sieht übrigens leicht, daß die $F_\nu(t)$ nur in $0 < t < \infty$ stetig und nach 0 heran absolut integrabel zu sein brauchen; man braucht beim Beweise nur für große t geeignet abzuändern.

Satz 7 kann auf unser Beispiel

$$\mathfrak{L}\left\{\frac{t^{\alpha-1}}{\varGamma(\alpha)}\right\} = s^{-\alpha} \quad (\Re\mathfrak{e}\,\alpha > 0)$$

angewandt werden. Man übersetzt

$$s^{-\alpha} s^{-\beta} = s^{-(\alpha+\beta)}$$

mit Hilfe der Eineindeutigkeit leicht in

$$\frac{t^{\alpha-1}}{\varGamma(\alpha)} * \frac{t^{\beta-1}}{\varGamma(\beta)} = \frac{t^{\alpha+\beta-1}}{\varGamma(\alpha+\beta)} \quad (\Re\mathfrak{e}\,\alpha > 0, \ \Re\mathfrak{e}\,\beta > 0).$$

---

[1] Zum Beweise wurde die Transformationsregel für zweidimensionale Integrale und deren Berechnung durch zwei einfache Integrationen benutzt, und zwar in einer Form, die absolut konvergente uneigentliche Integrale einschließt. Am bequemsten ist wohl die Anwendung der genannten Sätze in ihrer auf das Lebesguesche Integral bezogenen Form (unter anderem der Satz von Fubini).

Für $t=1$ erhält man speziell

$$B(\alpha, \beta) \equiv \int\limits_0^1 (1-\tau)^{\alpha-1}\,\tau^{\beta-1}\,d\tau = \frac{\Gamma(\alpha)\,\Gamma(\beta)}{\Gamma(\alpha+\beta)}\,.$$

Das ist die Darstellung des ersten Eulerschen Integrals (Betafunktion) durch die (hier zunächst mit dem zweiten Eulerschen Integral definierte) Gammafunktion.

Eine weitere Erläuterung bietet Satz 4. Unter den dort gemachten Voraussetzungen ist

$$\mathfrak{L}\{F\}=F(0)\,\frac{1}{s}+F'(0)\,\frac{1}{s^2}+\cdots+F^{(n-1)}(0)\,\frac{1}{s^n}+\frac{1}{s^n}\,\mathfrak{L}\{F^{(n)}\}\,.$$

Mit Hilfe der Linearität von $\mathfrak{L}$, des Faltungssatzes und der Eineindeutigkeit entspricht das

$$F(t)=F(0)+F'(0)\,\frac{t}{1!}+\cdots+F^{(n-1)}(0)\,\frac{t^{n-1}}{(n-1)!}+\int\limits_0^t \frac{(t-\tau)^{n-1}}{(n-1)!}\,F^{(n)}(\tau)\,d\tau,$$

der Taylorschen Formel mit Integralrestglied.

Im folgenden gewinnen wir für

$$f(s)=\mathfrak{L}\{F\}$$

Aussagen über das asymptotische Verhalten bei $s\to\infty$, indem wir Satz 5 für den Fall der Entwickelbarkeit von $F(t)$ um 0 in eine (verallgemeinerte) Potenzreihe verschärfen. Dabei wird wesentlich (2) mit verwandt. Der entsprechende Satz wird gelegentlich als *Lemma von* WATSON zitiert.

Satz 8. *Voraussetzungen:*

1) $F(t)$ *sei für* $0<t<\infty$ *beliebig oft differenzierbar;*

2) *für* $0<t\leq\varrho$ *sei mit* $q>0$ *und* $\mathfrak{Re}\,\nu>0$

$$F(t)=\sum_{m=0}^{\infty} a_m\,\frac{t^{\frac{m}{q}+\nu-1}}{\Gamma\left(\frac{m}{q}+\nu\right)}\,;$$

mit $t^{\frac{m}{q}+\nu}$ *seien stets die Hauptwerte notiert;*

3) es mögen für $n=0, 1, 2, \ldots$ *positive Konstanten* K_n *existieren, derart, daß*

$$|F^{(n)}(t)|\leq e^{K_n t} \qquad (\varrho\leq t<\infty).$$

Behauptung: $F(t)$ *gehört zu* Λ. *Für*

$$f(s)=\int\limits_0^\infty e^{-st}F(t)\,dt$$

gilt $\left(s^{-\frac{m}{q}-\nu}\right.$ *sind die Hauptwerte*$\left.\right)$

$$f(s) \sim \sum_{m=0}^{\infty} a_m\, s^{-\frac{m}{q}-\nu}$$

in dem Sinne, daß für jedes $N = 0, 1, 2, \ldots$

$$s^{\frac{N+1}{q}+\nu}\left[f(s) - \sum_{m=0}^{N} a_m\, s^{-\frac{m}{q}-\nu}\right]$$

in einer Halbebene $\Re e\, s \geq r_N$ *beschränkt ist.*

Nach 1) ist $F(t)$ zumindest in $0 < t < \infty$ stetig. Nach 2) ist $F(t)$ nach 0 heran absolut integrabel, denn man hat danach

$$F(t) = O\left(t^{\Re e\, \nu - 1}\right) \qquad (t \to +0).$$

Schließlich ist nach 3) das Laplace-Integral für $\Re e\, s > K_0$ absolut konvergent. Also: $F(t) \in \Lambda$.

Betrachten wir nun ein $N = 0, 1, 2, \ldots$. Wir wählen dazu eine natürliche Zahl k so, daß

$$\Re e\, \nu + \frac{N+1}{q} \leq k.$$

Wir bilden

$$G(t) = F(t) - \sum_{\Re e\, \nu + \frac{m}{q} \leq k} a_m\, \frac{t^{\frac{m}{q}+\nu-1}}{\Gamma\left(\frac{m}{q}+\nu\right)},$$

dann sind offenbar

$$G(t), G'(t), \ldots, G^{(k)}(t)$$

Funktionen aus Λ. Absolute Konvergenz der Laplace-Integrale hat man sicher jeweils für

$$\Re e\, s > K_\varkappa \qquad (\varkappa = 0, 1, 2, \ldots, k).$$

Daneben gilt

$$G(0) = G'(0) = \cdots = G^{(k-1)}(0) = 0.$$

Es kann somit Satz 5 angewandt werden:

$$s^k \mathfrak{L}\{G\} \to 0 \qquad (\Re e\, s \to \infty).$$

Uns genügt, daß

$$s^k \mathfrak{L}\{G\} = \mathfrak{L}\{G^{(k)}\}$$

für $s \geq K_k + 1 = r_N$ beschränkt ist. Es ist nämlich damit

$$s^k\left[f(s) - \sum_{\Re e\, \nu + \frac{m}{q} \leq k} a_m\, s^{-\frac{m}{q}-\nu}\right]$$

für $\Re s \geqq r_N$ beschränkt und erst recht

$$s^{\frac{N+1}{q}+\nu}\left[f(s)-\sum_{\Re\nu+\frac{m}{q}\leqq k} a_m s^{-\frac{m}{q}-\nu}\right].$$

Hier sind nun aber die Glieder

$$s^{\frac{N+1}{q}} a_m s^{-\frac{m}{q}}$$

für $m>N$ selbst beschränkt. Damit hat man die Behauptung. —

Wir schließen eine später nützliche Bemerkung an: Mit $F(t)$ erfüllt auch $(-t)F(t)$ die Voraussetzungen des Satzes. Es ist

$$\mathfrak{L}\{(-t)F(t)\}=f'(s),$$

$$(-t)F(t)=-\sum_{m=0}^{\infty} a_m \frac{t^{\frac{m}{q}+\nu}}{\Gamma\left(\frac{m}{q}+\nu\right)}=-\sum_{m=0}^{\infty} a_m \left(\frac{m}{q}+\nu\right)\frac{t^{\frac{m}{q}+\nu}}{\Gamma\left(\frac{m}{q}+\nu+1\right)},$$

also

$$f'(s)\sim\sum_{m=0}^{\infty} a_m \left(-\frac{m}{q}-\nu\right) s^{-\frac{m}{q}-\nu-1}.$$

Dies bedeutet:

Zusatz zu Satz 8. *Die asymptotische Reihe für $f(s)$ kann gliedweise beliebig oft differenziert werden.*

Gelegentlich ist es bequem, Laplace-Integrale einer etwas modifizierten Form zu betrachten, nämlich

$$\int_0^{\infty e^{i\xi}} e^{-\sigma\tau}\, \Phi(\tau)\, d\tau = \varphi(\sigma).$$

Der Integrationsweg ist

$$0<t=|\tau|<\infty, \qquad \arg\tau=\xi.$$

Natürlich kann man sofort auf ein normales Laplace-Integral transformieren: mit

$$\tau=e^{i\xi}t, \qquad \sigma=e^{-i\xi}s,$$

$$\Phi(\tau)e^{i\xi}=F(t),$$

$$\varphi(\sigma)=f(s)$$

entsteht

$$\int_0^{\infty} e^{-st}F(t)\, dt=f(s).$$

Ist dies für $\Re s \geqq r_0$ absolut konvergent, so ist damit $\varphi(\sigma)$ in der Halbebene

$$\Re(\sigma e^{i\xi})\geqq r_0$$

gegeben, die aus $\Re\, s \geqq r_0$ durch Drehung um $-\xi$ entsteht. Demgegenüber erhält man den Integrationsstrahl bezüglich τ aus $0 < t < \infty$ durch Drehung um $+\xi$.

Es ist von Interesse zu notieren, daß Satz 8 auch für modifizierte Laplace-Integrale fast wörtlich gültig bleibt.

Satz 9. *Voraussetzungen:*

1) $\Phi(\tau)$ sei auf dem Strahl $\arg \tau = \xi$, $0 < |\tau| < \infty$ regulär analytisch;

2) für $\arg \tau = \xi$, $0 < |\tau| \leqq \varrho$ gelte

$$\Phi(\tau) = \sum_{m=0}^{\infty} b_m \frac{\tau^{\frac{m}{q}+\nu-1}}{\Gamma\left(\frac{m}{q}+\nu\right)}\,; \qquad q > 0, \quad \Re\, \nu > 0;$$

3) es mögen Konstanten K_n $(n = 0, 1, 2, \ldots)$ existieren mit

$$|\Phi^{(n)}(\tau)| \leqq e^{K_n |\tau|}$$

für $\arg \tau = \xi$, $\varrho \leqq |\tau| < \infty$.

Behauptung: Das modifizierte Laplace-Integral

$$\int_0^{\infty e^{i\xi}} e^{-\sigma \tau} \Phi(\tau)\, d\tau = \varphi(\sigma)$$

ist für $\Re(\sigma e^{i\xi}) > K_0$ absolut konvergent.

Es gilt dort

$$\varphi(\sigma) \sim \sum_{m=0}^{\infty} b_m \sigma^{-\frac{m}{q}-\nu}.$$

Dabei ist $\left|\arg \sigma + \xi\right| < \frac{\pi}{2}$ zu wählen. $\sim$ bedeutet, daß für jedes $N = 0, 1, 2, \ldots$

$$\sigma^{\frac{N+1}{q}+\nu}\left[\varphi(\sigma) - \sum_{m=0}^{N} b_m \sigma^{-\frac{m}{q}-\nu}\right]$$

in einer Halbebene $\Re(\sigma e^{i\xi}) \geqq r_N$ beschränkt ist.

Zum Beweise beachten wir, daß in 2)

$$\tau^{\frac{m}{q}+\nu} = e^{\left(\frac{m}{q}+\nu\right)\log \tau} = e^{\left(\frac{m}{q}+\nu\right)(\log|\tau|+i\arg\tau)} = |\tau|^{\frac{m}{q}+\nu} e^{i\left(\frac{m}{q}+\nu\right)\xi}$$

zu setzen ist. Mit $\tau = e^{i\xi} t$ wird daher nach den oben notierten Formeln

$$F(t) = \sum_{m=0}^{\infty} \left(b_m e^{i\left(\frac{m}{q}+\nu\right)\xi}\right) \frac{t^{\frac{m}{q}+\nu-1}}{\Gamma\left(\frac{m}{q}+\nu\right)}$$

mit den Hauptwerten $t^{\frac{m}{q}+\nu}$. Man erhält nach Satz 8

$$f(s) \sim \sum_{m=0}^{\infty} \left(b_m e^{i\left(\frac{m}{q}+\nu\right)\xi}\right) s^{-\frac{m}{q}-\nu}$$

mit den Hauptwerten von $s^{-\frac{m}{q}-\nu}$. Dann wird aber mit $\sigma = e^{-i\xi}s$ tatsächlich

$$\varphi(\sigma) \sim \sum_{m=0}^{\infty} b_m \sigma^{-\frac{m}{q}-\nu}$$

mit $|\arg\sigma+\xi| < \frac{\pi}{2}$.

Offensichtlich gilt auch hier

Zusatz zu Satz 9. *Die asymptotische Reihe für $\varphi(\sigma)$ kann gliedweise beliebig oft differenziert werden.*

2. Die Gammafunktion

2.1. Definition und einige Haupteigenschaften

Die Gammafunktion stellt eine in bestimmter Weise ausgezeichnete Erweiterung der nur für $s=1, 2, 3, \ldots$ durch $s! = 1\cdot2\cdot3\cdots s$ definierten Fakultät auf beliebiges komplexes Argument dar. Sie ist neben den elementaren Funktionen in der Theorie der speziellen Funktionen der mathematischen Physik als Hilfsfunktion unentbehrlich.

Einen besonders einfachen Zugang und eine überall gültige Definition bietet eine von GAUSS herrührende Überlegung: Für beliebiges $s=1, 2, 3, \ldots$ und $n=1, 2, 3, \ldots$ gilt offenbar

$$s! = \frac{(n+s)!}{(s+1)(s+2)\ldots(s+n)} = \frac{n!\,n^s}{(s+1)(s+2)\ldots(s+n)}\left[\frac{(n+1)}{n}\cdot\frac{(n+2)}{n}\cdots\frac{(n+s)}{n}\right].$$

Hält man s fest, so ist für $n\to\infty$ der limes der eckigen Klammer 1; also gilt

$$s! = \lim_{n\to\infty} \frac{n!\,n^s}{(s+1)(s+2)\ldots(s+n)}.$$

Der Ausdruck hinter dem Zeichen lim ist nun für jedes natürliche n und alle nicht negativ-ganzen komplexen Zahlen s eindeutig definiert. Es liegt daher nahe, mit

$$\Gamma(z+1) = \lim_{n\to\infty} \frac{n!\,n^z}{(z+1)(z+2)\ldots(z+n)} \tag{1}$$

für $z \neq -1, -2, -3, \ldots$ eine Erweiterung der Fakultät zu erklären[1].

Für den Konvergenzbeweis betrachten wir

$$\frac{(z+1)(z+2)\ldots(z+n)}{n!\,n^z} \\ = \exp\left\{z\left(1+\frac{1}{2}+\cdots+\frac{1}{n}-\log n\right)\right\}\prod_{\nu=1}^{n}\left[\left(1+\frac{z}{\nu}\right)e^{-\frac{z}{\nu}}\right]. \left.\right\} \tag{2}$$

Der erste Faktor konvergiert bei beschränktem z gleichmäßig gegen e^{Cz}, wo C die Eulersche Konstante ist. Zum Nachweis der für beschränkte z

---

[1] In der Literatur findet sich oft die Bezeichnung $z!$ statt $\Gamma(z+1)$.

gleichmäßigen Konvergenz des Produkts betrachten wir für $|z| \leq K$ die Glieder mit $\nu \geq 2K$ und zwar die Hauptwerte ihrer Logarithmen:

$$\log\left[\left(1+\frac{z}{\nu}\right)e^{-\frac{z}{\nu}}\right] = -\sum_{m=2}^{\infty}\frac{(-1)^m}{m}\left(\frac{z}{\nu}\right)^m .$$

Wir können dem Betrage nach abschätzen durch

$$\frac{1}{\nu^2}\left\{K^2\sum_{m=2}^{\infty}\frac{1}{m}\left(\frac{1}{2}\right)^{m-2}\right\} .$$

Danach ist die Reihe der Logarithmen dieser Glieder absolut gleichmäßig konvergent. Das aber bedeutet:

$$\lim_{n\to\infty}\frac{(z+1)(z+2)\ldots(z+n)}{n!\,n^z} = \frac{1}{\Gamma(z+1)}$$

existiert für beschränkte z gleichmäßig und ist $=0$ genau für $z=-1$, $-2, -3, \ldots$. Mit (1) ist also $\Gamma(z+1)$ als für $z \neq -1, -2, -3, \ldots$ eindeutige, regulär analytische, von 0 verschiedene Funktion gegeben.

Einsetzen liefert sofort

$$\Gamma(1) = 1 . \tag{3}$$

Weiter berechnet man aus (1)

$$\frac{\Gamma(z+1)}{\Gamma(z)} = \lim_{n\to\infty}\frac{n\cdot z}{z+n} = z .$$

Damit ist die „Funktionalgleichung"

$$\Gamma(z+1) = z\Gamma(z) \tag{4}$$

gewonnen. (3) und (4) ergeben natürlich

$$\Gamma(n+1) = n! \qquad (n=1, 2, 3, \ldots), \tag{5}$$

was aber schon durch den Ausgangspunkt unserer Überlegung klar war.

Mit (1), (4) und (2) kann

$$\frac{1}{\Gamma(z)} = e^{Cz}z\prod_{n=1}^{\infty}\left[\left(1+\frac{z}{n}\right)e^{-\frac{z}{n}}\right] \tag{6}$$

aufgeschrieben werden. (6) gestattet, $\frac{1}{\Gamma(z)}$ als ganze analytische Funktion mit den Nullstellen $0, -1, -2, \ldots$ zu erkennen. (6) legt ferner sofort die folgende Überlegung nahe: Man bildet mit (6)

$$\frac{1}{z\Gamma(z)} = \frac{1}{\Gamma(1+z)} ,$$

ersetzt dann z durch $-z$ und multipliziert mit der unveränderten Formel (6). Dann entsteht rechts

$$z \prod_{n=1}^{\infty} \left(1 - \frac{z^2}{n^2}\right) = \frac{\sin \pi z}{\pi}$$

wegen der bekannten Produktdarstellung von $\sin z$. So ist

$$\frac{1}{\Gamma(z)\,\Gamma(1-z)} = \frac{\sin \pi z}{\pi} \tag{7}$$

bewiesen, was wir gelegentlich als „Ergänzungssatz" zitieren werden.

Aus (1) oder (6) kann man sofort

$$\Gamma(z) > 0 \qquad (z > 0) \tag{8}$$

entnehmen. Damit kann aus (7)

$$\Gamma(\tfrac{1}{2}) = \sqrt{\pi} \tag{9}$$

gewonnen werden; man braucht nur $z = \tfrac{1}{2}$ einzusetzen.

Das Verhalten der Gammafunktion an den isolierten Singularitäten kann mit Hilfe der Funktionalgleichung (4) genauer beschrieben werden. Für $m = 0, 1, 2, \ldots$ rechnet man danach

$$(z+m)\,\Gamma(z) = \frac{1}{z(z+1)\ldots(z+m-1)}\,\Gamma(z+m+1)$$

und erhält $(0! = 1)$

$$(z+m)\,\Gamma(z) \to \frac{(-1)^m}{m!} \qquad (z \to -m).$$

$\Gamma(z)$ hat also in $z = -m$ $(m = 0, 1, 2, \ldots)$ einfache Pole mit den Residuen $\dfrac{(-1)^m}{m!}$.

Auf (1) kann die Funktion log angewandt werden. Man erhält

$$\log \Gamma(z+1) = \lim_{n \to \infty} \{\log n! + z \log n - \log(1+z) - \cdots - \log(n+z)\}.$$

Dies ist so zu interpretieren: man erhält hiermit einen Wert $\log \Gamma(z+1)$ wenn man $\log n!$, $\log n$ und für große n $\log(n+z)$ als Hauptwerte wählt. Die Vieldeutigkeit verschwindet nach Differentiation. Hier kann wegen der gleichmäßigen Konvergenz Satz 4 von **1.2.** angewandt werden:

$$\frac{d}{dz} \log \Gamma(z+1) = \lim_{n \to \infty} \left\{\log n - \frac{1}{1+z} - \cdots - \frac{1}{n+z}\right\}. \tag{10}$$

Man bezeichnet oft

$$\frac{d}{dz} \log \Gamma(z+1) = \frac{\Gamma'(z+1)}{\Gamma(z+1)} = \Psi(z). \tag{11}$$

(10) läßt sofort

$$\left.\begin{aligned}
\Psi(0) &= -C, \\
\Psi(1) &= -C+1, \\
&\vdots \\
\Psi(n) &= -C+1+\cdots+\frac{1}{n}
\end{aligned}\right\} \tag{12}$$

erkennen.

(10) kann mit **1.2.**, Satz 4 noch einmal differenziert werden:

$$\Psi'(z) = \frac{d^2}{dz^2}\log\Gamma(z+1) = \sum_{n=1}^{\infty}\frac{1}{(n+z)^2}. \tag{13}$$

Wir entnehmen daraus

$$\frac{d^2}{dz^2}\log\Gamma(z) > 0 \qquad (z>0) \tag{14}$$

und

$$\frac{d^2}{dz^2}\log\Gamma(z) \to 0 \qquad (\Re e\, z \to +\infty). \tag{15}$$

2.2. Charakterisierung durch Funktionalgleichung und logarithmische Konvexität. Folgerungen

Wir zeigen im folgenden, daß die Gammafunktion durch ihre Funktionalgleichung (4) und die logarithmische Konvexität (14) bis auf einen konstanten Faktor gekennzeichnet ist.

Satz 1. *Es sei*

1) $G(x)$ *für* $x>0$ *positiv und zweimal stetig differenzierbar,*

2) $\dfrac{d^2}{dx^2}\log G(x) \geqq 0 \qquad (x>0),$

3) $G(x+1) = xG(x) \qquad (x>0).$

Dann ist mit einer Konstanten $c\ (>0)$

$$G(x) = c\,\Gamma(x).$$

Beweis (nach E. Schmidt): Da die Eigenschaften von $G(x)$ bei Multiplikation mit einer positiven Konstanten erhalten bleiben, können wir annehmen, daß

$$G(1) = 1$$

gilt. Es ist dann $G(x) = \Gamma(x)$ zu zeigen.

Wir bilden

$$d(x) = \log G(x) - \log\Gamma(x).$$

Dann hat man

$$d(1) = 0,$$

$$d(x+1) = \log xG(x) - \log x\Gamma(x) = d(x) \qquad (x>0).$$

Durch Differentiation folgt

$$d'(x+1) = d'(x) \qquad (x>0),$$
$$d''(x+1) = d''(x) \qquad (x>0).$$

Nach der letzten Zeile gilt

$$d''(x) = \lim_{n \to \infty} d''(x+n). \qquad\qquad (*)$$

Nun benutzt man

$$\frac{d^2}{dx^2} \log G(x) \geqq 0 \qquad (x>0),$$

und $\big($vgl. (15)$\big)$

$$\frac{d^2}{dx^2} \log \Gamma(x) \to 0 \qquad (x \to +\infty).$$

Damit liefert $(*)$

$$d''(x) \geqq 0 \qquad (x>0).$$

Nun ist aber

$$\int\limits_{x}^{x+1} d''(\xi)\,d\xi = d'(x+1) - d'(x) = 0;$$

also folgt mit der Stetigkeit von $d''(x)$:

$$d''(x) \equiv 0.$$

Es muß danach mit Konstanten a, b

$$d(x) = a\,x + b$$

sein. Die Periodizität von $d(x)$ zeigt $a=0$; und $d(1)=0$ liefert schließlich, wie zu zeigen war,

$$d(x) \equiv 0, \qquad G(x) \equiv \Gamma(x).$$

Satz 1 bietet zunächst einen einfachen Beweis für

$$\Gamma(z) = \int\limits_{0}^{\infty} e^{-t}\,t^{z-1}\,dt \qquad (\Re e\, z > 0). \qquad (16)$$

Durch das Integral ist eine Funktion $G(z)$ für $\Re e\, z > 0$ definiert, sie ist dort regulär analytisch. Denn man erkennt sofort, daß für

$$0 < \delta \leqq \Re e\, z \leqq D < \infty$$

das bezüglich ∞ und eventuell 0 uneigentliche Integral gleichmäßig konvergiert. Man hat dort nämlich

$$|t^{z-1}| = t^{\Re e\, z - 1} \leqq \begin{cases} t^{\delta-1} & (0<t\leqq 1), \\ t^{D-1} & (1\leqq t < \infty). \end{cases}$$

Also gilt für diese z gleichmäßig z. B.

$$\int\limits_{1/n}^{n} e^{-t}\,t^{z-1}\,dt \to G(z) \qquad (n \to \infty).$$

Die Integrale links sind nach **1.2.**, Satz 6 ganze Funktionen von z, bei denen Differentiation nach z unter dem Integralzeichen gestattet ist. Und wegen Satz 4 folgt mit der Gleichmäßigkeit der Konvergenz in den genannten Streifen die Holomorphie von $G(z)$ in $\Re\, z>0$. Zugleich erkennt man

$$G'(z)=\int_0^\infty e^{-t}t^{z-1}\log t\,dt,$$

$$G''(z)=\int_0^\infty e^{-t}t^{z-1}(\log t)^2\,dt.$$

Wegen des Identitätssatzes, **1.2.**, Satz 5 genügt es zum Beweise von (16) nun, nur

$$G(x)=\Gamma(x)$$

für $x>0$ zu zeigen. Hier wenden wir Satz 1 an. Von den dortigen Voraussetzungen ist 1) sofort zu bestätigen ($e^{-t}t^{x-1}>0$ ($0<t<\infty$, $0<x<\infty$)). 3) folgt leicht mit partieller Integration. Auch in **1.3.** wurde ein Beweis gegeben. Für den Nachweis von 2) ist

$$G(x)\,G''(x)-G(x)^2\geqq 0 \qquad\qquad (*)$$

zu zeigen. Dies folgt z.B. aus der Schwarzschen Ungleichung für Integrale:

$$\left(\int_0^\infty f(t)\,g(t)\,dt\right)^2\leqq\int_0^\infty f(t)^2\,dt\int_0^\infty g(t)^2\,dt,$$

die sicher gilt, wenn $f(t)$ und $g(t)$ für $0<t<\infty$ stetig sind, und wenn die auftretenden Integrale absolut konvergieren. Man hat hier nur

$$f(t)=(e^{-t}t^{x-1})^{\frac12}$$
$$g(t)=(e^{-t}t^{x-1})^{\frac12}\log t$$

zu setzen, um $(*)$ zu erhalten. Damit ist also Satz 1 anwendbar, somit

$$G(x)=c\,\Gamma(x).$$

Wir berechnen nun noch

$$G(1)=\int_0^\infty e^{-t}\,dt=1.$$

Damit ist

$$G(x)=\Gamma(x)\qquad(x>0),$$

also auch

$$G(z)\equiv\Gamma(z)\qquad(\Re\, z>0).$$

Mit (16) haben wir nunmehr die Verbindung unserer Definition (1) mit der in **1.3.** gegebenen vorläufigen Definition der Gammafunktion hergestellt. Von dort können wir damit übernehmen:

$$B(\alpha, \beta) \equiv \int_0^1 t^{\alpha-1}(1-t)^{\beta-1}\,dt = \frac{\Gamma(\alpha)\,\Gamma(\beta)}{\Gamma(\alpha+\beta)} \qquad (\mathfrak{Re}\,\alpha>0,\ \mathfrak{Re}\,\beta>0). \tag{17}$$

Eine weitere Anwendung von Satz 1 ist der Beweis des Multiplikationssatzes von GAUSS

$$\frac{n^{z-\frac12}}{(2\pi)^{\frac{n-1}{2}}}\,\Gamma\!\left(\frac{z}{n}\right)\Gamma\!\left(\frac{z+1}{n}\right)\cdots\Gamma\!\left(\frac{z+n-1}{n}\right)=\Gamma(z) \tag{18}$$

für beliebiges natürliches

$$n = 2, 3, 4, \ldots.$$

Wir notieren besonders den häufig angewandten von LEGENDRE herrührenden Spezialfall $n=2$:

$$\frac{2^{z-1}}{\sqrt{\pi}}\,\Gamma\!\left(\frac{z}{2}\right)\Gamma\!\left(\frac{z+1}{2}\right)=\Gamma(z). \tag{19}$$

Zum Beweise von (18) bezeichnen wir die linke Seite mit $G(z)$. $G(z)$ und $\Gamma(z)$ sind dann beide für $z \neq 0, -1, -2, \ldots$ eindeutig holomorph. Wegen des Identitätssatzes, **1.2.**, Satz 5, genügt es danach,

$$G(x)=\Gamma(x) \qquad (x>0)$$

zu beweisen. Dazu weisen wir nach, daß die Voraussetzungen von Satz 1 erfüllt sind und berechnen $G(1)=1$.

Zunächst ist 1) gültig, da alle Faktoren diese Eigenschaft haben. Auch 2) ist sofort damit zu bestätigen, daß dies für alle Faktoren gilt. Für 3) rechnen wir

$$G(x+1) = \frac{n^{x+\frac12}}{(2\pi)^{\frac{n-1}{2}}}\,\Gamma\!\left(\frac{x+1}{n}\right)\cdots\Gamma\!\left(\frac{x+n-1}{n}\right)\Gamma\!\left(\frac{x+n}{n}\right).$$

Der letzte Faktor wird nun gerade

$$\Gamma\!\left(\frac{x+n}{n}\right)=\Gamma\!\left(\frac{x}{n}+1\right)=\frac{x}{n}\,\Gamma\!\left(\frac{x}{n}\right).$$

Also entsteht

$$G(x+1)=x\,G(x).$$

Zur Berechnung von $G(1)$ verwenden wir die Hilfsformel

$$\prod_{\nu=1}^{n-1}\sin\frac{\nu\pi}{n}=\frac{n}{2^{n-1}} \qquad (n=2,3,4,\ldots).$$

Sie läßt sich leicht beweisen, indem man die linke Seite mit

$$\frac{1}{(2i)^{n-1}}\prod_{\nu=1}^{n-1}\left(e^{i\frac{\nu\pi}{n}}-e^{-i\frac{\nu\pi}{n}}\right)=\frac{e^{-i\frac{\pi}{n}\sum_{\nu=1}^{n-1}\nu}}{(2i)^{n-1}}\prod_{\nu=1}^{n-1}\left(e^{i\nu\frac{2\pi}{n}}-1\right)$$

umrechnet und $\sum\limits_{\nu=1}^{n-1}\nu=\frac{1}{2}\,n\,(n-1)$ sowie

$$\prod_{\nu=1}^{n-1}\left(z-e^{i\nu\cdot\frac{2\pi}{n}}\right)=z^{n-1}+z^{n-2}+\cdots+z+1$$

(Kreisteilungspolynom) beachtet. Wir erhalten nun

$$G(1)^2=\frac{n}{(2\pi)^{n-1}}\left[\Gamma\left(\frac{1}{n}\right)\Gamma\left(\frac{n-1}{n}\right)\right]\left[\Gamma\left(\frac{2}{n}\right)\Gamma\left(\frac{n-2}{n}\right)\right]\cdots\left[\left(\Gamma\left(\frac{n-1}{n}\right)\Gamma\left(\frac{1}{n}\right)\right]\right.$$

$$=\frac{n}{(2\pi)^{n-1}}\prod_{\nu=1}^{n-1}\left(\frac{\pi}{\sin\frac{\nu\pi}{n}}\right)=1\,,$$

indem wir den Ergänzungssatz (7) und die obige Hilfsformel verwenden. Also ist $G(1)=1$, $G(x)\equiv\Gamma(x)$ $(x>0)$; und (18) ist bewiesen.

2.3. Die Darstellung von $\Psi'(z)$ als Laplace-Integral. Die asymptotische Reihe für $\log\Gamma(z+1)$

Nach **2.1.**, (13) genügt die Funktion $\Psi'(z)$ der Funktionalgleichung (Differenzengleichung)

$$\Psi'(z+1)-\Psi'(z)=-\frac{1}{(z+1)^2}\,;\tag{20}$$

man hat ferner — **2.1.**, (15) —

$$\Psi'(z)\to0\qquad(z\text{ reell}\to+\infty)\,.\tag{21}$$

Die Funktion $\Psi'(z)$ ist durch diese Eigenschaften vollständig charakterisiert. Ist nämlich $\Phi(z)$ eine weitere — in einer rechten Halbebene holomorphe — Funktion mit diesen Eigenschaften, so bildet man

$$d(z)=\Psi'(z)-\Phi(z)\,.$$

Es gilt dann für reelles z

$$d(z)=d(z+1)=\lim_{n\to\infty}d(z+n)=0\,,$$

also mit dem Identitätssatz

$$d(z)\equiv0\,.$$

(21) bzw. die schärfere Aussage (15) legen nahe,

$$\Psi'(z)=\int_0^\infty e^{-zt}F(t)\,dt$$

mit einer geeigneten Funktion $F(t)\in\Lambda$ in einer gewissen rechten Halbebene als Laplace-Integral darzustellen (vgl. **1.3.**). Man erhält als notwendige Bedingung

$$\Psi'(z+1) - \Psi'(z) = \int_0^\infty e^{-(z+1)t}(1-e^t)\,F(t)\,dt$$

$$\cdots = -\frac{1}{(z+1)^2} = \frac{d}{dz}\,\frac{1}{z+1} = \frac{d}{dz}\int_0^\infty e^{-(z+1)t}\,dt = \int_0^\infty e^{-(z+1)t}(-t)\,dt,$$

also

$$F(t) = \frac{t}{e^t - 1}\,.$$

Umgekehrt ist offenbar $\frac{t}{e^t-1}$ eine Funktion aus $\varLambda$, das Laplace-Integral

$$\Phi(z) = \int_0^\infty e^{-zt}\,\frac{t}{e^t-1}\,dt$$

für $\Re e\, z > -1$ absolut konvergent und dort

$$\Phi(z+1) - \Phi(z) = -\frac{1}{(z+1)^2}\,,$$

sowie

$$\Phi(z) \to 0 \qquad (\Re e\, z \to +\infty).$$

Nach dem eben Gesagten ist damit bewiesen:

$$\Psi'(z) = \frac{d^2}{dz^2}\log \varGamma(z+1) = \int_0^\infty e^{-zt}\frac{t}{e^t-1}\,dt \qquad (\Re e\, z > -1). \tag{22}$$

Wir zeigen, daß sogar allgemeiner

$$\Psi'(z) = \int_0^{\infty e^{i\xi}} e^{-zt}\,\frac{t}{e^t-1}\,dt \qquad \begin{cases}\left(-\dfrac{\pi}{2} < \xi < \dfrac{\pi}{2}\right)\\[4pt] (\Re e\,(z+1)\,e^{i\xi} > 0)\end{cases} \tag{23}$$

gilt. Damit werden alle z mit

$$-\pi < \arg z < \pi$$

erfaßt.

Zum Beweise braucht man nur den Integranden mit $t = r e^{i\xi}$ durch

$$\frac{r\,\exp\{-r\,\Re e\,(z+1)\,e^{i\xi}\}}{1 - e^{-r\cos\xi}}$$

abzuschätzen. Damit ist für jedes ξ mit $-\dfrac{\pi}{2} < \xi < \dfrac{\pi}{2}$ die absolute Konvergenz des modifizierten Laplace-Integrals in (23) in der angegebenen Halbebene, also auch die Holomorphie der dargestellten Funktion, $\Phi_\xi(z)$, gegeben. Ferner hat man damit

$$\Phi_\xi(z) \to 0 \qquad (z \text{ reell} \to +\infty).$$

Man berechnet nun wie oben

$$\Phi_\xi(z+1)-\Phi_\xi(z)=\int\limits_0^{\infty e^{i\xi}} e^{-(z+1)t}(-t)\,dt=-(z+1)^{-2};$$

also gilt wieder,

$$\Phi_\xi(z)=\Psi'(z)\,.$$

Man wird nun bestrebt sein, von (22) bzw. (23) auf $\Psi(z)$ und schließlich auf $\log\Gamma(z+1)$ zurück zu schließen. Es ist jedoch $(e^t-1)^{-1}$ keine Funktion aus Λ, so daß eine sofortige Integration des Laplace-Integrals nicht möglich wird. Man wird dagegen beachten, daß

$$\frac{t}{e_t-1}-1$$

in $t=0$ eine einfache Nullstelle hat. Daher kann für $\Re e\,z>0$

$$\int\limits_0^\infty e^{-zt}\left[\frac{t}{e^t-1}-1\right]dt=\frac{d}{dz}\int\limits_0^\infty e^{-zt}\left[\frac{1}{1-e^t}+\frac{1}{t}\right]dt$$

dargestellt werden. Wegen

$$\int\limits_0^\infty e^{-zt}\,dt=\frac{1}{z}$$

haben dann die beiden Funktionen ($\log z$ bezeichnet den Hauptwert)

$$\Psi(z)-\log z,\qquad \int\limits_0^\infty e^{-zt}\left[\frac{1}{1-e^t}+\frac{1}{t}\right]dt$$

dieselbe Ableitung. Sie haben also konstante Differenz. Diese ist 0. Denn die Funktion rechts hat nach **1.3.**, Satz 2 für $\Re e\,z\to+\infty$ den Grenzwert 0; und die linke Funktion hat nach **2.1.**, (12) auf Grund der Bedeutung der Eulerschen Konstanten denselben Grenzwert, wenn $z=n$ durch natürliche Zahlen gegen $+\infty$ läuft. Damit ist nunmehr

$$\Psi(z)-\log z=\int\limits_0^\infty e^{-zt}\left[\frac{1}{1-e^t}+\frac{1}{t}\right]dt\quad(\Re e\,z>0)\tag{24}$$

bewiesen. Entsprechend (23) hat man wieder auch allgemeiner

$$\Psi(z)-\log z=\int\limits_0^{\infty e^{i\xi}} e^{-zt}\left[\frac{1}{1-e^t}+\frac{1}{t}\right]dt\quad\left(\begin{array}{l}-\dfrac{\pi}{2}<\xi<\dfrac{\pi}{2},\\[4pt]\Re e\,(ze^{i\xi})>0\end{array}\right).\tag{25}$$

Für den nächsten Integrationsschritt beachtet man

$$\frac{1}{1-e^t}+\frac{1}{t}\to\frac{1}{2}\qquad(t\to0)\,.$$

Damit haben die beiden Funktionen

$$\log \Gamma(z+1) - (z + \tfrac{1}{2}) \log z + z$$

und

$$\int_0^\infty e^{-zt} \cdot \frac{1}{t} \left[\frac{1}{e^t - 1} - \frac{1}{t} + \frac{1}{2} \right] dt$$

— beide für $\Re z > 0$ holomorph — dieselbe Ableitung, also konstante Differenz d. Dabei legen wir die Logarithmen eindeutig fest, indem wir für $z > 0$ die Hauptwerte wählen. Die Differenz d ist nun, da das Laplace-Integral gegen 0 strebt, der Grenzwert der ersten Funktion für z reell $\to + \infty$:

$$\log \Gamma(z+1) - (z + \tfrac{1}{2}) \log z + z \to d. \tag{$*$}$$

d kann bestimmt werden, indem man die Multiplikationsformel von LEGENDRE, **2.2.** (19), benutzt:

$$- \log \sqrt{2\pi} + \left(z + \frac{1}{2}\right) \log 2 + \log \Gamma\left(\frac{z+1}{2}\right) + \log \Gamma\left(\frac{z}{2} + 1\right) = \log \Gamma(z+1).$$

Hier wendet man $(*)$ dreimal an und erhält

$$d - \log \sqrt{2\pi} = \lim_{z \to +\infty} \left[\left(z + \frac{1}{2}\right) \log z - z - \frac{z}{2} \log \frac{z-1}{2} + \right.$$

$$\left. + \frac{z-1}{2} - \left(\frac{z}{2} + \frac{1}{2}\right) \log \frac{z}{2} + \frac{z}{2} - \left(z + \frac{1}{2}\right) \log 2 \right].$$

Eine sofort ins Auge fallende Umformung ergibt

$$\lim_{z \to +\infty} \left[\frac{z}{2} \log \frac{z}{z-1} - \frac{1}{2} \right] = 0,$$

also

$$d = \log \sqrt{2\pi}.$$

Damit hat man schließlich — wir notieren sofort den allgemeinen Fall entsprechend (23) und (25) —

$$\left. \begin{aligned} \log \Gamma(z+1) = \left(z + \frac{1}{2}\right) \log z - z + \log \sqrt{2\pi} + \int_0^{\infty e^{i\xi}} e^{-zt} \frac{1}{t} \left[\frac{1}{e^t - 1} - \frac{1}{t} + \frac{1}{2} \right] dt \\ \left(-\frac{\pi}{2} < \xi < \frac{\pi}{2} ; \quad \Re(z e^{i\xi}) > 0 \right). \end{aligned} \right\} \tag{26}$$

Auf das Laplace-Integral in (26) kann nun **1.3.**, Satz 9 angewandt werden. Dazu braucht man die — für $|t| < 2\pi$ konvergente — Potenzreihenentwicklung

$$\frac{t}{e^t - 1} = \sum_{n=0}^\infty \frac{B_n}{n!} t^n,$$

die die Bernoullischen Zahlen B_n definiert. Man hat danach $B_0 = 1$ und

$$\sum_{k=0}^{l-1} \binom{l}{k} B_k = 0 \qquad (l = 2, 3, 4, \ldots),$$

was die rekursive Berechnung gestattet. Man bestätigt ferner, daß

$$\frac{t}{e^t - 1} + \frac{1}{2} t = \frac{t}{2} \frac{e^t + 1}{e^t - 1} = \frac{t}{2} \frac{e^{\frac{t}{2}} + e^{-\frac{t}{2}}}{e^{\frac{t}{2}} - e^{-\frac{t}{2}}}$$

eine gerade Funktion ist, also

$$B_{2n+1} = 0 \qquad (n = 1, 2, 3, \ldots).$$

Man beweist auch leicht

$$(-1)^{n+1} B_{2n} > 0 \qquad (n = 1, 2, 3, \ldots).$$

Die B_{2n} für $n = 1, 2, \ldots, 7$ sind der Reihe nach

$$\frac{1}{6}, \quad -\frac{1}{30}, \quad \frac{1}{42}, \quad -\frac{1}{30}, \quad \frac{5}{66}, \quad -\frac{691}{2730}, \quad \frac{7}{6}.$$

Mit diesen Bernoullischen Zahlen wird nun für $|t| < 2\pi$

$$\frac{1}{t} \left[\frac{1}{e^t - 1} - \frac{1}{t} + \frac{1}{2} \right] = \sum_{n=1}^{\infty} \frac{B_{2n}}{(2n)!} t^{2n-2}.$$

Damit ergibt der genannte Satz die asymptotische Reihe von STIRLING

$$\log \Gamma(z+1) \sim \left(z + \frac{1}{2} \right) \log z - z + \frac{1}{2} \log 2\pi + \sum_{n=1}^{\infty} \frac{B_{2n} z^{1-2n}}{2n(2n-1)}, \qquad (27)$$

und zwar in dem Sinne, daß mit gegebenem $\delta > 0$ bei Abbrechen nach dem Gliede $n = N$ der Fehler

$$O\left(|z|^{-2N-1} \right)$$

ist für $z \to \infty$ im Winkelbereich

$$-\pi + \delta \leq \arg z \leq \pi - \delta.$$

Das folgt z.B., indem man (26) für $\xi = -\frac{\pi}{2} + \frac{\delta}{2}$ und $\xi = \frac{\pi}{2} - \frac{\delta}{2}$ anwendet. Dann laufen nämlich die Sektoren

$$-\pi + \delta \leq \arg z \leq 0 \qquad \text{bzw.} \qquad 0 \leq \arg z \leq \pi - \delta$$

jeweils in die betreffende Halbebene hinein, so daß $z \to \infty$ dort mit $\Re z\, e^{i\xi} \to +\infty$ äquivalent ist.

Eine genauere Untersuchung zeigt, daß der Fehler beim Abbrechen nach dem Gliede $n = N$ dem Betrage nach nicht größer als

$$\frac{|B_{2N+2}| |z|^{-2N-1}}{(2N+1)(2N+2) \left| \cos \frac{\varphi}{2} \right|^{2N+1}}$$

ist, wo $\arg z = \varphi$ gesetzt wurde. Damit wird (27) für die Berechnung der Gammafunktion besonders nützlich.

2.4. Die Hankelsche Integraldarstellung
für die reziproke Gammafunktion und Verwandtes

Wir knüpfen an die Darstellung von $\Gamma(z)$ durch das zweite Eulersche Integral (16) an. Der Gültigkeitsbereich $\mathfrak{Re}\, z > 0$ rührt offenbar allein von der Bedingung der Konvergenz des Integrals bei $t=0$ her. Das legt nahe, denselben Integranden über einen Weg zu integrieren, der $t=0$ vermeidet.

Wir betrachten in der komplexen t-Ebene eine rektifizierbare Kurve folgender Art: sie folge, aus dem Unendlichen kommend, der positiven reellen Halbachse bis zu einem $t_0 > 0$, umlaufe dann 0 einmal positiv, z.B. auf $|t|=t_0$, und laufe schließlich von t_0 auf der positiven reellen Halbachse ins Unendliche zurück. Für

$$t^z = e^{z(\log |t| + i \arg t)}$$

muß $\arg t$ auf der genannten Kurve eindeutig festgelegt sein: wir verabreden auf dem ersten Teil $\arg t = 0$; damit wird auf dem letzten Teil $\arg t = 2\pi$. Den Integrationsweg und die Festlegung von $\arg t$ notieren wir, indem wir

$$\int_{\infty\, e^{i0}}^{(0+)} e^{-t}\, t^{z-1}\, dt$$

schreiben. Wir vermerken, daß nach dem Integralsatz von CAUCHY, **1.2.**, Satz 1, eine Deformation der Schleife um 0 den Integralwert ungeändert läßt, da der Integrand für $t \neq 0$ holomorph ist.

Dies Integral stellt nun eine ganze Funktion von z dar. Man wendet nach Einführung einer Parameterdarstellung des Weges **1.2.**, Satz 6 an und erkennt sofort

$$\int_{T\, e^{i0}}^{(0+)} e^{-t}\, t^{z-1}\, dt$$

für jedes $T > 0$ als ganze Funktion von z. Das überträgt sich auf unser Integral, indem man bemerkt, daß die Konvergenz für $T \to \infty$ bei beschränktem z gleichmäßig ist (vgl. **1.2.**, Satz 4).

Um nun festzustellen, welche ganze Funktion dargestellt wird, genügt es nach dem Identitätssatz, **1.2.**, Satz 5, die Werte für $z > 1$ zu betrachten. Hier strebt der Integrand gegen 0 für $t \to 0$. Wir erhalten also etwa vom Kreise $|t|=t_0$ für $t_0 \to 0$ einen verschwindenden Beitrag. So wird, wenn wir jetzt mit t^z den Hauptwert notieren, unser Integral zu

$$(e^{2\pi i z}-1) \int_0^\infty e^{-t}\, t^{z-1}\, dt = (e^{2\pi i z}-1)\,\Gamma(z)$$

$$= 2\pi i\; e^{\pi i z}\, \frac{\sin \pi z}{\pi}\, \Gamma(z) = 2\pi i\, e^{\pi i z}\, \frac{1}{\Gamma(1-z)}\,.$$

Der letzte Ausdruck ist nun als ganze Funktion unser Integralwert, wie wir überlegten, nicht nur für $z > 1$, sondern für alle z.

Wir vereinfachen zum Schluß noch, indem wir

$$t e^{-\pi i} \to t, \qquad 1-z \to z$$

substituieren. So entsteht

$$\frac{1}{2\pi i} \int_{\infty e^{-\pi i}}^{(0+)} e^t\, t^{-z}\, dt = \frac{1}{\Gamma(z)}\,, \tag{28}$$

die Integraldarstellung von HANKEL für die ganze Funktion $\dfrac{1}{\Gamma(z)}$.

Für ganzzahliges $z=k$ ist t^{-z} eine eindeutige Funktion, so daß die ins Unendliche führenden Wegteile Beiträge liefern, die sich nur ums Vorzeichen unterscheiden. So entsteht

$$\frac{1}{\Gamma(k)} = \frac{1}{2\pi i} \oint_{(0)} e^t\, t^{-k}\, dt,$$

woraus man die Werte 0 für $k=0,\,-1,\,-2,\,\ldots$ und

$$\Gamma(k)=(k-1)! \qquad (k=1,\,2,\,3,\,\ldots)$$

sofort bestätigt.

(28) liefert ein wichtiges Gegenstück zur Formel (2) von **1.3.** Wir führen in (28)

$$t=\sigma\tau, \qquad \arg\sigma+\xi=-\pi$$

ein. Dann entsteht offenbar

$$\frac{1}{2\pi i} \int_{\infty e^{i\xi}}^{(0+)} e^{\sigma\tau}\, \tau^{-z}\, d\tau = \frac{\sigma^{z-1}}{\Gamma(z)}\,, \tag{29}$$

und dies ist sogar für

$$\left|\arg\sigma+\xi+\pi\right| < \frac{\pi}{2} \tag{30}$$

gültig. Denn dort ist für $\arg\tau=\xi$ oder $\arg\tau=\xi+2\pi$

$$\left|e^{\sigma\tau}\right| = e^{\operatorname{Re}\sigma\tau} = e^{|\sigma\tau|\cos(\arg\sigma+\xi)}$$

und

$$\cos(\arg\sigma+\xi) < 0\,,$$

also das Integral für σ in kompakten Teilmengen der Halbebene (30) gleichmäßig konvergent und damit eine in (30) holomorphe Funktion. Das aber ermöglicht die Anwendung des Identitätssatzes, **1.2.**, Satz 5.

Mit Hilfe von (29) und (30) kann nun der Satz über die Gewinnung asymptotischer Reihen, **1.3.**, Satz 9, übertragen werden. Wir machen allerdings mit $q=1$ eine gewisse Einschränkung.

Satz 2. *Voraussetzungen:*

1) Mit beliebigem komplexen v sei für $0<|\tau|\leqq\varrho$

$$\Phi(\tau)=\sum_{m=0}^{\infty}a_m\tau^{v+m},$$

also dort

$$\Phi(\tau e^{2\pi i})=e^{2\pi i v}\,\Phi(\tau);\tag{*}$$

2) $\Phi(\tau)$ sei auf dem Strahl

$$\arg\tau=\xi,\quad |\tau|\geqq\varrho$$

holomorph (wegen (*) damit auch auf $\arg\tau=\xi+2k\pi$, k ganz, $|\tau|\geqq\varrho$);

3) es mögen Konstanten K_n ($n=0,1,2,\ldots$) existieren mit

$$|\Phi^{(n)}(\tau)|\leqq e^{K_n|\tau|}$$

für $\arg\tau=\xi$, $\varrho\leqq|\tau|<\infty$.

Behauptung:

Für $\Re\sigma e^{i\xi}<-K_0$ ist

$$\varphi(\sigma)=\frac{1}{2\pi i}\int_{\infty e^{i\xi}}^{(0+)}e^{\sigma\tau}\,\Phi(\tau)\,d\tau$$

absolut konvergent und eine holomorphe Funktion. Dort gilt

$$(A)\qquad\qquad \varphi(\sigma)\sim\sum_{m=0}^{\infty}a_m\,\frac{\sigma^{-v-m-1}}{\Gamma(-v-m)},$$

wobei

$$\left|\arg\sigma+\xi+\pi\right|<\frac{\pi}{2}$$

zu wählen ist.

$\sim$ bedeutet dabei, daß für jedes $N=0,1,2,\ldots$

$$\sigma^{N+v+2}\left[\varphi(\sigma)-\sum_{m=0}^{N}a_m\,\frac{\sigma^{-v-m-1}}{\Gamma(-v-m)}\right]$$

in einer Halbebene $\Re\sigma\,e^{i\xi}\leqq-r_N$ beschränkt ist.

Die asymptotische Reihe (A) kann gliedweise beliebig oft differenziert werden.

Zum Beweise setzt man

$$\Phi_1(\tau)=\Phi(\tau)-\sum_{\Re v+m<0}a_m\tau^{v+m}.$$

Dann existiert

$$\varphi_1(\sigma)=\int_{\infty e^{i\xi}}^{(0+)}e^{\sigma\tau}\,\Phi_1(\tau)\,d\tau=(e^{2\pi i v}-1)\int_0^{\infty e^{i\xi}}e^{\sigma\tau}\,\Phi_1(\tau)\,d\tau$$

nach den Überlegungen von **1.3.** für $\Re e\, \sigma\, e^{i\xi} < - K_0$; φ_1 ist dort holomorph; und man kann **1.3.**, Satz 9 nebst Zusatz anwenden. Das ergibt für

$$\varphi(\sigma) = \frac{1}{2\pi i}\, \varphi_1(\sigma) + \sum_{\Re e\, \nu+m<0} a_m\, \frac{\sigma^{-\nu-m-1}}{\Gamma(-\nu-m)}$$

die Behauptung. Man hat dabei nur zu bemerken, daß nach **1.3.**, Satz 9 die asymptotische Reihe durch gliedweise Integration der Potenzreihe entsteht, also hier mit Hilfe von (29), (30). —

Der Gedankengang, der vom zweiten Eulerschen Integral **2.2.**, (16) zu (28) führte, kann auch auf das erste Eulersche Integral, **2.2.**, (17), für $B(\alpha, \beta)$ angewandt werden. Man bemerkt hier, daß die Einschränkung

$$\Re e\, \alpha > 0, \quad \Re e\, \beta > 0$$

die Bedingung der Konvergenz des Integrals bei 0 und 1 ist. Man wird also versuchen, bei gleichem Integranden

$$t^{\alpha-1}\,(1-t)^{\beta-1}$$

einen Integrationsweg zu finden, der 0 und 1 vermeidet. Da keine Abhängigkeit von Anfangs- bzw. Endpunkten hereinkommen soll, muß man einen nicht-trivialen Weg wählen, der auf der Riemannschen Fläche des Integranden geschlossen ist. Man sieht nun, daß der Integrand bei positivem Umlauf um 0 bzw. 1 den Faktor $e^{2\pi i\alpha}$ bzw. $e^{2\pi i\beta}$ erhält. Daher muß der Integrationsweg um 0 und um 1 die Umlaufszahl 0 haben. Der einfachste derartige Weg, der sich ohne Berührung von 0 oder 1 nicht in einen Punkt deformieren läßt, ist der, der zunächst etwa 1, dann 0 einmal positiv, danach 1 und 0 je einmal negativ umläuft. Man spricht von einem Doppelumlauf und notiert

$$\int^{(1+,\,0+,\,1-,\,0-)} t^{\alpha-1}\,(1-t)^{\beta-1}\,dt = f(\alpha,\beta).$$

Dazu verabreden wir, daß wir von einem Punkt t_0 mit $0<t_0<1$ ausgehen und dort den Hauptwert des Integranden wählen.

Wir bestimmen nun $f(\alpha, \beta)$. Dazu erkennen wir zunächst, daß dies nach **1.2.**, Satz 6 eine ganze Funktion von α und β ist. Also genügt es wegen des Identitätssatzes, **1.2.**, Satz 5, den man hier zweimal anwenden wird, $f(\alpha, \beta)$ etwa für $\alpha>1, \beta>1$ zu berechnen. Hier wird man zunächst den Integrationsweg so legen — Deformation im Holomorphiegebiet des Integranden ist nach dem Integralsatz, **1.2.**, Satz 1, stets erlaubt —, daß er mit einem $\varepsilon>0$ viermal die Strecke $[\varepsilon, 1-\varepsilon]$ durchläuft und die Umläufe auf Kreisen vom Radius ε um 0 und 1 erfolgen. Nun verschwinden für $\alpha>1, \beta>1$ sicher die Beiträge der Kreise zum Integral bei $\varepsilon \to 0$. Somit wird nun

$$f(\alpha,\beta) = \int_0^1 t^{\alpha-1}(1-t)^{\beta-1}\,dt \cdot (1 - e^{2\pi i\beta} + e^{2\pi(\alpha+\beta)} - e^{2\pi i\alpha})$$

$$= -4\pi^2 e^{\pi i(\alpha+\beta)} \cdot \frac{\sin \pi\alpha}{\pi}\,\frac{\sin \pi\beta}{\pi}\,\frac{\Gamma(\alpha)\,\Gamma(\beta)}{\Gamma(\alpha+\beta)} = \frac{-4\pi^2 e^{\pi i(\alpha+\beta)}}{\Gamma(1-\alpha)\,\Gamma(1-\beta)\,\Gamma(\alpha+\beta)}\,.$$

Damit ist nun für beliebige α, β bewiesen:

$$\int^{(1+,0+,1-,0-)} t^{\alpha-1}(1-t)^{\beta-1}\,dt = \frac{-4\pi^2 e^{\pi i(\alpha+\beta)}}{\Gamma(1-\alpha)\,\Gamma(1-\beta)\,\Gamma(\alpha+\beta)}\,. \tag{31}$$

Für $\alpha = \beta$ ist auf der Riemannschen Fläche von

$$t^{\alpha-1}(t-1)^{\alpha-1}$$

schon ein Weg geschlossen, der — wie eine liegende 8 — 1 einmal positiv und 0 einmal negativ umläuft. Wir verabreden hier für $t > 1$ den Hauptwert des Integranden. Man erhält wie eben für $\alpha > +1$

$$\int^{(1+,0-)} t^{\alpha-1}(t-1)^{\alpha-1}\,dt = (-e^{\pi i(\alpha-1)} + e^{-\pi i(\alpha-1)}) \int_0^1 t^{\alpha-1}(1-t)^{\alpha-1}\,dt,$$

also mit Hilfe des Ergänzungssatzes und des Legendreschen Multiplikationssatzes, der

$$\frac{\Gamma(\alpha)}{\Gamma(2\alpha)} = \frac{\sqrt{\pi}\,2^{1-2\alpha}}{\Gamma(\alpha+\frac{1}{2})}$$

umzuformen gestattet, schließlich

$$\frac{1}{2\pi i} \int^{(1+,0-)} t^{\alpha-1}(t-1)^{\alpha-1}\,dt = \frac{\sqrt{\pi}\,2^{1-2\alpha}}{\Gamma(1-\alpha)\,\Gamma(\alpha+\frac{1}{2})}\,. \tag{32}$$

Derselbe Gedanke führt zur Berechnung der Integrale

$$\int^{(1+,-1-)} t^n (t^2-1)^{\lambda-\frac{1}{2}}\,dt \qquad \left(\begin{array}{l} n = 0, 1, 2, \ldots \\ \lambda \text{ beliebig komplex} \end{array}\right),$$

wo wir wieder für $t > 1$ den Hauptwert des Integranden verabreden. Da man eine ganze Funktion von λ hat, genügt wieder die Berechnung für $\lambda > \frac{1}{2}$. Dort formt man wie oben zu

$$(-e^{\pi i(\lambda-\frac{1}{2})} + e^{\pi i(\lambda-\frac{1}{2})}) \int_{-1}^1 t^n (1-t^2)^{\lambda-\frac{1}{2}}\,dt$$

um, und zwar mit dem Hauptwert des hier aufgeschriebenen Integranden. Man erkennt nun sofort die Werte 0 für ungerades n. Für gerades $n = 2m$ ($m = 0, 1, 2, \ldots$) rechnet man weiter um zu

$$2\pi i\,\frac{\sin \pi(\lambda+\frac{1}{2})}{\pi} \int_0^1 u^{m-\frac{1}{2}}(1-u)^{\lambda-\frac{1}{2}}\,du = \frac{2\pi i\,\Gamma(m+\frac{1}{2})}{\Gamma(\frac{1}{2}-\lambda)\,\Gamma(\lambda+m+1)}\,.$$

So ist für alle λ und $m = 0, 1, 2, \ldots$ bewiesen

$$\left.\begin{aligned}
\frac{1}{2\pi i} \int\limits^{(1+,\,-1-)} t^{2m+1}(t^2-1)^{\lambda-\frac{1}{2}}\,dt &= 0,\\[2ex]
\frac{1}{2\pi i} \int\limits^{(1+,\,-1-)} t^{2m}(t^2-1)^{\lambda-\frac{1}{2}}\,dt &= \frac{\Gamma(m+\frac{1}{2})}{\Gamma(\frac{1}{2}-\lambda)\,\Gamma(\lambda+m+1)}\,.
\end{aligned}\right\} \tag{33}$$

Auf diese Integrale kommen wir in der Theorie der Bessel-Funktionen zurück.

3. Die Zylinderfunktionen

3.1. Integralrelationen

Nach **1.14.**, ① hat die auf Polarkoordinaten ϱ, φ transformierte spezielle zweidimensionale Schwingungsgleichung

$$\Delta u + u = 0 \tag{1}$$

die Form

$$\varrho\,(\varrho\,u_\varrho)_\varrho + \varrho^2 u = -u_{\varphi\varphi}. \tag{2}$$

Die Separation

$$u(\varrho,\varphi) = u_1(\varrho)\,u_2(\varphi) \not\equiv 0$$

liefert die durch den Separationsparameter ν^2 gekoppelten Differentialgleichungen

$$\varrho\,(\varrho\,u_1')' + \varrho^2 u_1 = \nu^2 u_1, \tag{3}$$

$$-u_2'' = \nu^2 u_2. \tag{4}$$

(3) ist die Besselsche Differentialgleichung; ihre Lösungen sind

$$u_1(\varrho) = Z_\nu(\varrho),$$

die „Zylinderfunktionen zum Index ν".

Auf (2), (3) und (4) kann nun fast unmittelbar der Satz über Integralrelationen, **1.2.**, Satz 8 bzw. Satz 9, angewandt werden. Er liefert Integralrelationen zwischen den Lösungen von (3) und (4) mit Hilfe von Kernen, die Lösungen von (2) sind, und zwar in beiden Richtungen. Wir notieren:

Satz 1. *Es seien $u(\varrho,\varphi)$ eine für ϱ im Gebiete $\mathfrak{G}$ und φ auf der Kurve $\mathfrak{C}$ holomorphe Lösung von (2) und $u_2(\varphi)$ eine Lösung von (4). Für alle $\varrho \in \mathfrak{G}$ möge*

$$u\,u_2' - u_\varphi u_2$$

an den beiden Enden von $\mathfrak{C}$ denselben Wert annehmen bzw. demselben Werte zustreben. Dann ist

$$u_1(\varrho) = \int\limits_{\mathfrak{C}} u(\varrho,\varphi)\,u_2(\varphi)\,d\varphi,$$

falls dies bei uneigentlichem Integral für ϱ in kompakten Teilmengen von $\mathfrak{G}$ gleichmäßig konvergiert, eine in $\mathfrak{G}$ holomorphe Lösung von (3), d.h. Zylinderfunktion zum Index ν.

Satz 2. *Es seien $u(\varrho,\varphi)$ eine für φ im Gebiete $\mathfrak{G}$ und ϱ auf der Kurve $\mathfrak{C}$ holomorphe Lösung von (2) und $u_1(\varrho)$ eine auf $\mathfrak{C}$ holomorphe Lösung von (3). Für alle $\varphi \in \mathfrak{G}$ möge*

$$\varrho\left(u_\varrho u_1 - u u_1'\right)$$

an den beiden Enden von $\mathfrak{C}$ denselben Wert annehmen bzw. demselben Werte zustreben. Dann ist

$$u_2(\varphi) = \int\limits_{\mathfrak{C}} u(\varrho,\varphi) u_1(\varrho) \cdot \frac{1}{\varrho} \, d\varrho,$$

falls dies bei uneigentlichem Integral für φ in kompakten Teilmengen von $\mathfrak{G}$ gleichmäßig konvergiert, eine Lösung von (4).

Beim Beweise von Satz 2 wird man beachten, daß der Operator

$$\frac{\partial}{\partial \varrho}\left(\varrho \frac{\partial}{\partial \varrho}\right)$$

selbstadjungiert ist.

Bei der Formulierung beider Sätze wurde benutzt, daß die Lösungen von (4) ganze analytische Funktionen von φ sind. Wir bemerken entsprechend, daß die Lösungen von (3) stets für $\varrho \neq 0$, $\varrho \neq \infty$ holomorph sein müssen. Das ergeben die einfachsten Sätze über lineare Differentialgleichungen im Komplexen, die wir hier als bekannt annehmen (vgl. **1.2.**, Satz 10).

Spezielle Integrale von der in Satz 1 behandelten Form treten bei der Fourier-Entwicklung einer Funktion $u(\varrho,\varphi)$ bezüglich φ auf. Wir beweisen

Satz 3. *$u(\varrho,\varphi)$ sei eine für ϱ im Gebiete $\mathfrak{G}$ und φ im Streifen*

$$c_1 < \mathfrak{Im}\,\varphi < c_2$$

holomorphe Lösung von (2). Mit einer komplexen Zahl ν sei stets

$$u(\varrho,\varphi+2\pi) = e^{2\pi i \nu} u(\varrho,\varphi).$$

Dann gilt eine Reihenentwicklung

$$u(\varrho,\varphi) = \sum_{n=-\infty}^{+\infty} Z_{\nu+n}(\varrho)\, e^{i(\nu+n)\varphi},$$

wo $Z_{\nu+n}(\varrho)$ eine in $\mathfrak{G}$ holomorphe Zylinderfunktion zum Index $\nu+n$ ist. Die Reihe ist für ϱ bzw. φ in kompakten Teilgebieten von $\mathfrak{G}$ bzw. des Streifens absolut gleichmäßig konvergent und daher nach ϱ oder φ beliebig oft gliedweise differenzierbar.

Zum Beweise bildet man mit

$$t = e^{i\varphi}, \quad \arg t = \Re\varphi$$

den Streifen $c_1 < \Im\varphi < c_2$ auf den unendlich oft überlagerten Kreisring

$$e^{-c_2} < |t| < e^{-c_1}$$

ab. Setzt man dann

$$u(\varrho, \varphi) = t^\nu v(\varrho, t),$$

so wird $v(\varrho, t)$ im Kreisring eindeutig holomorph bezüglich t. Es ist also dort

$$v(\varrho, t) = \sum_{n=-\infty}^{+\infty} a_n(\varrho)\, t^n$$

in eine Laurent-Reihe entwickelbar. Die Koeffizienten sind

$$a_n(\varrho) = \frac{1}{2\pi i} \oint \frac{v(\varrho, \tau)}{\tau^{n+1}}\, d\tau = \frac{1}{2\pi} \int_{\varphi_0}^{\varphi_0 + 2\pi} u(\varrho, \varphi)\, e^{-i(\nu + n)\varphi}\, d\varphi.$$

Das ergibt mit Satz 1 die behauptete Entwicklung für $u(\varrho, \varphi)$. Es bleibt nur der Nachweis, daß die Reihe in kompakten Teilgebieten absolut gleichmäßig konvergiert. Dazu beachtet man, daß für ϱ in einem kompakten Teilgebiet $\overline{\mathfrak{G}}_1$ von $\mathfrak{G}$ und für

$$e^{-c_2} < R_1 \leqq |t| \leqq R_2 < e^{-c_1}$$

sicher $v(\varrho, t)$ beschränkt ist, also etwa $|v(\varrho, t)| \leqq M$ gilt. Damit wird aber mit Hilfe der Koeffizientenformel

$$|a_n(\varrho)| \leqq \begin{cases} M\, R_2^{-n} & (n \geqq 0), \\ M\, R_1^{-n} & (n < 0). \end{cases}$$

Das ergibt nun offenbar die absolut gleichmäßige Konvergenz der Laurent-Reihe für

$$\varrho \in \overline{\mathfrak{G}}_1, \quad R_1 < R_1' \leqq |t| \leqq R_2' < R_2$$

und so auch die entsprechende Aussage für die Entwicklung von $u(\varrho, \varphi)$. Die Möglichkeit der gliedweisen Differentiation gibt natürlich **1.2.**, Satz 4. —

Ein Gegenstück zum Paar der Sätze 1 und 2 erhält man für eine transformierte Gestalt der Besselschen Differentialgleichung, die wir hier

$$x(xy')' + (x^2 - v^2)\, y = 0 \tag{5}$$

schreiben. Wir transformieren

$$y = x^\nu u, \quad xy' = \nu x^\nu u + x^{\nu+1} u',$$

$$x(xy')' = \nu^2 x^\nu u + (2\nu + 1)\, x^{\nu+1} u' + x^{\nu+2} u''$$

und gewinnen für $u(x)$

$$x u'' + (2\nu + 1) u' + x u = 0. \tag{6}$$

Die linke Seite sei im folgenden mit $P_\nu u$ bezeichnet. Den Differential-operator P_ν, auf x bezüglich, wollen wir auf die Funktion

$$w = e^{ixt}$$

anwenden. (Das wird nahegelegt dadurch, daß die Koeffizienten von (6) in x linear sind.) Wir erhalten

$$P_\nu(w) = x(1-t^2)w + it(2\nu+1)w$$
$$= i(t^2-1)\,\frac{\partial w}{\partial t} + it(2\nu+1)w$$
$$= Q_\nu(w),$$

wo Q_ν ein nur auf t bezüglicher Differentialoperator erster Ordnung ist. Damit kann wieder e^{ixt} als Kern für entsprechende Integralrelationen dienen.

Zuvor notieren wir die adjungierten Operatoren und die Bilinear-formen: wir erhalten

$$\widetilde{P}_\nu(v) = (xv)_{xx} - (2\nu+1)v_x + xv$$
$$= P_\nu(v),$$
$$P_\nu[u,\,v] = x(u_x v - u v_x) + 2\nu\, uv,$$
$$\widetilde{Q}_\nu(v) = -i\big((t^2-1)v\big)_t + it(2\nu+1)v$$
$$= -Q_{-\nu}(v),$$
$$Q_\nu[u,v] = i(t^2-1)\, uv.$$

Ferner vermerken wir als Gesamtheit der Lösungen der Differential-gleichung

$$P_\nu(u) = 0$$

nach (5), (6) die Funktionen

$$u(x) = x^{-\nu} Z_\nu(x)$$

und — offenbar — entsprechend für

$$Q_\nu(v) = 0$$

die Funktionen

$$v(t) = c\,(t^2-1)^{-\nu-\frac{1}{2}}.$$

Danach nun können wir die folgenden beiden Sätze über Integral-relationen unmittelbar hinschreiben.

Satz 4. *Es sei $\mathfrak{G}$ ein Gebiet der x-Ebene; $\mathfrak{C}$ sei ein Weg der t-Ebene, der ± 1 nicht als innere Punkte enthalte. Für alle $x \in \mathfrak{G}$ möge*

$$e^{ixt}(t^2-1)^{\nu+\frac{1}{2}}$$

an den Enden von $\mathfrak{C}$ *denselben Wert haben bzw. demselben Wert zustreben. Dann ist*

$$u(x) = \int_{\mathfrak{C}} e^{ixt}(t^2-1)^{\nu-\frac{1}{2}}\,dt,$$

falls dies bei uneigentlichem Integral für x in kompakten Teilmengen von $\mathfrak{G}$ *gleichmäßig konvergiert, in* $\mathfrak{G}$ *holomorph und*

$$u(x) = x^{-\nu}Z_\nu(x)$$

mit einer Zylinderfunktion $Z_\nu(x)$ *zum Index* ν.

Satz 5. *Es sei* $\mathfrak{G}$ *ein Gebiet der t-Ebene,* $\mathfrak{C}$ *ein Weg der x-Ebene.* $Z_\nu(x)$ *sei eine Zylinderfunktion zum Index* ν *und*

$$x^\nu Z_\nu(x)$$

auf $\mathfrak{C}$ *holomorph. Für alle* $t \in \mathfrak{G}$ *möge*

$$e^{ixt}\big[(itx+2\nu)\,x^\nu Z_\nu(x) - x\,(x^\nu Z_\nu(x))'\big]$$

an den Enden von $\mathfrak{C}$ *denselben Wert haben bzw. demselben Wert zustreben. Dann ist*

$$v(t) = \int_{\mathfrak{C}} e^{ixt}\,x^\nu Z_\nu(x)\,dx,$$

falls dies bei uneigentlichem Integral für t in kompakten Teilmengen von $\mathfrak{G}$ *gleichmäßig konvergiert, in* $\mathfrak{G}$ *holomorph und*

$$v(t) = c\,(t^2-1)^{-\nu-\frac{1}{2}}$$

mit einer Konstanten c.

Gestützt auf diese Sätze, werden wir im folgenden die Grundzüge der Theorie der Zylinderfunktionen sehr bequem entwickeln können.

3.2. Die Bessel-Funktionen ganzer Indizes

Mit kartesischen Koordinaten ξ_1, ξ_2, ξ_3 und der Zeit τ betrachten wir die Wellengleichung

$$\Delta U = \frac{1}{c^2}\,\frac{\partial^2 U}{\partial \tau^2}, \quad c > 0,$$

für $U(\xi_1, \xi_2, \xi_3, \tau)$. Eine spezielle Lösung ist

$$U = e^{i(\xi_2 - c\tau)},$$

eine in Richtung der positiven ξ_2-Achse fortschreitende ebene Welle. Entsprechend ist $u(\xi_1, \xi_2) = e^{i\xi_2}$ eine Lösung der zweidimensionalen Schwingungsgleichung 3.1., (1):

$$\Delta u + u = 0.$$

Nach Einführung von Polarkoordinaten wird

$$u = e^{i\varrho\sin\varphi}$$

und diese Funktion von ϱ, φ eine Lösung der Differentialgleichung 3.1., (2), und zwar dies nicht nur für $\varrho > 0$ und reelle φ, sondern, da u ganze analytische Funktion von ϱ, φ ist, für alle komplexen ϱ, φ. Auf diese Funktion wenden wir nun 3.1., Satz 3 an. Dabei soll jedoch im folgenden ϱ durch x ersetzt werden.

Wir erhalten danach

$$e^{i\,x\sin\varphi} = \sum_{n=-\infty}^{+\infty} J_n(x)\, e^{in\varphi}, \tag{1}$$

wobei $J_n(x)$ Zylinderfunktionen zum Index n, also Lösungen von

$$x(x\,y')' + (x^2 - n^2)\,y = 0,$$

und ganze analytische Funktionen von x sind. Diese durch (1) definierten speziellen Zylinderfunktionen sind die *Bessel-Funktionen* ganzer Indizes n. Die definierende Gleichung (1) kann nach dem zuvor Gesagten physikalisch so interpretiert werden, daß sie die Darstellung der ebenen Welle

$$e^{i(\xi_1 - c\tau)}$$

als Überlagerung der „Zylinderwellen"

$$J_n(\varrho)\, e^{in\varphi}\, e^{-ic\tau}$$

gibt.

Aus (1) oder der mit $t = e^{i\varphi}$ entstehenden Entwicklung

$$e^{\frac{x}{2}(t - t^{-1})} = \sum_{n=-\infty}^{+\infty} J_n(x)\, t^n \tag{2}$$

können zahlreiche Eigenschaften der Funktionen $J_n(x)$ rasch erhalten werden. Nach (2) wird $e^{\frac{x}{2}(t - t^{-1})}$ als „erzeugende Funktion" der Bessel-Funktionen ganzer Indizes bezeichnet: diese entstehen als Entwicklungskoeffizienten bei der Laurent-Entwicklung der erzeugenden Funktion nach Potenzen von t.

Wir notieren nun kurz die wichtigsten Folgerungen aus (1) und (2).

Zunächst ergeben die Koeffizientenformeln für Fourier- bzw. Laurent-Reihen

$$J_n(x) = \frac{1}{2\pi} \int_{-\pi}^{\pi} e^{i\,x\sin\varphi}\, e^{-in\varphi}\, d\varphi, \tag{3}$$

$$J_n(x) = \frac{1}{2\pi i} \oint e^{\frac{x}{2}(t - t^{-1})}\, t^{-n-1}\, dt. \tag{4}$$

Die erzeugende Funktion (2) bleibt offenbar invariant bei Ersetzung von t durch $-t^{-1}$ oder bei gleichzeitiger Ersetzung von x durch $-x$ und t durch t^{-1}. So ergibt (2) sofort

$$J_n(-x) = J_{-n}(x) = (-1)^n J_n(x).\tag{5}$$

Substituiert man in (3) $e^{iy} = \cos y + i \sin y$, so wird der sin-Anteil im Integranden eine ungerade, der cos-Anteil eine gerade Funktion von φ. Damit entsteht

$$J_n(x) = \frac{1}{\pi} \int\limits_0^{\pi} \cos(x \sin\varphi - n\varphi)\, d\varphi,\tag{6}$$

was zugleich die Funktionen als *für reelle x reell* erkennen läßt.

(1) kann mit Hilfe von (5) in geraden und ungeraden Anteil bezüglich x (oder bezüglich φ) zerlegt werden:

$$\cos(x \sin\varphi) = J_0(x) + 2 \sum_{m=1}^{\infty} J_{2m}(x) \cos 2m\varphi,\tag{7}$$

$$\sin(x \sin\varphi) = 2 \sum_{m=0}^{\infty} J_{2m+1}(x) \sin(2m+1)\varphi.\tag{8}$$

In (1) kann φ durch $\frac{\pi}{2} + \varphi$ ersetzt werden, entsprechend in (7), (8). So hat man

$$e^{i x \cos\varphi} = \sum_{n=-\infty}^{+\infty} i^n J_n(x)\, e^{in\varphi},\tag{9}$$

$$\cos(x \cos\varphi) = J_0(x) + 2 \sum_{m=1}^{\infty} (-1)^m J_{2m}(x) \cos 2m\varphi,\tag{10}$$

$$\sin(x \cos\varphi) = 2 \sum_{m=0}^{\infty} (-1)^m J_{2m+1}(x) \cos(2m+1)\varphi.\tag{11}$$

Die Koeffizientenformeln für die reellen Fourier-Reihen (7), (8), (10), (11) geben (für alle ganzen m)

$$J_{2m}(x) = \frac{1}{\pi} \int\limits_0^{\pi} \cos(x \sin\varphi) \cos 2m\varphi\, d\varphi,\tag{12}$$

$$J_{2m}(x) = \frac{(-1)^m}{\pi} \int\limits_0^{\pi} \cos(x \cos\varphi) \cos 2m\varphi\, d\varphi,\tag{13}$$

$$J_{2m+1}(x) = \frac{1}{\pi} \int\limits_0^{\pi} \sin(x \sin\varphi) \sin(2m+1)\varphi\, d\varphi,\tag{14}$$

$$J_{2m+1}(x) = \frac{(-1)^m}{\pi} \int\limits_0^{\pi} \sin(x \cos\varphi) \cos(2m+1)\varphi\, d\varphi.\tag{15}$$

Besonders einfach liefert (2) die Potenzreihen für $J_n(x)$. Man hat nur das Produkt der Laurent-Reihen

$$e^{\frac{x}{2}t} = \sum_{k=0}^{\infty} \frac{\left(\frac{x}{2}\right)^k}{k!} t^k, \qquad e^{-\frac{x}{2}t^{-1}} = \sum_{m=0}^{\infty} \frac{(-1)^m \left(\frac{x}{2}\right)^m}{m!} t^{-m}$$

zu bilden. Danach ist

$$J_n(x) = \sum_{m=0}^{\infty} \frac{(-1)^m \left(\frac{x}{2}\right)^{n+2m}}{m!\,(n+m)!} \qquad (n=0, 1, 2, \ldots), \qquad (16)$$

woraus man auch

$$x^{-n} J_n(x) \to \frac{1}{2^n n!} \qquad (x \to 0) \qquad (17)$$

abliest.

Dieselbe Methode, Multiplikation der Laurent-Reihen, kann auf

$$e^{\frac{x_1+x_2}{2}(t-t^{-1})} = e^{\frac{x_1}{2}(t-t^{-1})} \, e^{\frac{x_2}{2}(t-t^{-1})}$$

angewandt werden. Sie liefert dann die als Additionstheorem der Bessel-Funktionen ganzer Indizes bezeichneten Formeln

$$J_n(x_1 + x_2) = \sum_{\nu+\mu=n} J_\nu(x_1)\, J_\mu(x_2). \qquad (18)$$

Setzt man hier $x_1 = -x_2 = x$, $n = 0$, so entsteht

$$1 = J_0^2(x) + 2J_1^2(x) + 2J_2^2(x) + \cdots \qquad (19)$$

und mithin für reelle x

$$|J_0(x)| \leq 1, \qquad |J_n(x)| \leq \frac{1}{\sqrt{2}} \qquad (n \geq 1). \qquad (20)$$

Nach 3.1., Satz 3 können (1) oder (2) nach beiden Variabeln gliedweise beliebig oft differenziert werden. Wir betrachten (2). Differentiation nach t gibt

$$\sum_{n=-\infty}^{+\infty} n\, J_n(x)\, t^{n-1} = \frac{x}{2}\,(1+t^{-2})\, e^{\frac{x}{2}(t-t^{-1})}$$

$$= \frac{x}{2} \sum_{n=-\infty}^{+\infty} \left(J_{n-1}(x) + J_{n+1}(x)\right) t^{n-1},$$

also nach Koeffizientenvergleich

$$\frac{2n}{x}\, J_n(x) = J_{n-1}(x) + J_{n+1}(x). \qquad (21)$$

Diese „Rekursionsformel" für die $J_n(x)$ gestattet (prinzipiell) für jedes $x \neq 0$ die Berechnung aller Werte $J_n(x)$ allein aus $J_0(x)$, $J_1(x)$. Zusammen mit (19) zeigt (21) weiter, daß niemals für $x \neq 0$ zwei Funktionen mit benachbarten Indizes gleichzeitig verschwinden können. Dann müßten nämlich nach (21) alle $J_n(x)$ verschwinden, was (19) widerspricht. Damit ist zugleich gezeigt, daß für $x \neq 0$ in (20) stets $<$ steht.

Differentiation von (2) nach x gibt

$$\sum_{n=-\infty}^{+\infty} J_n'(x)\,t^n = \frac{1}{2}\,(t-t^{-1})\,e^{\frac{x}{2}(t-t^{-1})} = \frac{1}{2}\sum_{n=-\infty}^{+\infty} (J_{n-1}(x) - J_{n+1}(x))\,t^n,$$

also

$$2\,J_n'(x) = J_{n-1}(x) - J_{n+1}(x). \tag{22}$$

Man wird dies als eine „Differentialrekursionsformel" für die $J_n(x)$ bezeichnen. Interessant sind die durch Elimination von $J_{n+1}(x)$ oder $J_{n-1}(x)$ aus (21), (22) entstehenden Formeln

$$J_n'(x) + \frac{n}{x}\,J_n(x) = J_{n-1}(x), \qquad J_n'(x) - \frac{n}{x}\,J_n(x) = -J_{n+1}(x),$$

die sich nach Multiplikation mit x^n bzw. x^{-n} auch in der Form

$$[x^n\,J_n(x)]' = x\,[x^{n-1}\,J_{n-1}(x)], \tag{23}$$

$$[x^{-n}\,J_n(x)]' = -x\,[x^{-n-1}\,J_{n+1}(x)]. \tag{24}$$

schreiben lassen. Hier werden je zwei Funktionen mit benachbarten Indizes miteinander verknüpft. Speziell hat man

$$J_0'(x) = -J_1(x). \tag{25}$$

Man bemerkt übrigens leicht, daß z. B. (24) sich aus (23) mit Hilfe von (5), d. h. von $J_{-n}(x) = (-1)^n J_n(x)$, gewinnen läßt: man ersetzt zunächst n durch $-n$ und formt dann mit (5) um.

Weitere Resultate über die Funktionen $J_n(x)$ erhalten wir aus den Überlegungen der folgenden Abschnitte durch Spezialisierung ($\nu = n$).

3.3. Die Bessel-Funktionen beliebiger Indizes

Im folgenden definieren und untersuchen wir spezielle Zylinderfunktionen zu beliebigem komplexen ν, d. h. also spezielle Lösungen von

$$x\,(x\,y')' + (x^2 - \nu^2)\,y = 0,$$

die für ganze ν in die eben behandelten Funktionen übergehen. Alle diese Funktionen werden als Bessel-Funktionen bezeichnet und $J_\nu(x)$ geschrieben.

Als Anknüpfungspunkt zur Gewinnung dieser Funktionen dient uns die Bemerkung, daß für ganze n

$$x^{-n} J_n(x)$$

ganze analytische Funktionen von x^2 sind. Man kann nun leicht mit Hilfe von **3.1.**, Satz 4 Funktionen erhalten, die diese Eigenschaft auf beliebige Indizes ausdehnen. Wir definieren

$$J_\nu(x) = \left(\frac{x}{2}\right)^\nu \frac{\Gamma(\tfrac{1}{2}-\nu)}{\sqrt{\pi}\,2\pi i} \int\limits^{(+1+,\,-1-)} e^{ixt}(t^2-1)^{\nu-\frac{1}{2}}\,dt. \tag{1}$$

Dazu folgende Erläuterungen und Bemerkungen:

1) Im Integranden soll stets für $t>1$ der Hauptwert von $(t^2-1)^{\nu-\frac{1}{2}}$ gewählt werden.

2) Der Integrationsweg ist ein eigentlicher, auf der Riemannschen Fläche des Integranden geschlossener Weg — vgl. dazu **2.4.** —. Damit ist das Integral in (1) eine ganze analytische Funktion von x und ν und gemäß **3.1.**, Satz 4 nach Multiplikation mit x^ν eine Zylinderfunktion zum Index ν.

3) Diese Funktion ist sicher 0 für

$$\nu-\tfrac{1}{2}=0,1,2,\dots.$$

Denn für diese ν ist der Integrand eine ganze Funktion von t; also verschwindet das Integral nach dem Satze von Cauchy. Mithin hat man an diesen Stellen bezüglich ν mindestens einfache Nullstellen. Nun hat $\Gamma(\tfrac{1}{2}-\nu)$ genau an denselben Stellen einfache Pole. Damit ist

$$\Gamma(\tfrac{1}{2}-\nu) \int\limits^{(+1+,\,-1-)} e^{ixt}(t^2-1)^{\nu-\frac{1}{2}}\,dt = u_\nu(x)$$

eine ganze Funktion von x und ν, mithin auch für $\nu-\tfrac{1}{2}=0,1,2,\dots$ eine Lösung von

$$x\,u_\nu''(x) + (2\nu+1)\,u_\nu'(x) + x\,u_\nu(x) = 0.$$

So ist also (1) für jedes ν eine Zylinderfunktion zum Index ν.

4) Für $\nu \neq 0,1,2,\dots$ ist in (1) $x=0$ auszuschließen. Für nicht ganzes ν ist mit (1) $J_\nu(x)$ wie $\left(\frac{x}{2}\right)^\nu = \exp\left\{\nu\left(\log\left|\frac{x}{2}\right| + i\arg\frac{x}{2}\right)\right\}$ nicht durch x allein gegeben, sondern erst durch zusätzliche Angabe von $\arg x$.

Die Potenzreihe

$$e^{ixt} = \sum_{n=0}^{\infty} i^n \frac{x^n}{n!}\,t^n$$

ist für jedes x auf dem t-Integrationsweg gleichmäßig konvergent. Es kann also gliedweise integriert werden. Man erhält so — nach Bemerkung 3) für alle ν —

$$J_\nu(x) = \sum_{m=0}^{\infty} \frac{(-1)^m \left(\frac{x}{2}\right)^{\nu+2m}}{m!\,\Gamma(\nu+m+1)}. \tag{2}$$

Die Auswertung der Koeffizientenintegrale haben wir mit **2.4.**, (33) schon vorweggenommen. Es ist nur noch

$$\Gamma\left(m + \tfrac{1}{2}\right) = \sqrt{\pi}\,\frac{(2m)!}{2^{2m}m!}$$

einzutragen.

(2) zeigt nun, daß tatsächlich

$$x^{-\nu}J_\nu(x)\ \text{ganze Funktion von } x^2, \nu$$

ist. (2) läßt weiter erkennen, daß für ganze $\nu = n$ genau die Funktionen von **3.2.** entstehen. Für $\nu = n = 0, 1, 2, \ldots$ hat man nämlich sofort **3.2.**, (16). Für $\nu = -n$, $n = 1, 2, 3, \ldots$ rechnet man in (2) mit $m - n = k$

$$J_{-n}(x) = \sum_{m=n}^{\infty} \frac{(-1)^m \left(\tfrac{x}{2}\right)^{-n+2m}}{m!\,(m-n)!} = \sum_{k=0}^{\infty} \frac{(-1)^{n+k}\left(\tfrac{x}{2}\right)^{n+2k}}{k!\,(n+k)!} = (-1)^n J_n(x).$$

Das aber sichert mit **3.2.**, (5) die Übereinstimmung dieser Funktionen mit den dort definierten Funktionen zu negativ-ganzen Indizes.

Damit ist also die oben angestrebte Verallgemeinerung der Bessel-Funktionen ganzer Indizes gegeben.

Das in Bemerkung 3) funktionentheoretisch erschlossene Verhalten von (1) für $\nu - \tfrac{1}{2} = 0, 1, 2, \ldots$ kann auch mehr direkt erkannt werden. Man formt — wie in **2.4.** — für

$$\Re\,\nu > -\tfrac{1}{2}$$

um:

$$\int^{(+1+,\,-1-)} e^{ixt}(t^2-1)^{\nu-\frac{1}{2}}\,dt = -\left(e^{\pi i(\nu-\frac{1}{2})} - e^{-\pi i(\nu-\frac{1}{2})}\right)\int_{-1}^{1} e^{ixt}(1-t^2)^{\nu-\frac{1}{2}}\,dt,$$

wobei im letzten Integral für $(1-t^2)^{\nu-\frac{1}{2}}$ der Hauptwert zu wählen ist. Mit Benutzung des Ergänzungssatzes für die Gammafunktion entsteht so

$$J_\nu(x) = \frac{\left(\tfrac{x}{2}\right)^\nu}{\sqrt{\pi}\,\Gamma(\nu+\tfrac{1}{2})} \int_{-1}^{1} e^{ixt}(1-t^2)^{\nu-\frac{1}{2}}\,dt \qquad \left(\Re\,\nu > -\tfrac{1}{2}\right). \tag{3}$$

Hier ist nun offenbar, daß es sich um ganze Funktionen von ν handelt. Auch kann man direkt mit **3.1.**, Satz 4 zeigen, daß man stets Zylinderfunktionen zum Index ν hat.

Interessante Integraldarstellungen, die schon von PoISSON herrühren, entstehen aus (3) durch trigonometrische Substitution; so etwa

$$J_\nu(x) = \frac{2\left(\tfrac{x}{2}\right)^\nu}{\sqrt{\pi}\,\Gamma(\nu+\tfrac{1}{2})} \int_{0}^{\frac{\pi}{2}} \cos(x\sin\varphi)\cos^{2\nu}\varphi\,d\varphi \qquad \left(\Re\,\nu > -\tfrac{1}{2}\right). \tag{4}$$

Als unmittelbare Folgerungen von (2) notieren wir noch die Halb-umlaufsrelation

$$J_\nu(x e^{\pi i}) = e^{\pi i \nu} J_\nu(x) \tag{5}$$

und das Verhalten bei 0

$$x^{-\nu} J_\nu(x) \to \frac{1}{2^\nu \Gamma(\nu+1)} \quad (x \to 0). \tag{6}$$

Unsere Funktionen $J_\nu(x)$ lassen sich auch auf einem ganz anderen Wege durch Integraldarstellungen gewinnen, nämlich mit Hilfe von **3.1.**, Satz 1. Es handelt sich um Integraldarstellungen, die die Formeln **3.2.**, (3) und (4) verallgemeinern.

Wir betrachten mit reellem ξ das Integral

$$\frac{1}{2\pi} \int\limits_{-\pi+\xi-i\infty}^{\pi+\xi-i\infty} e^{i x \sin \varphi} e^{-i\nu\varphi} d\varphi. \tag{$*$}$$

Es wird hier in der komplexen φ-Ebene über einen Weg $\mathfrak{C}$ integriert, der eine Parameterdarstellung

$$\varphi = \varphi(\tau) \qquad (-\infty < \tau < \infty)$$

mit

$$\mathfrak{Re}\, \varphi(\tau) \to \begin{cases} \pi+\xi & (\tau \to + \infty), \\ -\pi+\xi & (\tau \to -\infty), \end{cases}$$

$$\mathfrak{Im}\, \varphi(\tau) \to -\infty \qquad (\tau \to \pm \infty),$$

besitzt. Wie die Umformung $\varphi = \varphi_1 + i\varphi_2$,

$$\left| e^{i x \sin \varphi} \right| = e^{\mathfrak{Re}\, i x \sin \varphi} = e^{\mathfrak{Re}\,(\frac{1}{2} x e^{i\varphi} - \frac{1}{2} x e^{-i\varphi})}$$

$$= \exp\left\{ \tfrac{1}{2} (\mathfrak{Re}\, x e^{i\varphi_1}) e^{-\varphi_2} - \tfrac{1}{2} (\mathfrak{Re}\, x e^{-i\varphi_1}) e^{\varphi_2} \right\}$$

zeigt, ist das Integral für x in kompakten Teilmengen der Halbebene

$$\mathfrak{Re}\, x\, e^{i\xi} > 0$$

(und für ν in kompakten Mengen) bezüglich x (und ν) gleichmäßig kon-vergent. Auch die Bedingung für die Bilinearform ist hiernach erfüllt. **3.1.**, Satz 1 (mit x statt ϱ) zeigt also, daß wir in der Halbebene $\mathfrak{Re}\, x e^{i\xi} > 0$ eine Zylinderfunktion von x zum Index ν erhalten. Für diese x können wir nun unser Integral mit

$$t = e^{i\varphi}, \quad \arg t = \mathfrak{Re}\, \varphi$$

zu

$$\frac{1}{2\pi i} \int\limits_{\infty e^{i(\xi-\pi)}}^{(0+)} e^{\frac{x}{2}(t-t^{-1})} t^{-\nu-1} dt$$

umrechnen. Dies wiederum kann speziell mit

$$\arg \frac{x}{2} = -\xi, \qquad \vartheta = \frac{x}{2}\, t$$

in

$$\frac{\left(\frac{x}{2}\right)^{\nu}}{2\pi i} \int\limits_{\infty e^{-i\pi}}^{(0+)} e^{\vartheta - \left(\frac{x}{2}\right)^{2}\vartheta^{-1}} \vartheta^{-\nu-1}\, d\vartheta$$

transformiert werden. Man erkennt nun leicht, daß hier das Integral eine ganze Funktion von x^2 ist, deren Potenzreihe wir durch gliedweise Integration von

$$e^{-\left(\frac{x}{2}\right)\vartheta^{-1}} = \sum_{m=0}^{\infty} \frac{(-1)^m \left(\frac{x}{2}\right)^{2m}}{m!}\, \vartheta^{-m}$$

erhalten. Unter Benutzung der Hankelschen Integraldarstellung für die reziproke Gammafunktion identifiziert man so

$$J_{\nu}(x) = \frac{\left(\frac{x}{2}\right)^{\nu}}{2\pi i} \int\limits_{\infty e^{-i\pi}}^{(0+)} e^{\vartheta - \left(\frac{x}{2}\right)^{2}\vartheta^{-1}} \vartheta^{-\nu-1}\, d\vartheta. \tag{7}$$

Und, rückwärts schließend, erhalten wir mit Benutzung des Identitätssatzes für analytische Funktionen nunmehr

$$J_{\nu}(x) = \frac{1}{2\pi} \int\limits_{\xi - \pi - i\infty}^{\xi + \pi - i\infty} e^{i x \sin\varphi - i\nu\varphi}\, d\varphi, \tag{8}$$

$$J_{\nu}(x) = \frac{1}{2\pi i} \int\limits_{\infty e^{i(\xi-\pi)}}^{(0+)} e^{\frac{x}{2}(t - t^{-1})}\, t^{-\nu-1}\, dt; \tag{9}$$

in (8), (9) ist $\arg x$ durch

$$|\arg x + \xi| < \frac{\pi}{2} \tag{10}$$

einzuschränken. Die Integrale sind nämlich für $\Re\, x e^{i\xi} > 0$ holomorph und stimmen speziell für $\Im\, x e^{i\xi} = 0$ mit $J_{\nu}(x)$ überein, wenn man dort $\arg \frac{x}{2} = -\xi$ wählt.

Es ist sehr nützlich zu bemerken, daß man einige Teilergebnisse auch auf eine andere Weise erschließen kann. Man kann direkt an (∗) zeigen:

a) Verschiedene Wege $\mathfrak{C}$ mit gleichem ξ liefern die gleiche Funktion. (Integralsatz von Cauchy und Grenzübergang.)

b) Verschiedene ξ liefern analytische Fortsetzungen derselben Funktion. (Integralsatz von Cauchy und Grenzübergang mit Benutzung einer entsprechenden Abschätzung des Integranden auf Strecken

$$\varphi = \varphi_1 + i\varphi_2, \quad \xi_1 - \pi \leq \varphi_1 \leq \xi_2 - \pi < \xi_1, \quad \varphi_2 \to -\infty.)$$

c) Beim Übergang $\xi \to \xi - \pi$, also $x \to x e^{\pi i}$ multipliziert sich die dargestellte Funktion mit $e^{\pi i \nu}$:

$$y(x e^{\pi i}) = e^{\pi i \nu} y(x).$$

Wie wir unten zeigen, ist durch diese letzte Eigenschaft $J_\nu(x)$ unter den Zylinderfunktionen zum Index ν bis auf einen konstanten Faktor bestimmt. Zum Beweise von (7) braucht man dann im Integral nur $x = 0$ einzusetzen und

$$\frac{1}{2\pi i} \int\limits_{\infty e^{-\pi i}}^{(0+)} e^{\vartheta}\, \vartheta^{-\nu-1}\, d\vartheta = \frac{1}{\Gamma(\nu+1)}$$

zu bestätigen.

Weitere Eigenschaften der Funktionen $J_\nu(x)$ entwickeln wir in den folgenden Abschnitten.

3.4. Hankel-Funktionen und Neumannsche Funktion.
Asymptotische Reihen für $x \to \infty$

Wir knüpfen noch einmal an **3.1.**, Satz 4 an. Jedoch sollen jetzt im Gegensatz zu **3.3.**, (1) uneigentliche Integrationswege benutzt werden.

Wir betrachten zuerst

$$H_\nu^{(1)}(x) = -\left(\frac{x}{2}\right)^\nu \frac{2\Gamma(\tfrac{1}{2}-\nu)}{\sqrt{\pi}\, 2\pi i} \int\limits_{1+\infty e^{i\xi}}^{(+1-)} e^{ixt}\, (t^2-1)^{\nu-\frac{1}{2}}\, dt. \tag{1}$$

Dabei sei ξ eine reelle Zahl mit

$$-\pi < \xi < \pi. \tag{2}$$

Wie in **2.4.** wählen wir einen Integrationsweg, der auf einem Strahl von ∞ fast bis $+1$ läuft, wobei dort für große t

$$(t^2-1)^{\nu-\frac{1}{2}} = (t-1)^{\nu-\frac{1}{2}}(t+1)^{\nu-\frac{1}{2}}, \quad \arg(t\pm 1) \to \xi$$

gewählt wird, der $+1$ einmal negativ (und -1 nicht!) umläuft und dann — offenbar mit $\arg(t-1) \to \xi - 2\pi$, $\arg(t+1) \to \xi$ — wieder auf dem Strahl nach ∞ zurückläuft. Für jedes ξ haben wir Konvergenz in der Halbebene

$$\mathfrak{Im}\, x e^{i\xi} > 0$$

wegen

$$|e^{ixt}| = e^{\mathfrak{Re}\, ixt} = e^{-\mathfrak{Im}\, xt}$$

und $\arg t \to \xi$ $(t \to \infty)$. Dort sind die Voraussetzungen unseres Satzes **3.1.**, Satz 4 erfüllt, und wir haben damit als Wert des Integrals eine (in v ganz-analytische) Lösung von

$$x u'' + (2v+1) u' + x u = 0.$$

Wie bei **3.3.**, (1) erkennt man, daß dies auch nach Multiplikation mit $\Gamma(\tfrac{1}{2}-v)$ gültig bleibt. Wir legen nun $(x/2)^v$ durch

$$\left| \arg x + \xi - \frac{\pi}{2} \right| < \frac{\pi}{2} \tag{3}$$

fest; dies gibt uns zugleich noch einmal den Konvergenzbereich

$$\Im\, x e^{i\xi} > 0.$$

Mit diesen Verabredungen wird dann

(1) eine für

$$-\pi < \arg x < 2\pi \tag{4}$$

in x, v holomorphe Zylinderfunktion zum Index v. (4) besagt speziell, daß (1) für die Halbebene

$$\Im\, x < 0$$

zwei — wie wir zeigen werden, stets verschiedene — Funktionen liefert: man kann entweder $-\pi < \arg x < 0$ oder $\pi < \arg x < 2\pi$ wählen. Diese beiden Funktionen entstehen aber entsprechend (4) auseinander durch analytische Fortsetzung.

In (1) haben wir die Stelle $+1$ als Singularität von $(t^2-1)^{v-\frac{1}{2}}$ bevorzugt. Wir verfahren nun entsprechend für -1. Mit ganz analogen Überlegungen und Verabredungen betrachten wir

$$H_v^{(2)}(x) = \left(\frac{x}{2}\right)^v \frac{2\,\Gamma(\tfrac{1}{2}-v)}{\sqrt{\pi}\,2\pi i} \int\limits_{-1+\infty e^{i\xi}}^{(-1-)} e^{ixt}(t^2-1)^{v-\frac{1}{2}}\,dt \tag{5}$$

für

$$0 < \xi < 2\pi \tag{6}$$

und

$$\left| \arg x + \xi - \frac{\pi}{2} \right| < \frac{\pi}{2}, \tag{7}$$

also für

$$-2\pi < \arg x < \pi. \tag{8}$$

Wieder erhalten wir hier eine in x, v holomorphe Zylinderfunktion zum Index v.

Wie in **2.4.** (bzw. ähnlich dem Übergang von (1) zu (3) in **3.3.**) entstehen aus (1), (5)

$$H_\nu^{(1)}(x) = -e^{-\pi i(\nu-\frac{1}{2})} \frac{2\left(\frac{x}{2}\right)^\nu}{\sqrt{\pi}\,\Gamma(\nu+\frac{1}{2})} \int\limits_{1}^{1+\infty e^{i\xi}} e^{ixt}(t^2-1)^{\nu-\frac{1}{2}}\,dt \tag{9}$$

und

$$H_\nu^{(2)}(x) = e^{-\pi i(\nu-\frac{1}{2})} \frac{2\left(\frac{x}{2}\right)^\nu}{\sqrt{\pi}\,\Gamma(\nu+\frac{1}{2})} \int\limits_{-1}^{-1+\infty e^{i\xi}} e^{ixt}(t^2-1)^{\nu-\frac{1}{2}}\,dt, \tag{10}$$

beide für

$$\Re\nu > -\tfrac{1}{2}. \tag{11}$$

Wählt man

$$0 < \xi < \pi,$$

so erhält man in (1) oder (9) bzw. (5) oder (10) die Funktionen $H_\nu^{(1)}(x)$, $H_\nu^{(2)}(x)$ im Durchschnitt der Definitionsbereiche, also in

$$-\pi < \arg x < \pi.$$

Hier kann man

$$\tfrac{1}{2}\left(H_\nu^{(1)}(x) + H_\nu^{(2)}(x)\right)$$

bilden: Man beachtet, daß auf den Strecken

$$t = \tau + \sigma e^{i\xi}$$
$$t = \tau + \sigma e^{i(\xi-2\pi)} \quad (-1 \leq \tau \leq 1)$$

bei $\sigma \to +\infty$ gleichmäßig bezüglich τ der Integrand gegen 0 strebt, wenn nur $\Im xe^{i\xi} > 0$ ist. Man formt ferner **3.3.**, (1) um zu

$$J_\nu(x) = \left(\frac{x}{2}\right)^\nu \frac{\Gamma(\frac{1}{2}-\nu)}{\sqrt{\pi}\,2\pi i}\left\{ \int\limits_{1+\sigma e^{i(\xi-2\pi)}}^{(+1+)} e^{ixt}(t^2-1)^{\nu-\frac{1}{2}}\,dt + \right.$$

$$\left. + \int\limits_{-1+\sigma e^{i\xi}}^{(-1-)} \cdots dt + \int\limits_{-1+\sigma e^{i(\xi-2\pi)}}^{+1+\sigma e^{i(\xi-2\pi)}} \cdots dt + \int\limits_{+1+\sigma e^{i\xi}}^{-1+\sigma e^{i\xi}} \cdots dt\right\}.$$

So entsteht für $\sigma \to +\infty$ gerade

$$J_\nu(x) = \tfrac{1}{2}\left(H_\nu^{(1)}(x) + H_\nu^{(2)}(x)\right). \tag{12}$$

Analog, wie wir hier (1) und (5) zu **3.3.**, (1) zusammensetzen, kann man natürlich auch mit (9), (10) und **3.3.**, (3) verfahren.

Die beiden Funktionen $H_\nu^{(1)}(x)$, $H_\nu^{(2)}(x)$ hängen eng miteinander zusammen. Wir lesen dies besonders bequem aus (9), (10) ab. Es sei $\nu > -\frac{1}{2}$ und in (9) $\xi = 0$, $\left|\arg x - \frac{\pi}{2}\right| < \frac{\pi}{2}$,

$$H_\nu^{(1)}(x) = -e^{-\pi i(\nu-\frac{1}{2})} \frac{2\left(\frac{x}{2}\right)^\nu}{\sqrt{\pi}\,\Gamma(\nu+\frac{1}{2})} \int\limits_{1}^{\infty} e^{ixt}(t^2-1)^{\nu-\frac{1}{2}}\,dt;$$

dabei ist für den Integranden der Hauptwert zu wählen. Wir bilden nun das Konjugiertkomplexe und substituieren $t \to -t$:

$$\overline{H_\nu^{(1)}(x)} = e^{\pi i(\nu-\frac{1}{2})}\,\frac{2\left(\dfrac{\bar{x}}{2}\right)^\nu}{\sqrt{\pi}\,\Gamma(\nu+\frac{1}{2})}\int\limits_{-1}^{-\infty} e^{i\bar{x}t}(t^2-1)^{\nu-\frac{1}{2}}\,dt;$$

auch hier ist im Integranden der Hauptwert zu wählen. Verlangt man jedoch

$$\arg(t\pm1)=\pi,$$

so entsteht

$$\overline{H_\nu^{(1)}(x)} = e^{-\pi i(\nu-\frac{1}{2})}\,\frac{2\left(\dfrac{\bar{x}}{2}\right)^\nu}{\sqrt{\pi}\,\Gamma(\nu+\frac{1}{2})}\int\limits_{-1}^{\infty e^{i\pi}} e^{i\bar{x}t}(t^2-1)^{\nu-\frac{1}{2}}\,dt.$$

Dies ist nun offenbar (10) für $\bar{x}$ statt x mit $\xi=\pi$, $\left|\arg\bar{x}+\dfrac{\pi}{2}\right|<\dfrac{\pi}{2}$. So hat man zunächst für die angegebenen ν, x, $\bar{x}$

$$\overline{H_\nu^{(1)}(x)} = H_\nu^{(2)}(\bar{x}).$$

Dies erweitert sich nun durch analytische Fortsetzung unserer Funktionen, indem wir das „Spiegelungsprinzip" der Funktionentheorie anwenden. Zunächst entsteht so für reelle ν

$$\overline{H_\nu^{(1)}(x)} = H_\nu^{(2)}(\bar{x}) \qquad (\nu>\tfrac{1}{2},\ \arg\bar{x}=-\arg x)$$

und daraus schließlich allgemein

$$\overline{H_\nu^{(1)}(x)} = H_\nu^{(2)}(\bar{x}) \qquad (\arg\bar{x}=-\arg x). \tag{13}$$

Danach sind speziell für reelle ν und für $\arg x=0$ die Funktionen $H_\nu^{(1)}(x)$, $H_\nu^{(2)}(x)$ zueinander konjugiert-komplex.

(13) läßt sich natürlich auch sofort direkt an (1) und (5) bestätigen — ohne Anwendung analytischer Fortsetzung bzw. des Spiegelungsprinzips; jedoch ist die Durchrechnung umständlicher.

Im folgenden transformieren wir (1) auf ein verallgemeinertes Laplace-Integral und erhalten damit eine asymptotische Reihe. Wir setzen

$$t-1=\tau$$

$$t+1=\tau+2$$

und erhalten für $|\tau|<2$

$$(t^2-1)^{\nu-\frac{1}{2}} = (2\tau)^{\nu-\frac{1}{2}}\left(1+\frac{\tau}{2}\right)^{\nu-\frac{1}{2}}$$

$$= 2^{\nu-\frac{1}{2}}\sum_{n=0}^{\infty}\binom{\nu-\frac{1}{2}}{n}2^{-n}\tau^{\nu+n-\frac{1}{2}}$$

sowie

$$H_\nu^{(1)}(x) = \frac{\Gamma(\frac{1}{2}-\nu)}{\pi i \sqrt{\pi}} \left(\frac{x}{2}\right)^\nu e^{ix} \int\limits_{e^{i(\xi-2\pi)}}^{(0+)} e^{ix\tau} \tau^{\nu-\frac{1}{2}} (2+\tau)^{\nu-\frac{1}{2}} d\tau,$$

wobei $(2+\tau)^{\nu-\frac{1}{2}} \approx Hw\, 2^{\nu-\frac{1}{2}}$ für $\tau \approx 0$. Nun kann unmittelbar **2.4.**, Satz 2 angewandt werden. Er liefert für das Integral die asymptotische Reihe

$$2\pi i\, 2^{\nu-\frac{1}{2}} \sum_{n=0}^\infty \binom{\nu-\frac{1}{2}}{n} 2^{-n} \frac{(ix)^{-\nu-n-\frac{1}{2}}}{\Gamma(-\nu-n+\frac{1}{2})}$$

mit

$$\left| \arg i\, x + \xi - \pi \right| < \frac{\pi}{2}.$$

Das heißt nun

$$\left| \arg x + \xi - \frac{\pi}{2} \right| < \frac{\pi}{2},$$

wenn wir

$$\arg i = \frac{\pi}{2}$$

nehmen. So entsteht

$$H_\nu^{(1)}(x) \sim \left(\frac{2}{\pi x}\right)^{\frac{1}{2}} e^{i\left(x-\nu\frac{\pi}{2}-\frac{\pi}{4}\right)} \sum_{n=0}^\infty \frac{(\nu,n)}{(-2ix)^n} \left.\begin{array}{c} \\ \\ \end{array}\right\} \tag{14}$$
$$(-\pi+\delta \le \arg x \le 2\pi-\delta,\ \delta > 0,\ x \to \infty)$$

mit

$$(\nu,n) = \frac{1}{n!}\, \frac{\Gamma(\nu+\frac{1}{2}+n)}{\Gamma(\nu+\frac{1}{2}-n)} = (-\nu,n). \tag{15}$$

Genau genommen ist beim Beweise $\nu-\frac{1}{2}=0, 1, 2, \ldots$ ausgeschlossen; für diese Werte hätte man auf (9) zurückzugehen.

Mit (13) ist nun sofort auch die asymptotische Reihe für $H_\nu^{(2)}(x)$ da:

$$H_\nu^{(2)}(x) \sim \left(\frac{2}{\pi x}\right)^{\frac{1}{2}} e^{-i\left(x-\nu\frac{\pi}{2}-\frac{\pi}{4}\right)} \sum_{n=0}^\infty \frac{(\nu,n)}{(2ix)^n} \left.\begin{array}{c} \\ \\ \end{array}\right\} \tag{16}$$
$$(-2\pi+\delta \le \arg x \le \pi-\delta,\ \delta > 0;\ x \to \infty).$$

Mit (14), (16) haben wir die asymptotischen Reihen von HANKEL für die beiden ebenfalls nach ihm benannten Funktionen gewonnen.

Wir betrachten noch einmal unsere Reihen für $\nu-\frac{1}{2}=k=0, 1, 2, \ldots$. Wir erkennen, daß hier die Reihe für $(2+\tau)^{\nu-\frac{1}{2}}=(2+\tau)^k$ nach dem Gliede $n=k$ abbricht. Dann werden also aus (14), (16) Gleichungen:

$$H_{k+\frac{1}{2}}^{(1)}(x) = \left(\frac{2}{\pi x}\right)^{\frac{1}{2}} i^{-k} e^{ix} \sum_{n=0}^k \frac{(k+\frac{1}{2},n)}{(-2ix)^n}, \tag{14'}$$

$$H_{k+\frac{1}{2}}^{(2)}(x) = \left(\frac{2}{\pi x}\right)^{\frac{1}{2}} i^k e^{-ix} \sum_{n=0}^k \frac{(k+\frac{1}{2},n)}{(2ix)^n}. \tag{16'}$$

Für $\nu^2=(k+\frac{1}{2})^2$ $(k=0, 1, 2, \ldots)$ ist mithin die Besselsche Differentialgleichung durch elementare Funktionen lösbar.

(14) und (16) ergeben einige wichtige Folgerungen.

1) $H_\nu^{(1)}(x)$ und $H_\nu^{(2)}(x)$ sind linear unabhängige Lösungen der Besselschen Differentialgleichung zu ν. Damit läßt sich jede Lösung dieser Differentialgleichung als Linearkombination

$$c_1 H_\nu^{(1)}(x) + c_2 H_\nu^{(2)}(x)$$

mit von x unabhängigen c_1, c_2 darstellen.

2) Für $\Im x \to +\infty$, $0 < \arg x < \pi$ gilt

$$H_\nu^{(1)}(x) \to 0, \qquad H_\nu^{(2)}(x) \nrightarrow 0.$$

Wegen 1) ist daher durch

$$y(x) \to 0 \quad \text{für} \quad \Im x \to +\infty$$

der genannte Zweig $H_\nu^{(1)}(x)$ unter den Lösungen der Besselschen Differentialgleichung bis auf einen konstanten Faktor eindeutig bestimmt.

3) Für $\Im x \to -\infty$, $0 > \arg x > -\pi$
gilt

$$H_\nu^{(2)}(x) \to 0, \qquad H_\nu^{(1)}(x) \nrightarrow 0.$$

Wegen 1) ist daher durch

$$y(x) \to 0 \quad \text{für} \quad \Im x \to -\infty$$

der genannte Zweig $H_\nu^{(2)}(x)$ unter den Lösungen der Besselschen Differentialgleichung bis auf einen konstanten Faktor eindeutig bestimmt.

Hieraus notieren wir als erste Folgerungen

$$\left. \begin{aligned} H_{-\nu}^{(1)}(x) &= e^{i\nu\pi} H_\nu^{(1)}(x) \\ H_{-\nu}^{(2)}(x) &= e^{-i\nu\pi} H_\nu^{(2)}(x). \end{aligned} \right\} \tag{17}$$

Denn z. B. $H_{-\nu}^{(1)}$, $H_\nu^{(1)}$ sind nach 2) proportional; und der Faktor kommt sofort aus (14). Die zweite Zeile zeigt man analog; man kann sie jedoch auch aus der ersten mit Anwendung von (13) erhalten.

(12) und (17) ergeben die wichtigen Verknüpfungsformeln zwischen J_ν, $J_{-\nu}$ einerseits und $H_\nu^{(1)}$, $H_\nu^{(2)}$ andererseits:

$$\left. \begin{aligned} J_\nu(x) &= \tfrac{1}{2} H_\nu^{(1)}(x) + \tfrac{1}{2} H_\nu^{(2)}(x), \\ J_{-\nu}(x) &= \tfrac{1}{2} e^{i\nu\pi} H_\nu^{(1)}(x) + \tfrac{1}{2} e^{-i\nu\pi} H_\nu^{(2)}(x), \end{aligned} \right\} \tag{18}$$

und durch Auflösung des Systems zweier linearer Gleichungen umgekehrt

$$\left. \begin{aligned} H_\nu^{(1)}(x) &= \frac{i}{\sin \pi\nu} \{ e^{-i\nu\pi} J_\nu(x) - J_{-\nu}(x) \}, \\ H_\nu^{(2)}(x) &= \frac{-i}{\sin \pi\nu} \{ e^{i\nu\pi} J_\nu(x) - J_{-\nu}(x) \}. \end{aligned} \right\} \tag{19}$$

(19) gilt nicht nur für $\nu \neq$ ganz, sondern allgemein, da beide Seiten in ν ganz analytisch sind.

Mit diesen Formeln ist ein Kernstück der Theorie der Zylinderfunktionen gegeben: die Verknüpfung der Funktionen mit einfachem Verhalten um 0 mit den Funktionen mit einfachem Verhalten bei Annäherung an ∞.

Durch (19) lassen sich $H_\nu^{(1)}(x)$, $H_\nu^{(2)}(x)$ auch außerhalb der ursprünglichen Definitionsgebiete (4) bzw. (8) angeben. (18) und (19) sind damit für alle $x \neq 0$ und alle ν gültig und auf der Riemannschen Fläche von arg x eindeutig holomorph. Damit kann man auch Halbumlaufsrelationen für die Hankel-Funktionen aufschreiben: man führt in (19) $x e^{\pi i}$ statt x ein, benutzt die Halbumlaufsrelationen für $J_\nu(x)$, $J_{-\nu}(x)$ und geht dann mit (18) wieder auf die Hankel-Funktionen zurück. Wir verzichten hier auf die Durchführung und verweisen auf eine der Formelsammlungen für spezielle Funktionen.

Es ist zweckmäßig, neben den Bessel- und Hankel-Funktionen noch die Neumannsche Funktion

$$Y_\nu(x) = \frac{1}{2i} \left(H_\nu^{(1)}(x) - H_\nu^{(2)}(x) \right) \tag{20}$$

einzuführen: sie ist für arg $x = 0$ offenbar reell, und $J_\nu(x)$, $Y_\nu(x)$ sind wie $H_\nu^{(1)}(x)$, $H_\nu^{(2)}(x)$ für alle ν ein Paar linear unabhängiger Lösungen der Besselschen Differentialgleichung. Man hat dann

$$\left. \begin{aligned} H_\nu^{(1)}(x) &= J_\nu(x) + i\,Y_\nu(x), \\ H_\nu^{(2)}(x) &= J_\nu(x) - i\,Y_\nu(x), \end{aligned} \right\} \tag{21}$$

sowie mit (19), (20)

$$Y_\nu(x) = \frac{1}{\sin \nu \pi} \left\{ \cos \nu \pi\, J_\nu(x) - J_{-\nu}(x) \right\}. \tag{22}$$

Dies ist — wie (19) — eine ganze Funktion von ν: die rechte Seite bleibt für ganze $\nu = n$ sinnvoll.

Wir wollen $Y_n(x)$ und damit $H_n^{(1)}(x)$, $H_n^{(2)}(x)$ explizit angeben. Wegen (17) genügt die Beschränkung auf

$$\nu = n = 0, 1, 2, \ldots.$$

Man hat sofort

$$Y_n(x) = \frac{1}{\pi} \frac{\partial}{\partial \nu} \left[J_\nu(x) - (-1)^n J_{-\nu}(x) \right]_{\nu = n}$$

$$= \frac{1}{\pi} \left\{ \frac{\partial}{\partial \nu} J_\nu(x) \Big|_{\nu=n} + (-1)^n \frac{\partial}{\partial \nu} J_\nu(x) \Big|_{\nu=-n} \right\}.$$

Es ist nun

$$J_\nu(x) = \left(\frac{x}{2} \right)^\nu \cdot \sum_{k=0}^{\infty} \frac{(-1)^k \left(\frac{x}{2} \right)^{2k}}{\Gamma(\nu + k + 1)\, k!}$$

nach v zu differenzieren. Dies kann gliedweise geschehen. Dazu benötigt man

$$\frac{\partial}{\partial v}\left(\frac{x}{2}\right)^v = \left(\frac{x}{2}\right)^v \cdot \log\frac{x}{2}$$

sowie

$$\frac{\partial}{\partial v}\frac{1}{\Gamma(v+k+1)} = -\frac{1}{\Gamma(v+k+1)}\Psi(v+k).$$

Es wird nun für $v=n$, $k=0, 1, 2, \ldots$

$$\frac{\partial}{\partial v}\frac{1}{\Gamma(v+k+1)}\bigg|_{v=n} = -\frac{1}{(n+k)!}\Psi(n+k) = -\frac{1}{(n+k)!}\left[\sum_{m=1}^{n+k}\frac{1}{m} - C\right],$$

ebenso für $v=-n$, $k=n, n+1, n+2, \ldots$

$$\frac{\partial}{\partial v}\frac{1}{\Gamma(v+k+1)}\bigg|_{v=-n} = -\frac{1}{(k-n)!}\Psi(k-n) = -\frac{1}{(k-n)!}\left[\sum_{m=1}^{k-n}\frac{1}{m} - C\right],$$

wobei für leere Summen 0 steht. Es bleibt für $k=0, 1, \ldots, n-1$, $n\geqq 1$

$$\frac{\partial}{\partial v}\frac{1}{\Gamma(v+k+1)}\bigg|_{v=-n} = \frac{(v+n-1)(v+n-2)\ldots(v+k+1)}{\Gamma(v+n+1)}\bigg|_{v=-n}$$
$$= (-1)^{n-k-1}(n-k-1)!$$

So entsteht, wenn

$$\log\gamma = C$$

gesetzt wird, nach Zusammenfassung

$$Y_n(x) = \frac{2}{\pi}J_n(x)\log\frac{\gamma x}{2} -$$
$$\left. -\frac{1}{\pi}\left(\frac{x}{2}\right)^n\sum_{k=0}^{\infty}\frac{(-1)^k\left(\frac{x}{2}\right)^{2k}}{k!(n+k)!}\left(\sum_{n=1}^{k}\frac{1}{m} + \sum_{m=1}^{k+n}\frac{1}{m}\right) - \right\}\quad (23)$$
$$-\frac{1}{\pi}\left(\frac{x}{2}\right)^{-n}\sum_{k=0}^{n-1}\frac{(n-k-1)!}{k!}\left(\frac{x}{2}\right)^{2k}.$$

Damit kann nun für jedes v ein Paar linear unabhängiger Lösungen der Besselschen Differentialgleichung durch Potenzreihen dargestellt werden (Berechnung für kleine x). Für jedes v kann man ferner jede Zylinderfunktion durch die asymptotischen Reihen der Hankel-Funktionen ausdrücken (Berechnung für große x). Hier sind allerdings die Gültigkeitsbereiche von (14), (16) bezüglich $\arg x$ zu beachten. Sie lassen sich nicht erweitern; das zeigen sofort die Halbumlaufsrelationen.

Wir notieren nun noch für

$$\arg x = 0$$

die speziellen asymptotischen Formeln

$$\left.\begin{aligned}
J_\nu(x) &= \left(\frac{2}{\pi x}\right)^{\frac{1}{2}} \cos\left(x - \nu\frac{\pi}{2} - \frac{\pi}{4}\right) + O(x^{-\frac{3}{2}}), \\
Y_\nu(x) &= \left(\frac{2}{\pi x}\right)^{\frac{1}{2}} \sin\left(x - \nu\frac{\pi}{2} - \frac{\pi}{4}\right) + O(x^{-\frac{3}{2}}), \\
H_\nu^{(1)}(x) &= \left(\frac{2}{\pi x}\right)^{\frac{1}{2}} e^{i\left(x - \nu\frac{\pi}{2} - \frac{\pi}{4}\right)} + O(x^{-\frac{3}{2}}), \\
H_\nu^{(2)}(x) &= \left(\frac{2}{\pi x}\right)^{\frac{1}{2}} e^{-i\left(x - \nu\frac{\pi}{2} - \frac{\pi}{4}\right)} + O(x^{-\frac{3}{2}}).
\end{aligned}\right\} \tag{24}$$

Offenbar kann man hieraus leicht Aussagen über die Nullstellen von $J_\nu(x)$, $Y_\nu(x)$ für reelle ν und $\arg x = 0$ gewinnen. Hierzu sei auf die Spezialliteratur über Zylinderfunktionen verwiesen.

Wir haben oben die Hankel-Funktionen im Anschluß an **3.3.**, (1) auf der Grundlage von **3.1.**, Satz 4 erhalten. Man kann eine andere — von SOMMERFELD herrührende — Darstellungsmöglichkeit gewinnen, indem man an **3.3.**, (8), (10) anschließt, d.h. **3.1.**, Satz 1 benutzt.

Wir betrachten

$$F_{\nu,\xi}^{(1)}(x) = \frac{1}{\pi} \int_{-\xi+i\infty}^{\xi+\pi-i\infty} e^{ix\sin\varphi - i\nu\varphi}\, d\varphi,$$

$$F_{\nu,\xi}^{(2)}(x) = \frac{1}{\pi} \int_{\xi-\pi-i\infty}^{-\xi+i\infty} e^{ix\sin\varphi - i\nu\varphi}\, d\varphi.$$

Diese Funktionen sind für $\Re(xe^{i\xi}) > 0$ und alle ν definiert und in x, ν holomorph. Das zeigen die für **3.3.**, (8) angestellten Überlegungen. Wir bestätigen nun leicht

$$\left.\begin{aligned}
F_{-\nu,\xi}^{(1)}(x) &= e^{i\nu\pi} F_{\nu,\xi}^{(1)}(x), \\
F_{-\nu,\xi}^{(2)}(x) &= e^{-i\nu\pi} F_{\nu,\xi}^{(2)}(x).
\end{aligned}\right\} \tag{a}$$

Dazu wird im Integral für $F_{-\nu,\xi}^{(1)}(x)$ einfach $\varphi = \pi - \psi$ substituiert, wodurch nach Umkehrung der Durchlaufungsrichtung der Kurve bzw. formale Vertauschung der Grenzen $e^{i\nu\pi} F_{\nu,\xi}^{(1)}(x)$ entsteht; analog führt bei $F_{-\nu,\xi}^{(2)}(x)$ die Substitution $\varphi = -\pi - \psi$ zum Ziel. Man hat nun nach **3.3.**, (8), (10) direkt

$$J_\nu(x) = \frac{1}{2}\left(F_{\nu,\xi}^{(1)}(x) + F_{\nu,\xi}^{(2)}(x)\right) \tag{b}$$

für

$$|\arg x + \xi| < \frac{\pi}{2}. \tag{c}$$

Mit (a) entsteht aus (b)

$$J_{-\nu}(x) = \frac{1}{2}\left(e^{i\nu\pi} F_{\nu,\xi}^{(1)}(x) + e^{-i\nu\pi} F_{\nu,\xi}^{(2)}(x)\right), \tag{d}$$

und zwar ebenfalls mit (c). Man kann nun mit (18), (19) vergleichen.
So ist bewiesen

$$H_\nu^{(1)}(x) = \frac{1}{\pi} \int\limits_{-\xi+i\infty}^{\xi+\pi-i\infty} e^{ix\sin\varphi - i\nu\varphi}\, d\varphi, \qquad |\arg x + \xi| < \frac{\pi}{2}, \tag{25}$$

$$H_\nu^{(2)}(x) = \frac{1}{\pi} \int\limits_{\xi-\pi-i\infty}^{-\xi+i\infty} e^{ix\sin\varphi - i\nu\varphi}\, d\varphi, \qquad |\arg x + \xi| < \frac{\pi}{2}. \tag{26}$$

Diese Formeln haben den Vorzug, daß mit ihnen die Hankel-Funktionen
sogleich auf der vollen Riemannschen Fläche von arg x gegeben sind
— im Gegensatz zu (1) und (5).

3.5. Rekursionsformeln

Die Rekursionsformeln von **3.2.** für die Funktionen $J_n(x)$ lassen sich
auf die Funktionen $J_{\nu+n}(x)$ übertragen und auch für die Hankelschen
und Neumannschen Funktionen gewinnen. Zum Beweise kann man
etwa an (24), (25) anschließen und partielle Integration verwenden. Wir
geben hier einen anderen Beweis. Er hat den Vorzug weitgehender
Verallgemeinerungsfähigkeit auf andere Klassen spezieller Funktionen
der mathematischen Physik.

Wir benutzen die einfache Tatsache, daß mit einer Funktion $u(x, y)$
von kartesischen Koordinaten auch jede Ableitung der Schwingungs-
gleichung $\Delta u + u = 0$ genügt; denn $\partial/\partial x$, $\partial/\partial y$, Δ sind vertauschbare
Operatoren — u geeignet regulär vorausgesetzt.

Wir können nun $\partial/\partial x$, $\partial/\partial y$ durch die Ableitungen nach Polarkoordinaten ϱ, φ ausdrücken:

$$\frac{\partial}{\partial x} \pm i\,\frac{\partial}{\partial y} = e^{\pm i\varphi}\left(\frac{\partial}{\partial\varrho} \pm \frac{i}{\varrho}\,\frac{\partial}{\partial\varphi}\right). \tag{1}$$

Danach ist klar: ist $u(\varrho, \varphi)$ eine für $\varrho \neq 0$ und alle φ holomorphe Lösung
von **3.1.**, (2), so auch

$$v(\varrho, \varphi) = \left(u_\varrho(\varrho, \varphi) \pm \frac{i}{\varrho}\, u_\varphi(\varrho, \varphi)\right)e^{\pm i\varphi}.$$

Dies wenden wir auf

$$u(\varrho, \varphi) = J_\nu(\varrho)\, e^{i\nu\varphi}$$

an. Es entsteht

$$v(\varrho, \varphi) = \left(J_\nu'(\varrho) \mp \frac{\nu}{\varrho}\, J_\nu(\varrho)\right)e^{i(\nu\pm 1)\varphi}.$$

Dies ist jetzt eine (ϱ, φ)-separierte Lösung der Differentialgleichung
3.1., (2). Also ist nach **3.1.**

$$J_\nu'(\varrho) - \frac{\nu}{\varrho}\, J_\nu(\varrho) = Z_{\nu+1}(\varrho)$$

eine Zylinderfunktion zum Index $\nu+1$ und analog

$$J_\nu'(\varrho) - \frac{\nu}{\varrho}\, J_\nu(\varrho) = Z_{\nu-1}(\varrho)$$

eine Zylinderfunktion zum Index $\nu-1$. Man kann nun die Potenzreihe von $J_\nu(\varrho)$ um $\varrho=0$ benutzen, um $Z_{\nu+1}$, $Z_{\nu-1}$ zu identifizieren. Man erkennt — wir schreiben wieder x statt ϱ --

$$J_\nu'(x) - \frac{\nu}{x}\, J_\nu(x) = -\frac{\left(\frac{x}{2}\right)^{\nu+1}}{\Gamma(\nu+2)} + \cdots \tag{a}$$

$$= -J_{\nu+1}(x)$$

und analog

$$J_\nu'(x) + \frac{\nu}{x}\, J_\nu(x) = J_{\nu-1}(x). \tag{b}$$

Um dieselben Rekursionsformeln auch für andere Zylinderfunktionen zu gewinnen, muß man nur beachten, daß, falls $b(\nu+1) = -b(\nu)$ gilt, auch

$$S_\nu(x) = b(\nu)\, J_{-\nu}(x)$$

ihnen genügt. Setzt man nämlich in (a) $-\nu$ statt ν und multipliziert mit $b(\nu)$, so steht sofort

$$S_\nu'(x) - \frac{\nu}{x}\, S_\nu(x) = S_{\nu-1}(x)$$

da; analog folgt aus (b)

$$S_\nu'(x) - \frac{\nu}{x}\, S_\nu(x) = -S_{\nu+1}(x).$$

Wegen ihres linear-homogenen Charakters gelten nun die entsprechenden Relationen für alle Linearkombinationen

$$a(\nu)\, J_\nu(x) + b(\nu)\, J_{-\nu}(x)$$

mit

$$a(\nu+1) = a(\nu), \qquad b(\nu+1) = -b(\nu).$$

In dieser Form sind wegen **3.4.**, (19) und (22) auch $H_\nu^{(1)}(x)$, $H_\nu^{(2)}(x)$ und $Y_\nu(x)$ darstellbar.

Wir verabreden nun, im folgenden stets mit $\mathfrak{Z}_\nu(x)$ eine Linearkombination

$$a_1 H_\nu^{(1)}(x) + a_2 H_\nu^{(2)}(x)$$

mit von x und ν unabhängigen Koeffizienten und natürlich in ein und derselben Formel bei mehrfachem Auftreten dieselbe Funktion zu bezeichnen.

Mit dieser Verabredung kann dann geschrieben werden:

$$\left(x^{-\nu}\mathfrak{Z}_\nu(x)\right)' = -x\left(x^{-\nu-1}\mathfrak{Z}_{\nu+1}(x)\right), \tag{2}$$

$$\left(x^\nu\mathfrak{Z}_\nu(x)\right)' = x\left(x^{\nu-1}\mathfrak{Z}_{\nu-1}(x)\right). \tag{3}$$

Daraus folgen natürlich

$$\frac{2\nu}{x}\mathfrak{Z}_\nu(x) = \mathfrak{Z}_{\nu-1}(x) + \mathfrak{Z}_{\nu+1}(x), \tag{4}$$

$$2\mathfrak{Z}_\nu'(x) = \mathfrak{Z}_{\nu-1}(x) - \mathfrak{Z}_{\nu+1}(x), \tag{5}$$

und umgekehrt.

3.6. Wronskische Determinanten

Schreibt man die Besselsche Differentialgleichung

$$x(xy')' + (x^2 - \nu^2)y = 0$$

für zwei Funktionen y_1 und y_2 auf, multipliziert mit y_2 bzw. y_1 und subtrahiert, so entsteht

$$(xy_2')'y_1 - (xy_1')'y_2 = [x(y_1 y_2' - y_2 y_1')]' = 0.$$

Danach ist mit einer Konstanten c, die vom Paar y_1, y_2 abhängt,

$$y_1(x)y_2'(x) - y_2(x)y_1'(x) = \frac{c}{x}\ .$$

Man bezeichnet die linke Seite als Wronskische Determinante von $y_1(x)$, $y_2(x)$; wir schreiben: $W[y_1, y_2]$.

Wir bestimmen im folgenden zunächst

$$W[J_\nu(x), J_{-\nu}(x)] = -\frac{2\sin\nu\pi}{\pi x}\ . \tag{1}$$

Dazu braucht man, $= \frac{c}{x}$ ist ja schon bekannt, nur die ersten Glieder der Potenzreihen zu betrachten:

$$\frac{\left(\frac{x}{2}\right)^\nu}{\Gamma(\nu+1)}\cdot\left(-\frac{\nu}{2}\right)\frac{\left(\frac{x}{2}\right)^{-\nu-1}}{\Gamma(-\nu+1)} - \frac{\left(\frac{x}{2}\right)^{-\nu}}{\Gamma(-\nu+1)}\left(\frac{\nu}{2}\right)\frac{\left(\frac{x}{2}\right)^{\nu-1}}{\Gamma(\nu+1)}$$

$$= -\frac{\nu}{\Gamma(\nu+1)\Gamma(1-\nu)}\left(\frac{x}{2}\right)^{-1} = -\frac{2\sin\nu\pi}{\pi x}\ .$$

Auf (1) läßt sich nun die Berechnung anderer Wronskischer Determinanten einfach zurückführen: Ist

$$y_1(x) = a_{11}J_\nu(x) + a_{12}J_{-\nu}(x),$$

$$y_2(x) = a_{21}J_\nu(x) + a_{22}J_{-\nu}(x),$$

so wird — in Matrix-Schreibweise —

$$\begin{pmatrix} y_1 & y_2 \\ y_1' & y_2' \end{pmatrix} = \begin{pmatrix} J_\nu & J_{-\nu} \\ J_\nu' & J_{-\nu}' \end{pmatrix} \begin{pmatrix} a_{11} & a_{21} \\ a_{12} & a_{22} \end{pmatrix},$$

also

$$W[y_1, y_2] = (a_{11} a_{22} - a_{12} a_{21})\, W[J_\nu, J_{-\nu}].$$

Damit kann man sogleich die Wronskischen Determinanten jedes Paares aus den vier Funktionen

$$J_\nu(x), \quad Y_\nu(x), \quad H_\nu^{(1)}(x), \quad H_\nu^{(2)}(x)$$

angeben. Wir bezeichnen diese Funktionen der Reihe nach mit

$$\mathfrak{Z}_\nu^{(j)}(x) \qquad (j=1, 2, 3, 4),$$

kürzen ihre Wronskischen Determinanten

$$W[\mathfrak{Z}_\nu^{(j)}(x),\ \mathfrak{Z}_\nu^{(k)}(x)] = [j\,k]$$

ab und notieren:

$$\left.\begin{aligned} [1\ 2] &= \frac{2}{\pi x}, & [1\ 3] &= -[1\ 4] = \frac{2i}{\pi x}, \\[2mm] [2\ 3] &= [2\ 4] = -\frac{2}{\pi x}, & [3\ 4] &= -\frac{4i}{\pi x}. \end{aligned}\right\} \tag{2}$$

Sind

$$\mathfrak{Z}_{\nu, \varkappa}(x) \qquad (\varkappa = 1, 2)$$

zwei beliebige Linearkombinationen von $H_\nu^{(1)}(x)$, $H_\nu^{(2)}(x)$ mit von x und ν unabhängigen Koeffizienten, so kann nach (2) sofort

$$W[\mathfrak{Z}_{\nu, 1},\ \mathfrak{Z}_{\nu, 2}]$$

angegeben werden, indem man analog wie oben verfährt. Dies kann man nun leicht mit der Kenntnis der Rekursionsformel

$$\mathfrak{Z}_\nu'(x) = -\frac{\nu}{x}\,\mathfrak{Z}_\nu(x) + \mathfrak{Z}_{\nu-1}(x)$$

koppeln: man erhält

$$W[\mathfrak{Z}_{\nu, 1},\ \mathfrak{Z}_{\nu, 2}] = \mathfrak{Z}_{\nu, 1}(x)\,\mathfrak{Z}_{\nu-1, 2}(x) - \mathfrak{Z}_{\nu, 2}(x)\,\mathfrak{Z}_{\nu-1, 1}(x). \tag{3}$$

Alle diese Ausdrücke lassen sich also explizit angeben; so z. B.

$$J_\nu(x)\,Y_{\nu-1}(x) - J_{\nu-1}(x)\,Y_\nu(x) = \frac{2}{\pi x}, \tag{4}$$

$$H_\nu^{(1)}(x)\,H_{\nu-1}^{(2)}(x) - H_{\nu-1}^{(1)}(x)\,H_\nu^{(2)}(x) = -\frac{4i}{\pi x}. \tag{5}$$

3.7. Das (ebene) Additionstheorem

Sei

$$\varrho \neq 0$$

eine komplexe Zahl. Wir betrachten zwei komplexe Zahlenpaare R, φ und r, ψ, die durch die beiden Gleichungen

$$R\,e^{\pm i\varphi} = \varrho + r\,e^{\pm i\psi} \tag{1}$$

verknüpft sind. Für r, ψ im Gebiete

$$|r|\,e^{\pm \Im m\psi} > |\varrho| \tag{2}$$

wird (1) durch die beiden eindeutigen Funktionen

$$\left.\begin{aligned}
R(r, \psi) &= r\left(1 + \frac{\varrho}{r}\,e^{-i\psi}\right)^{\frac{1}{2}}\left(1 + \frac{\varrho}{r}\,e^{i\psi}\right)^{\frac{1}{2}}, \\[2mm]
\varphi(r, \psi) &= \psi + \frac{1}{2i}\,\log \frac{1 + \frac{\varrho}{r}\,e^{-i\psi}}{1 + \frac{\varrho}{r}\,e^{i\psi}}
\end{aligned}\right\} \tag{3}$$

aufgelöst, wo wir für den log und beide $(\ )^{\frac{1}{2}}$ die Hauptwerte verabreden. Durch die erste Gleichung sind zugleich auch

$$\arg R, \quad \arg r$$

miteinander verknüpft, wenn wir für $\arg (\ )^{\frac{1}{2}}$ die Hauptwerte verabreden. Offenbar gilt dann

$$\left.\begin{aligned}
R(r, \psi + 2\pi) &= R(r, \psi), \\
\varphi(r, \psi + 2\pi) &= \varphi(r, \psi) + 2\pi, \\
R(r\,e^{2\pi i}, \psi) &= R(r, \psi)\,e^{2\pi i}, \\
\varphi(r\,e^{2\pi i}, \psi) &= \varphi(r, \psi).
\end{aligned}\right\} \tag{4}$$

Wir beweisen nun zunächst den

Hilfssatz. *Ist $u(R, \varphi)$ für $R \neq 0$ und alle φ eine — auf der Riemannschen Fläche von $\arg R$ eindeutige — holomorphe Funktion, die Lösung der auf Polarkoordinaten R, φ transformierten ebenen Schwingungsgleichung $\Delta u + u = 0$ ist, d.h.*

$$R(Ru_R)_R + R^2 u + u_{\varphi\varphi} = 0 \tag{a}$$

genügt, dann ist mit (3)

$$v(r, \psi) = u\big(R(r, \psi),\, \varphi(r, \psi)\big)$$

eine für

$$|r|\,e^{\pm \Im m\psi} > |\varrho|$$

— auf der Riemannschen Fläche von arg r *eindeutige — Funktion, die jetzt der auf Polarkoordinaten* r, ψ *transformierten ebenen Schwingungsgleichung genügt, d.h.*

$$r\,(r v_r)_r + r^2 v + v_{\psi\psi} = 0. \tag{b}$$

Hier bedürfen die Aussagen über Holomorphie und Eindeutigkeit keines Beweises mehr wegen der vorangehenden Bemerkungen; allein die Transformationsaussage über die Differentialgleichungen bleibt zu zeigen.

Wir bemerken nun, daß (1) für reelle $\varrho, r, \psi, R, \varphi$ die Transformation zweier Polarkoordinatensysteme liefert, deren Zentren den Abstand $|\varrho|$ haben. Führt man mit

$$x_1 \pm i x_2 = R e^{\pm i\varphi},$$
$$\xi_1 \pm i \xi_2 = r e^{\pm i\psi}$$

entsprechende kartesische Koordinaten ein, so sind für

$$u(R, \varphi) = w(x_1, x_2) = z(\xi_1, \xi_2) = v(r, \psi)$$

bekanntlich (a) und

$$w_{x_1 x_1} + w_{x_2 x_2} + w = 0, \tag{c}$$

äquivalent, ebenso (b) und

$$z_{\xi_1 \xi_1} + z_{\xi_2 \xi_2} + z = 0. \tag{d}$$

Es genügt also (c) in (d) umzurechnen. Das aber ist wegen der Orthogonalinvarianz von $\Delta u + u$, vgl. **1.12.**, klar. Damit ist nun auch die entsprechende Transformation des Hilfssatzes bewiesen; man braucht nur zu bemerken, daß sich die Umrechnung prinzipiell auch direkt durchführen läßt, und daß diese direkte Umrechnung im Komplexen genau so verläuft wie im Reellen.

Zugleich wird deutlich, daß der Hilfssatz eine ziemlich unmittelbare Folge des Prinzips der Orthogonalinvarianz der Schwingungsgleichung ist.

Unseren Hilfssatz wenden wir jetzt auf die Funktionen

$$u_1 = H_\nu^{(1)}(R)\, e^{i\nu\varphi},$$
$$u_2 = H_\nu^{(2)}(R)\, e^{i\nu\varphi}$$

an. (2) liefert gerade bei konstanten r, ϱ mit $|r| > |\varrho|$ einen Streifen der ψ-Ebene parallel der reellen Achse:

$$\frac{|r|}{|\varrho|} > e^{\pm \Im m\,\psi},$$

d.h.

$$|\Im m\,\psi| < \log \frac{|r|}{|\varrho|}.$$

Hier kann also **3.1.**, Satz 3 angewandt werden; es wird also im Gebiete (2)

$$H_\nu^{(1,2)}(R)\,e^{i\nu\varphi}=\sum_{n=-\infty}^{+\infty} Z_{\nu+n}^{(1,2)}(r)\,e^{i(\nu+n)\psi},$$

wo $Z_{\nu+n}^{(1,2)}(r)$ Zylinderfunktionen von r zum Index $\nu+n$ sind — und natürlich noch von ϱ abhängen. Wir knüpfen zur Identifizierung dieser Funktionen an die Koeffizientenformel

$$Z_{\nu+n}^{(1,2)}(r)=\frac{1}{2\pi}\int_{-\pi}^{\pi}H_\nu^{(1,2)}(R)\,e^{i\nu\varphi}e^{-i(\nu+n)\psi}\,d\psi$$

an und untersuchen das asymptotische Verhalten für

$$r\to\infty,\quad |\arg r|\leq\pi-\delta,\quad \delta>0.$$

Wir beachten nun, daß mit (3) für $r\to\infty$ gleichmäßig in $-\pi\leq\psi\leq\pi$ gilt

$$R=r+\varrho\cos\psi+O\!\left(\frac{1}{r}\right),\quad \varphi=\psi+O\!\left(\frac{1}{r}\right),\quad \arg R=\arg r+O\!\left(\frac{1}{r}\right). \quad (5)$$

Damit können für $H_\nu^{(1,2)}(R)$ die asymptotischen Formeln

$$H_\nu^{(1,2)}(R)=\left(\frac{2}{\pi R}\right)^{\frac{1}{2}}e^{\pm i\left(R-\nu\frac{\pi}{2}-\frac{\pi}{4}\right)}\left(1+O\!\left(\frac{1}{R}\right)\right)$$

benutzt werden. Es entsteht

$$H_\nu^{(1,2)}(R)\,e^{i\nu\varphi}=\left(\frac{2}{\pi r}\right)^{\frac{1}{2}}e^{\pm i\left(r-\nu\frac{\pi}{2}-\frac{\pi}{4}\right)}e^{\pm i\varrho\cos\psi}e^{i\nu\psi}\left(1+O\!\left(\frac{1}{r}\right)\right),$$

wo das $O\!\left(\dfrac{1}{r}\right)$ für $-\pi\leq\psi\leq\pi$ gleichmäßig gilt. So folgt

$$Z_{\nu+n}^{(1,2)}(r)=\left(\frac{2}{\pi r}\right)^{\frac{1}{2}}e^{\pm i\left(r-(\nu+n)\frac{\pi}{2}-\frac{\pi}{4}\right)}\times$$

$$\times\left[\frac{1}{2\pi}\int_{-\pi}^{\pi}e^{\pm i\varrho\cos\psi-in\psi\pm in\frac{\pi}{2}}\,d\psi+O\!\left(\frac{1}{r}\right)\right],$$

und zwar für

$$r\to\infty,\quad |\arg r|\leq\pi-\delta,\quad \delta>0.$$

Damit ist nun — vgl. **3.4.**, (14), (16) —

$$Z_{\nu+n}^{(1,2)}(r)=J_{-n}(\varrho)\,H_{\nu+n}^{(1,2)}(r)$$

gezeigt, da die Hankel-Funktionen im angegebenen Gebiet durch die Anfangsglieder ihrer asymptotischen Reihen definiert sind und

$$\frac{1}{2\pi}\int_{-\pi}^{\pi}e^{\pm i\varrho\cos\psi-in\psi\pm in\frac{\pi}{2}}\,d\psi=\frac{1}{2\pi}\int_{-\pi}^{\pi}e^{i\varrho\sin\zeta+in\zeta}\,d\zeta=J_{-n}(\varrho)$$

wird, indem man

$$\pm \frac{\pi}{2} - \psi = \zeta$$

einführt und die Periodizität des Integranden beachtet.

Damit gilt nun für jede Zylinderfunktion $\mathfrak{Z}_\nu(x)$, die Linearkombination von $H_\nu^{(1)}(x)$, $H_\nu^{(2)}(x)$ mit von ν und x unabhängigen Koeffizienten ist:

$$\mathfrak{Z}_\nu(R)\,e^{i\nu\varphi} = \sum_{n=-\infty}^{+\infty} \mathfrak{Z}_{\nu+n}(r)\,J_{-n}(\varrho)\,e^{i(\nu+n)\psi}. \tag{6}$$

Dabei ist der Gültigkeitsbereich durch (2) und der Zusammenhang der Variabeln durch (3) gegeben, was noch durch die verabredete Zuordnung von $\arg R$ und $\arg r$ zu ergänzen ist.

(6) wird als (ebenes) Additionstheorem der Zylinderfunktionen bezeichnet. Man erkennt leicht, daß man die Formel 3.2., (18) als Spezialfall erhalten kann. In (6) wird eine in einem Polarkoordinatensystem separierte Lösung der ebenen Schwingungsgleichung $\Delta u + u = 0$ in eine Reihe nach Lösungen derselben Gleichung entwickelt, die in einem anderen Polarkoordinatensystem separiert sind. Dies kann man auch räumlich auffassen und „physikalischer" so aussprechen: eine Zylinderwelle, die von einer Achse ausgeht, wird als Überlagerung dargestellt von Zylinderwellen, die von einer anderen parallelen Achse ausgehen.

3.8. Laplace-Transformation von Bessel-Funktionen

Wir knüpfen zunächst an Satz 2 von **3.1.** an. Dort wählen wir

$$u(\varrho, \varphi) = e^{-i\varrho\cos\varphi},$$

$$u_1(\varrho) = J_\nu(\varrho), \qquad \Re\,\nu > 0,$$

$$\mathfrak{C} : 0 < \varrho < \infty,$$

$$i\cos\varphi = s, \qquad \Re\,s > 0.$$

Es wird dann — $J_\nu(\varrho)$ ist für $\varrho \to +\infty$ beschränkt --

$$\int_0^\infty e^{-s\varrho}\,J_\nu(\varrho)\,\frac{1}{\varrho}\,d\varrho = \gamma_1\,e^{i\nu\varphi} + \gamma_2\,e^{-i\nu\varphi}$$

mit geeigneten Konstanten γ_1, γ_2. Drückt man

$$e^{\pm i\varphi} = -is \pm i\,\sqrt{s^2+1}$$

aus, und beachtet, daß von den Funktionen

$$[(s^2+1)^{\frac{1}{2}} + s]^\nu, \qquad [(s^2+1)^{\frac{1}{2}} - s]^\nu$$

mit dem Hauptwert von $(s^2+1)^{\frac{1}{2}}$ und $\Re\,v>0$ nur die zweite für $\Re\,s\to+\infty$ verschwindet, so hat man — wir schreiben noch t statt ϱ —

$$\int_0^\infty e^{-st} J_v(t)\,\frac{1}{t}\,dt=\gamma\,[(s^2+1)^{\frac{1}{2}}-s]^v$$

für

$$\Re\,s>0,\quad \Re\,v>0$$

mit einer Konstanten γ. Diese kann bestimmt werden, indem man das Lemma von WATSON, **1.3.**, Satz 8, benutzt und die Anfangsglieder der Potenzreihe von $J_v(t)\,\dfrac{1}{t}$ um $t=0$ und der asymptotischen Reihe von $[(s^2+1)-s]^v$ für $s\to\infty$ vergleicht. Dies gibt

$$\int_0^\infty e^{-st}\,\frac{t^{v-1}}{2^v\,\Gamma(v+1)}\,dt=\gamma\,\frac{s^{-v}}{2^v}\,,$$

also wegen **1.3.**, (1) und mit $\Gamma(v+1)=v\,\Gamma(v)$:

$$\gamma=\frac{1}{v}\,.$$

So ist bewiesen:

$$\int_0^\infty e^{-st} J_v(t)\,\frac{1}{t}\,dt=\frac{1}{v}\,[(s^2+1)^{\frac{1}{2}}-s]^v,\qquad (\Re\,s>0,\Re\,v>0)\tag{1}$$

Dies bietet fast unmittelbar die Möglichkeit der Anwendung des Faltungssatzes, **1.3.**, Satz 7, für die Laplace-Transformation. Es entsteht damit

$$\frac{v}{t}\,J_v(t)*\frac{\mu}{t}\,J_\mu(t)=\frac{v+\mu}{t}\,J_{v+\mu}(t),\qquad (\Re\,v>0,\quad \Re\,\mu>0).\tag{2}$$

(1) kann differenziert werden nach **1.3.**, Satz 1; das Resultat ist nicht nur für $\Re\,v>0$, sondern sogar für $\Re\,v>-1$ gültig, da beide Seiten dort holomorph in v sind. So hat man

$$\int_0^\infty e^{-st} J_v(t)\,dt=\frac{[(s^2+1)^{\frac{1}{2}}-s]^v}{(s^2+1)^{\frac{1}{2}}},\qquad (\Re\,s>0,\ \Re\,v>-1).\tag{3}$$

Eine andere Möglichkeit zur Gewinnung von Laplace-Transformierten bietet **3.1.**, Satz 5. Wir schreiben hier t statt x und s statt $-it$. Dann sind für $\Re\,s>0$, $\Re\,v>-\frac{1}{2}$, $Z_v=J_v$ und den Weg $0<t<\infty$ die Voraussetzungen erfüllt. Es wird also für $\Re\,s>0$, $\Re\,v>-\frac{1}{2}$ sicher

$$\int_0^\infty e^{-st}\,(t^v J_v(t))\,dt=\gamma\,(s^2+1)^{-v-\frac{1}{2}},$$

wo $\gamma = \gamma(\nu)$ von s nicht abhängt. Zur Bestimmung von γ verwenden wir die gleiche Schlußweise wie für (1). Man bekommt

$$\int\limits_0^\infty e^{-st}\,\frac{t^{2\nu}}{2^\nu \Gamma(\nu+1)}\,dt = \gamma\, s^{-2\nu-1},$$

also

$$\gamma = \frac{1}{2^\nu}\,\frac{\Gamma(2\nu+1)}{\Gamma(\nu+1)} = \frac{2^\nu \Gamma(\nu+\tfrac{1}{2})}{\sqrt{\pi}}\,.$$

Somit ist bewiesen

$$\int\limits_0^\infty e^{-st}\big(t^\nu J_\nu(t)\big)\,dt = \frac{2^\nu \Gamma(\nu+\tfrac{1}{2})}{\sqrt{\pi}}\,(s^2+1)^{-\nu-\frac{1}{2}}, \quad (\Re s>0,\ \Re \nu>-\tfrac{1}{2}). \qquad (4)$$

Schließlich kann mit **1.3.**, Satz 7 auch eine Faltungsrelation gewonnen werden:

$$\left.\begin{aligned}
&\frac{\sqrt{\pi}}{\Gamma(\nu+\tfrac{1}{2})}\left(\frac{t}{2}\right)^\nu J_\nu(t) * \frac{\sqrt{\pi}}{\Gamma(\mu+\tfrac{1}{2})}\left(\frac{t}{2}\right)^\mu J_\mu(t) \\
&= \frac{\sqrt{\pi}}{\Gamma(\nu+\mu+1)}\left(\frac{t}{2}\right)^{\nu+\mu+\frac{1}{2}} J_{\nu+\mu+\frac{1}{2}}(t) \quad (\Re \nu>-\tfrac{1}{2},\ \Re\mu>-\tfrac{1}{2}).
\end{aligned}\right\} \qquad (5)$$

3.9. $J_{\nu+n}(x)$ und $J_{\nu+n}((\nu+n)x)$ als Eigenfunktionen

Sei im folgenden ν stets eine nicht ganze, sonst beliebig komplexe Zahl. Wir betrachten die Besselsche Differentialgleichung

$$x\big(x\,y'(x)\big)' + (x^2-\lambda)\,y(x) = 0 \qquad (1)$$

mit dem Parameter λ und fragen nach Lösungen $y(x)\not\equiv 0$ mit der Halbumlaufseigenschaft

$$y(x e^{\pi i}) = e^{\pi i\nu} y(x). \qquad (2)$$

Parameterwerte, zu denen es solche Lösungen gibt, nennen wir „Eigenwerte", die entsprechenden Lösungen $y(x)$ „Eigenlösungen" bzw. „Eigenfunktionen" des „Eigenwertproblems" (1), (2).

Sicher sind nun nach **3.3.**

$$\lambda = (\nu+2n)^2 \qquad (n\ \text{ganz}) \qquad (3)$$

und dazu

$$y(x) = J_{\nu+2n}(x) \qquad (4)$$

Eigenwerte und Eigenfunktionen. Wir behaupten, daß dies sämtliche sind, wenn wir bei (4) von einem willkürlichen konstanten Faktor ($\neq 0$) absehen.

Denn: Ist $\lambda=\mu^2$, μ nicht ganz, $\mu^2 \neq (\nu+2n)^2$, so hat jede Lösung von (1) die Form

$$y(x) = a J_\mu(x) + b J_{-\mu}(x),$$

was bei halbem Umlauf in

$$y(xe^{\pi i}) = a e^{\pi i \mu} J_\mu(x) + b e^{-\pi i \mu} J_{-\mu}(x)$$

übergeht. Dann kann aber wegen der linearen Unabhängigkeit von J_μ, $J_{-\mu}$ (2) nur für $a = b = 0$ gelten. — Ist andererseits $\lambda = m^2$ ($m = 0, 1, 2, \ldots$), so hat jede Lösung die Form

$$y(x) = a J_m(x) + b Y_m(x).$$

Dies geht bei halbem Umlauf nach **3.4.**, (22) in

$$y(xe^{\pi i}) = (a + 2 i b)(-1)^m J_m(x) + b(-1)^m Y_m(x)$$

über. Wieder gilt (2) nur für $a = b = 0$. — Schließlich sind zu $\lambda = (\nu + 2n)^2$ die Lösungen $J_{-\nu - 2n}(x)$ von (1) sicher nicht Eigenlösungen; also hat man mit (4) bis auf konstanten Faktor sämtliche Eigenlösungen.

Nehmen wir mit demselben nicht ganzen ν zu (1) die Bedingung

$$y(xe^{\pi i}) = e^{-\pi i \nu} y(x), \tag{5}$$

so sind die Eigenwerte wieder genau die in (4) notierten und die Eigenfunktionen

$$y(x) = J_{-\nu - 2n}(x). \tag{6}$$

Seien nun λ_1, λ_2 zwei verschiedene Eigenwerte, y_1 eine zu λ_1 gehörende Lösung mit (2), y_2 analog zu λ_2 mit (5). Wir betrachten dann die beiden Differentialgleichungen, multiplizieren mit y_2 bzw. y_1 und subtrahieren. Nach Division mit x entsteht

$$(\lambda_1 - \lambda_2) \frac{1}{x} y_1 y_2 = (x y_1')' y_2 - (x y_2')' y_1 = [x(y_1' y_2 - y_2' y_1)]'.$$

Hier ist nun $\lambda_1 - \lambda_2 \neq 0$ und nach unseren Annahmen der Ausdruck in der eckigen Klammer eine bei halbem Umlauf um 0 eindeutige Funktion. Daher wird

$$\int_{x_0}^{x_0 e^{\pi i}} y_1(x) y_2(x) \frac{1}{x} \, dx = 0,$$

wenn wir hier über einen Weg integrieren, auf dem $x \neq 0$ bleibt und $\arg x$ um π wächst.

Wir nehmen noch hinzu, daß für alle μ

$$\frac{1}{\pi i} \int_{x_0}^{x_0 e^{\pi i}} J_\mu(x) J_{-\mu}(x) \frac{1}{x} \, dx = \frac{\sin \pi \mu}{\pi \mu}$$

gilt. Das erhält man durch gliedweise Integration der Potenzreihe und Anwendung des Ergänzungssatzes für die Gammafunktion.

Mit beiden Überlegungen ist dann bewiesen

$$\frac{1}{\pi i}\int_{x_0}^{x_0 e^{\pi i}} J_{\nu+2n}(x)\,J_{-\nu-2m}(x)\,\frac{1}{x}\,dx=\delta_{nm}\,\frac{\sin\pi\nu}{\pi(\nu+2n)}\tag{7}$$

mit

$$\delta_{nm}=\begin{cases}1 & (n=m)\\ 0 & (n\neq m)\end{cases}\qquad (n,\,m=0,\,\pm1,\,\pm2,\,\ldots)\,.$$

(7) gilt auch für ganze ν, was man sofort mit der Bemerkung bestätigt, daß der Integrand dann außer für $\nu+2n=\nu+2m=0$ stets um 0 holomorph und ungerade ist. Eine zu (7) analoge Formel läßt sich für ganzen Umlauf um 0 notieren:

$$\frac{1}{2\pi i}\oint J_{\nu+n}(x)\,J_{-\nu-m}(x)\,\frac{1}{x}\,dx=\delta_{nm}\,\frac{\sin\pi(\nu+n)}{\pi(\nu+n)}\,.\tag{8}$$

Sie ist aus (7) leicht zu gewinnen, indem man (7) noch für $\nu+1$ statt ν aufschreibt und bemerkt, daß

$$J_{\nu+n}(x)\,J_{-\nu-m}(x)\,\frac{1}{x}$$

gerade ist, wenn von den Zahlen n, m eine gerade, die andere ungerade ist.

Man bezeichnet diese Formeln als Biorthogonalitäts- und Normierungsrelationen für die Funktionensysteme

$$J_{\nu+n}(x),\qquad J_{-\nu-n}(x)\qquad (n=0,\,\pm1,\,\pm2,\,\ldots)\,.$$

Schon hier sei bemerkt, daß ein zugehöriger Entwicklungssatz gilt: Ist ν nicht ganz und $f(x)$ in einem Kreisring um 0 holomorph mit der Umlaufsrelation $f(x\,e^{2\pi i})=e^{2\pi i\nu}f(x)$, so ist $f(x)$ dort in eine Reihe nach den $J_{\nu+n}(x)$ entwickelbar. Mit (8) erhält man dann die zugehörigen Koeffizienten. Wir kommen hierauf in allgemeinerem Zusammenhange im Abschnitt **8.** zurück.

Im folgenden gehen wir davon aus, daß offenbar $J_\mu(\mu\,x)$ der Differentialgleichung

$$x\,(x\,y')'+\mu^2(x^2-1)\,y=0\tag{9}$$

genügt. Wir führen wieder λ statt μ^2 ein:

$$x\,(x\,y')'+\lambda\,(x^2-1)\,y=0\,.\tag{10}$$

Betrachten wir dann das Eigenwertproblem (10), (2), so ist nach dem Vorangehenden klar:

$$\lambda=(\nu+2n)^2\qquad (n\ \text{ganz})\tag{11}$$

und

$$y(x)=J_{\nu+2n}\big((\nu+2n)\,x\big)\tag{12}$$

sind die sämtlichen (verschiedenen) Eigenwerte und (bis auf konstanten Faktor) Eigenlösungen. Nimmt man statt dessen (10), (5), so sind die Eigenwerte wieder (11); als Eigenlösungen kann man

$$y(x) = J_{-\nu-2n}\big((\nu+2n)\,x\big) \tag{13}$$

nehmen. Hier kann man nun ganz analog verfahren wie oben. Man beweist so

$$\left.\begin{aligned}
\frac{1}{\pi i}\int_{x_0}^{x_0 e^{\pi i}} J_{\nu+2n}\big((\nu+2n)\,x\big)\,J_{-\nu-2m}\big((\nu+2m)\,x\big)\,(1-x^2)\,\tfrac{1}{x}\,dx \\
= \delta_{nm}\,\frac{\sin \pi\nu}{\pi(\nu+2n)}\,,
\end{aligned}\right\} \tag{14}$$

$$\left.\begin{aligned}
\frac{1}{2\pi i}\oint J_{\nu+n}\big((\nu+n)\,x\big)\,J_{-\nu-m}\big((\nu+m)\,x\big)\,(1-x^2)\,\tfrac{1}{x}\,dx \\
= \delta_{nm}\,\frac{\sin \pi(\nu+n)}{\pi(\nu+n)}\,.
\end{aligned}\right\} \tag{15}$$

Das sind die Biorthogonalitäts- und Normierungsrelationen für die Systeme

$$J_{\nu+n}\big((\nu+n)\,x\big), \qquad J_{-\nu-n}\big((\nu+n)\,x\big) \qquad (n=0,\,\pm1,\,\pm2,\dots).$$

Auch hier gilt für nicht ganzes ν und geeignete Gebiete ein Entwicklungssatz. Es sei dazu wieder auf Abschnitt **8.** verwiesen.

4. Die hypergeometrische Funktion. Grundlagen

4.1. Differentialgleichung und Reihe

Die Differentialgleichung

$$x(1-x)\,y''(x) + [c - (a+b+1)\,x]\,y'(x) - a\,b\,y(x) = 0 \tag{1}$$

— mit Konstanten a, b, c — wird als hypergeometrische Differentialgleichung bezeichnet, ihre Lösungen als hypergeometrische Funktionen. Man sieht leicht, daß jede Differentialgleichung

$$p_2(z)\,w''(z) + p_1(z)\,w'(z) + p_0\,w(z) = 0, \tag{2}$$

in der $p_2(z)$ ein Polynom vom Grad 2 mit verschiedenen Nullstellen, $p_1(z)$ ein Polynom höchstens vom Grad 1 und p_0 konstant ist, durch eine geeignete ganze lineare Transformation

$$z = \alpha\,x + \beta, \qquad w(z) = y(x)$$

auf die Form (1) gebracht werden kann.

Versucht man für (1) den Lösungsansatz

$$y(x) = x^\varrho \sum_{n=0}^{\infty} \gamma_n\,x^n, \qquad \gamma_0 = 1,$$

so führt das (Einsetzen und Koeffizientenvergleich) auf die Gleichungen

$$\varrho(\varrho+c-1)=0,$$

$$(\varrho+n)(\varrho+n+c-1)\gamma_n=(\varrho+n+a-1)(\varrho+n+b-1)\gamma_{n-1} \quad (n=1,2,3,\ldots).$$

Ist $c\neq 0, -1, -2, \ldots$, so kann man $\varrho=0$ wählen und erhält

$$\gamma_n=\frac{(a)_n(b)_n}{n!\,(c)_n}$$

mit der Abkürzung

$$(\alpha)_0=1, \quad (\alpha)_n=\alpha(\alpha+1)\ldots(\alpha+n-1).$$

Die mit diesen γ_n gebildete Reihe ist nun sicher für $|x|<1$ absolut konvergent. Damit haben wir — für $c\neq 0, -1, -2, \ldots$ — die hypergeometrische Reihe

$$y(x)=F(a,b;c;x)=1+\frac{ab}{1!\,c}x+\frac{a(a+1)b(b+1)}{2!\,c(c+1)}x^2+\ldots \tag{3}$$

als Lösung von (1) erhalten.

Ist andererseits $c\neq 2, 3, 4, \ldots$, so kann $\varrho=1-c$ gewählt werden. Man erhält dann

$$\gamma_n=\frac{(a-c+1)_n(b-c+1)_n}{n!\,(2-c)_n}.$$

So hat man — für $c\neq 2, 3, 4, \ldots$ — die Lösung

$$y(x)=x^{1-c}F(a-c+1,b-c+1;2-c;x) \tag{4}$$

von (1).

Drei Bemerkungen schließen wir an: 1) In (1), (3), (4) springt unmittelbar die Symmetrie in a, b ins Auge. 2) Die hypergeometrische Reihe (3) bricht genau dann ab, wenn a oder b eine der Zahlen $-n$ ($n=0, 1, 2, 3, \ldots$) ist. Dann ist (3) ein Polynom vom Grade n. 3) Ist $c\neq 0, -1, -2, \ldots$, so ist (3) bis auf konstanten Faktor die einzige um $x=0$ holomorphe Lösung von (1).

Diese letzte Bemerkung gibt ein wichtiges Beweisprinzip. Wir werden es im folgenden oft zu benutzen haben.

4.2. Integraldarstellungen

Zum Zwecke der Gewinnung von Integraldarstellungen von Lösungen von (1) betrachtet man die Funktionen

$$\varphi(x,t)=t^b(1-t)^{c-b}(1-xt)^{-a-1}$$

und

$$\psi(x,t)=t^{b-1}(1-t)^{c-b-1}(1-xt)^{-a}.$$

Man bildet

$$\psi_x = a\, t^b (1-t)^{c-b-1} (1-xt)^{-a-1},$$

$$\psi_{xx} = a\,(a+1)\, t^{b+1} (1-t)^{c-b-1} (1-xt)^{-a-2}$$

und

$$\varphi_t = t^{b-1} (1-t)^{c-b-1} (1-xt)^{-a-2} [\, b(1-t)(1-xt) + (b-c)\, t(1-xt) + \\ + (a+1)\, xt(1-t)\,].$$

Eine leichte Umformung* zeigt dann

$$[\ldots] = b(1-xt)^2 + \big(-c + (a+b+1)\, x\big)\, t(1-xt) + (a+1)\, x(x-1)\, t^2,$$

also

$$-a\,\varphi_t = x(1-x)\,\psi_{xx} + \big(c - (a+b+1)\, x\big)\,\psi_x - ab\,\psi. \qquad (*)$$

Daraus aber ergibt sich sofort

Satz 1. *Die Funktionen $\varphi(x,t)$, $\psi(x,t)$ seien für t auf der Kurve $\mathfrak{C}$ und x im Gebiete $\mathfrak{G}$ holomorph. Für alle $x \in \mathfrak{G}$ möge $\varphi(x,t)$ an den Enden von $\mathfrak{C}$ denselben Wert annehmen bzw. demselben Wert zustreben. Dann ist*

$$y(x) = \int_{\mathfrak{C}} \psi(x,t)\, dt = \int_{\mathfrak{C}} t^{b-1} (1-t)^{c-b-1} (1-xt)^{-a}\, dt,$$

falls dies bei uneigentlichem Integral für x in kompakten Teilmengen von $\mathfrak{G}$ gleichmäßig konvergiert, eine in $\mathfrak{G}$ holomorphe Lösung von (1).

Zum Beweise hat man nur zu beachten, daß unter den genannten Voraussetzungen die Anwendung des Differentialoperators auf der linken Seite von (1) unter dem Integralzeichen erfolgen darf. Das aber ergibt mit (*) den Wert

$$-a\,\varphi(x,t)\big|_{\mathfrak{C}},$$

also nach Voraussetzung 0.

Speziell erkennt man auf diese Weise, daß für

$$\Re e\, c > \Re e\, b > 0, \quad |x| < 1$$

gilt

$$\int_0^1 t^{b-1} (1-t)^{c-b-1} (1-xt)^{-a}\, dt = B(b, c-b)\, F(a, b; c; x). \qquad (5)$$

Dabei sind im Integranden die Hauptwerte der Potenzen einzusetzen. B bezeichnet die Eulersche Betafunktion, das erste Eulersche Integral (vgl. **2.2.**, (17)).

Zum Beweise von (5) beachtet man, daß das Integral nach Satz 1 eine sogar für $x \in [1, \infty)$ holomorphe Lösung von (1) ist. Sie nimmt offenbar für $x = 0$ den Wert

$$\int_0^1 t^{b-1} (1-t)^{c-b-1}\, dt = B(b, c-b)$$

---

* Man führt im ersten und dritten Glied $1 - t = (1 - xt) + t(x - 1)$ ein.

an. Andererseits ist aber nach **4.1.** für $\Re\, c > 0$ bis auf einen konstanten Faktor $F(a, b; c; x)$ die einzige um $x = 0$ holomorphe Lösung von (1). Also gilt (5). — Natürlich kann man auch $(1 - xt)^{-a}$ nach Potenzen von x entwickeln, gliedweise integrieren und so direkt die hypergeometrische Reihe erhalten.

Analog zu **2.4.**, (31) kann man nun auch das Doppelumlaufsintegral um 0 und 1 betrachten. Man erhält wie eben

$$\int^{(1+,0+,1-,0-)} t^{b-1}(1-t)^{c-b-1}(1-xt)^{-a}\,dt \left.\begin{array}{c} \\ \\ = \dfrac{-4\pi^2 e^{\pi i c}}{\Gamma(1-b)\,\Gamma(1+b-c)\,\Gamma(c)}\, F(a, b; c; x) \end{array}\right\} \qquad (6)$$

für $|x| < 1$. Beide Seiten sind hier ganze Funktionen von a, b, c. Die linke Seite ist wieder sogar für $x \in [1, \infty)$ holomorph in x.

In (5) kann, wenn man zusätzlich noch

$$\Re\,(c - a - b) > 0$$

voraussetzt, der Grenzübergang $x \to 1-$ durchgeführt werden. Links entsteht offenbar der Wert $B(b, c - a - b)$; also wird

$$F(a, b; c; 1-) = \frac{\Gamma(c)\,\Gamma(c - a - b)}{\Gamma(c - a)\,\Gamma(c - b)}\,. \qquad (5')$$

Für $a = -n$, $n = 0, 1, 2, \ldots$ ist

$$\frac{1}{\Gamma(c)}\,F(-n, b; c; x)$$

ein Polynom in x und eine ganze Funktion von b, c, x. Daher gilt

$$F(-n, b; c; 1) = \frac{\Gamma(c)\,\Gamma(c - b + n)}{\Gamma(c + n)\,\Gamma(c - b)} \qquad (5'')$$

ohne Einschränkung.

4.3. Lineare Transformationen

① Macht man in (1) die Substitution

$$y(x) = x^{1-c}\,u(x),$$

so entsteht für $u(x)$ eine hypergeometrische Differentialgleichung mit den Konstanten

$$a - c + 1, \quad b - c + 1, \quad 2 - c.$$

Das kann man aus (3), (4) entnehmen oder direkt bestätigen.

② Macht man in (1) die Substitution

$$x = 1 - \xi, \qquad y(x) = v(\xi),$$

so entsteht für $v(\xi)$ eine hypergeometrische Differentialgleichung mit den Konstanten

$$a, \qquad b, \qquad 1 + a + b - c.$$

Das wird am einfachsten durch die triviale Umrechnung von (1) bestätigt.

③ Wendet man auf die mit ② erhaltene Funktion $v(\xi)$ die Transformation ① an, also jetzt

$$v(\xi) = \xi^{c-a-b} w(\xi),$$

so genügt $w(\xi)$ einer hypergeometrischen Differentialgleichung mit den Konstanten

$$c - b, \qquad c - a, \qquad 1 - a - b + c.$$

Wendet man nun noch einmal ② an, setzt also

$$\xi = 1 - x, \qquad w(\xi) = g(x),$$

so genügt $g(x)$ einer hypergeometrischen Differentialgleichung mit den Konstanten

$$c - b, \qquad c - a, \qquad c.$$

Damit ist offenbar bewiesen:

$$F(a, b; c; x) = (1 - x)^{c-a-b} F(c - a, c - b; c; x). \tag{7}$$

Entsprechend wird für (4)

$$\left. \begin{aligned} & x^{1-c} F(a - c + 1, b - c + 1; 2 - c; x) \\ & = x^{1-c} (1 - x)^{c-a-b} F(1 - a, 1 - b; 2 - c; x). \end{aligned} \right\} \tag{8}$$

So kann (1) auf vier Arten durch hypergeometrische Reihen in x gelöst werden.

④ Macht man in (1) die Substitution

$$x = \frac{1}{\xi}, \qquad y(x) = x^{-a} h(\xi),$$

so entsteht für $h(\xi)$ eine hypergeometrische Differentialgleichung mit den Konstanten

$$a, \qquad a - c + 1, \qquad a - b + 1.$$

Das kann natürlich durch direkte Umrechnung von (1) bestätigt werden. Man erhält jedoch diese Transformation noch einfacher im

Anschluß an **4.2.**, Satz 1. Man hat nur zu beachten, daß mit

$$x = \frac{1}{\xi}, \quad t = \frac{1}{\tau}$$

bis auf konstanten Faktor

$$t^{b-1}(1-t)^{c-b-1}(1-xt)^{-a}dt$$

und

$$x^{-a}\tau^{a-c}(1-\tau)^{c-b-1}(1-\xi\tau)^{-a}d\tau$$

übereinstimmen.

Wegen der Symmetrie von (1) in a, b können auch in ④ a und b vertauscht werden.

⑤ Mit Hilfe der beiden Transformationen ② und ④ können aus x die fünf Werte

$$1-x, \quad \frac{1}{x}, \quad \frac{1}{1-x}, \quad \frac{x-1}{x}, \quad \frac{x}{x-1}$$

erzeugt werden. Das entspricht den sechs Permutationen der drei Singularitäten 0, 1, ∞ von (1). Mit (7), (8) erhält man so 24 Lösungen von (1) durch hypergeometrische Reihen. Diese Reihen, die zuerst KUMMER angegeben hat, können nach dem Vorangehenden leicht aufgestellt werden. Wir verzichten hier darauf, sie sämtlich zu notieren, und verweisen diesbezüglich auf die entsprechenden Handbücher bzw. Formelsammlungen. Nur eine der Formeln sei hier noch angegeben. Dazu wenden wir zunächst ④ an. Dann transformieren wir mit ②, d. h.

$$\eta = 1-\xi, \quad h(\xi) = k(\eta)$$

auf eine hypergeometrische Differentialgleichung für $k(\eta)$ mit den Konstanten

$$a, \quad a-c+1, \quad 1+a+b-c.$$

Schließlich wenden wir wieder ④ an, setzen also

$$\frac{1}{\eta} = \zeta, \quad k(\eta) = \eta^{-a}l(\zeta),$$

und erhalten für $l(\zeta)$ eine hypergeometrische Differentialgleichung mit den Konstanten

$$a, \quad c-b, \quad c.$$

Zusammenfassend wird — bis auf konstanten Faktor —

$$y(x) = (1-x)^{-a}l\left(\frac{x}{x-1}\right).$$

Damit ist für

$$|x|<1, \quad \left|\frac{x}{x-1}\right|<1$$

bewiesen:

$$F(a, b; c; x) = (1-x)^{-a} F\left(a, c-b; c; \frac{x}{x-1}\right).\tag{9}$$

Man hat hierzu nur noch — wie für (5), (6), (7) — zu beachten, daß beide Seiten um $x=0$ holomorph sind und in $x=0$ den Wert 1 haben.

Mit (7), (8) gibt (9) nunmehr acht um $x=0$ brauchbare Darstellungen von Lösungen von (1) durch hypergeometrische Reihen. Mit Hilfe von ② entstehen hieraus acht um $x=1$ brauchbare Darstellungen und mit Hilfe von ④ analog acht um ∞ brauchbare Darstellungen. Zusammen sind das die 24 Reihen von KUMMER.

4.4. Quadratische Transformationen

Es sei

$$c = a + b + \tfrac{1}{2}.$$

Wir substituieren dann in (1)

$$x = 4\xi(1-\xi), \qquad y(x) = f(\xi).$$

Man hat damit

$$1 - x = (1 - 2\xi)^2, \qquad f' = y' 4(1 - 2\xi),$$
$$f'' = -8y' + y'' 16(1 - 2\xi)^2$$

und daher

$$x(1-x)y'' = \tfrac{1}{4}\xi(1-\xi)[f'' + 8y'],$$
$$-\tfrac{1}{2}xy' = -2\xi(1-\xi)y',$$
$$(1-x)y' = \tfrac{1}{4}(1-2\xi)f'.$$

So entsteht aus (1)

$$\xi(1-\xi)f'' + (\tfrac{1}{2} + a + b - (1 + 2a + 2b)\xi)f' - 4abf = 0.$$

Das ist die hypergeometrische Differentialgleichung mit den Konstanten

$$2a, \qquad 2b, \qquad a + b + \tfrac{1}{2}.$$

Betrachten wir nun wieder die um $\xi=0$, d.h. $x=0$ holomorphen Lösungen mit dem Werte 1 in $x=\xi=0$, so ist für

$$c = a + b + \tfrac{1}{2} \neq 0, -1, -2, \ldots$$

bewiesen

$$F(a, b; a + b + \tfrac{1}{2}; 4\xi(1-\xi)) = F(2a, 2b; a + b + \tfrac{1}{2}; \xi).\tag{10}$$

Mit

$$2\xi = 1 - (1 - x)^{\frac{1}{2}}$$

wird (10) zu

$$F\left(a, b; a + b + \frac{1}{2}; x\right) = F\left(2a, 2b; a + b + \frac{1}{2}; \frac{1 - (1-x)^{\frac{1}{2}}}{2}\right),\tag{10'}$$

mit

$$\xi = \frac{1-z}{2}$$

zu

$$F\left(a, b; a+b+\frac{1}{2}; 1-z^2\right) = F\left(2a, 2b; a+b+\frac{1}{2}; \frac{1-z}{2}\right). \quad (10'')$$

Aus (10) bzw. (10') bzw. (10'') können andere quadratische Transformationsformeln erhalten werden, indem man noch die linearen Transformationen anwendet. So gibt (10') zusammen mit (9)

$$F\left(a, b; a+b+\frac{1}{2}; x\right) \\ = 2^{2a}\left(1+(1-x)^{\frac{1}{2}}\right)^{-2a} F\left(2a, a-b+\frac{1}{2}; a+b+\frac{1}{2}; \frac{(1-x)^{\frac{1}{2}}-1}{(1-x)^{\frac{1}{2}}+1}\right). \quad (11)$$

Setzt man darin

$$x = \frac{1}{1-z^2}, \quad 1-x = \frac{z^2}{z^2-1},$$

so wird das zu

$$F\left(a, b; a+b+\frac{1}{2}; \frac{1}{1-z^2}\right) = 2^{2a}(z^2-1)^a\left(z+(z^2-1)^{\frac{1}{2}}\right)^{-2a} \times \\ \times F\left(2a, a-b+\frac{1}{2}; a+b+\frac{1}{2}; \frac{z-(z^2-1)^{\frac{1}{2}}}{z+(z^2-1)^{\frac{1}{2}}}\right) \quad (11')$$

um $z = \infty$.

4.5. „Verallgemeinerte Kugelfunktionen"

Wir betrachten im folgenden die verallgemeinerte Schwingungsgleichung

$$\Delta u + \left(k^2 - \frac{\varkappa(\varkappa+1)}{\xi_3^2}\right) u = 0 \quad (12)$$

in Kugelkoordinaten (r, ϑ, φ):

$$\xi_1 = r \sin\vartheta \cos\varphi,$$

$$\xi_2 = r \sin\vartheta \sin\varphi,$$

$$\xi_3 = r \cos\vartheta,$$

wo wir wieder $\cos\vartheta = \eta$ einführen. Gemäß **1.1.**, vgl. insbesondere **1.14.**, ②, wird (12) zu

$$u_{rr} + \frac{2}{r} u_r + \frac{1}{r^2}[(1-\eta^2)u_\eta]_\eta + \frac{1}{r^2(1-\eta^2)} u_{\varphi\varphi} + \left(k^2 - \frac{\varkappa(\varkappa+1)}{r^2\eta^2}\right) u = 0. \quad (13)$$

Auch hier ist Separation möglich. Mit

$$u = u_1(r) u_2(\eta) u_3(\varphi) \not\equiv 0$$

ist (13) äquivalent zu den durch die beiden Separationsparameter μ^2 und $\nu(\nu+1)$ gekoppelten drei gewöhnlichen Differentialgleichungen

$$\left.\begin{aligned}
(r^2 u_1')' + \left(k^2 r^2 - \nu(\nu+1)\right) u_1 &= 0, \\
[(1-\eta^2) u_2']' + \left[\nu(\nu+1) - \frac{\mu^2}{1-\eta^2} - \frac{\varkappa(\varkappa+1)}{\eta^2}\right] u_2 &= 0, \\
u_3'' + \mu^2 u_3 &= 0.
\end{aligned}\right\} \tag{14}$$

Während — abgesehen von Ausartungen — die erste Differentialgleichung die Lösungen

$$u_1(r) = r^{-\frac{1}{2}} Z_{\nu+\frac{1}{2}}(kr)$$

mit den Zylinderfunktionen zum Index $\nu+\frac{1}{2}$ und die dritte die Lösungen

$$u_3(\varphi) = e^{\pm i\mu\varphi}$$

hat — vgl. **1.14.**, ② —, ist die zweite eine neuartige Differentialgleichung. Ihre Lösungen bezeichnen wir — im Anschluß an **1.14.**, ② —

$$u_2(\eta) = \Re_\nu^{\mu,\varkappa}(\eta)$$

und nennen sie verallgemeinerte Kugelfunktionen.

Wir zeigen, daß diese Funktionen durch hypergeometrische darstellbar sind. Dazu schreiben wir die Differentialgleichung

$$[(1-x^2)y']' + \left[\nu(\nu+1) - \frac{\mu^2}{1-x^2} - \frac{\varkappa(\varkappa+1)}{x^2}\right] y = 0 \tag{15}$$

und transformieren

$$x^2 = z, \quad y(x) = (x^2-1)^{\mu/2} x^{-\varkappa} w(z). \tag{16}$$

Dann entsteht für $w(z)$ die hypergeometrische Differentialgleichung mit den Parametern

$$a = \tfrac{1}{2}(\mu-\varkappa-\nu), \quad b = \tfrac{1}{2}(\mu-\varkappa+\nu+1), \quad c = \tfrac{1}{2}-\varkappa.$$

(15) hat also als eine Lösung

$$y(x) = x^{-\varkappa}(x^2-1)^{\mu/2} F\left(\frac{\mu-\varkappa-\nu}{2}, \frac{\mu-\varkappa+\nu+1}{2}; \frac{1}{2}-\varkappa; x^2\right). \tag{17}$$

Weitere Lösungen erhält man durch Beachtung der Tatsache, daß (15) die drei Substitutionen $\nu \to -\nu-1$, $\mu \to -\mu$ und $\varkappa \to -\varkappa-1$ gestattet, sowie durch Anwendung der Transformationen von **4.3.**. So ergibt **4.3.**, ④ zusammen mit $\varkappa \to -\varkappa-1$, $\nu \to -\nu-1$ aus (17) die Lösung

$$y(x) = (x^2-1)^{\mu/2} x^{-\nu-\mu-1} F\left(\frac{\nu+\mu+\varkappa+2}{2}, \frac{\nu+\mu-\varkappa+1}{2}; \nu+\frac{3}{2}; \frac{1}{x^2}\right), \tag{18}$$

die für das Verhalten der Lösungen von (15) um $x = \infty$ interessant ist. Für spätere Anwendung definieren wir

$$\widetilde{\mathfrak{Q}}_{\nu}^{\mu,\varkappa}(x) = \frac{\sqrt{\pi}\,(x^2-1)^{\mu/2}\,x^{-\nu-\mu-1}}{2^{\nu+1}\,\Gamma(\nu+\tfrac{3}{2})}\;F\left(\frac{\nu+\mu+\varkappa+2}{2},\;\frac{\nu+\mu-\varkappa+1}{2};\;\nu+\frac{3}{2};\;\frac{1}{x^2}\right). \tag{19}$$

Diese „verallgemeinerte Kugelfunktion" geht für $\varkappa = 0$ oder $\varkappa = -1$ in die unten — vgl. **5.61.**, (1) — zu definierende Kugelfunktion $\widetilde{\mathfrak{Q}}_{\nu}^{\mu}(x)$ über.

5. Kugelfunktionen

5.1. Allgemeines

5.11. Integralrelationen. Wir schließen im folgenden an die in **1.14.**, ② diskutierte Separation der räumlichen Schwingungsgleichung $\Delta u + k^2 u = 0$ in Kugelkoordinaten r, $\eta = \cos\vartheta$, φ an. Die Schwingungsgleichung war

$$[r^2 u_r]_r + [(1-\eta^2)\,u_\eta]_\eta + \frac{1}{1-\eta^2}\,u_{\varphi\varphi} + k^2 r^2 u = 0. \tag{1}$$

Durch Separation

$$u(r,\eta,\varphi) = u_1(r)\,u_2(\eta)\,u_3(\varphi) \not\equiv 0$$

entstanden

$$(r^2 u_1')' + \left(k^2 r^2 - \nu(\nu+1)\right) u_1 = 0, \tag{2}$$

$$[(1-\eta^2)\,u_2']' + \left(\frac{-\mu^2}{1-\eta^2} + \nu(\nu+1)\right) u_2 = 0, \tag{3}$$

$$u_3'' + \mu^2 u_3 = 0, \tag{4}$$

mit $\nu(\nu+1)$ und μ^2 als Separationsparametern.

Ähnlich wie in **3.1.** liefern nun Lösungen von (1) Integralrelationen, und zwar hier sowohl solche zwischen den Lösungen von (2) und (3), als auch solche zwischen den Lösungen von (3) und (4). Man hat dazu nur jeweils eine geeignete unvollständige Separation vorher auszuführen.

Zuerst betrachten wir eine Lösung von (1), die in der Form

$$u = v(r,\eta)\,u_3(\varphi) \not\equiv 0$$

separiert ist. Offenbar ist dafür notwendig und hinreichend, daß $u_3(\varphi) \not\equiv 0$ mit geeignetem μ^2 der Differentialgleichung (4) genügt, und daß $v \not\equiv 0$ mit gleichem μ^2

$$[r^2 v_r]_r + k^2 r^2 v = -[(1-\eta^2)\,v_\eta]_\eta + \frac{\mu^2}{1-\eta^2}\,v \tag{5}$$

erfüllt.

Dies ist nun eine partielle Differentialgleichung von der in **1.2.**, Satz 8 betrachteten Form. Dabei sind offenbar die beiden Operatoren links und rechts selbstadjungiert. So können wir sofort die beiden folgenden Sätze notieren.

Satz 1. *Es seien $\mathfrak{C}$ ein Weg der η-Ebene, $\mathfrak{G}$ ein Gebiet der r-Ebene, $u_3(\varphi)$ eine Lösung von (4), $u(r, \eta, \varphi) = v(r, \eta) u_3(\varphi) \not\equiv 0$ eine für r in $\mathfrak{G}$, η auf $\mathfrak{C}$ holomorphe Lösung von (1), $u_2(\eta)$ eine auf $\mathfrak{C}$ holomorphe Lösung von (3). Für alle $r \in \mathfrak{G}$ möge*

$$(1 - \eta^2)\,[v_\eta u_2 - v u_2']$$

an den Enden von $\mathfrak{C}$ denselben Wert annehmen bzw. demselben Werte zustreben. Dann ist — dies Integral möge, falls uneigentlich, für r in kompakten Teilgebieten von $\mathfrak{G}$ gleichmäßig konvergieren —

$$u_1(r) = \int_{\mathfrak{C}} v(r, \eta)\, u_2(\eta)\, d\eta$$

eine in $\mathfrak{G}$ holomorphe Lösung von (2), d.h. (vgl. 1.14., ②)

$$u_1(r) = r^{-\frac{1}{2}} Z_{\nu + \frac{1}{2}}(k r).$$

Satz 2. *Es seien $\mathfrak{C}$ ein Weg der r-Ebene, $\mathfrak{G}$ ein Gebiet der η-Ebene, $u_3(\varphi)$ eine Lösung von (4), $u(r, \eta, \varphi) = v(r, \eta) u_3(\varphi) \not\equiv 0$ eine für η in $\mathfrak{G}$, r auf $\mathfrak{C}$ holomorphe Lösung von (1), $u_1(r) = r^{-\frac{1}{2}} Z_{\nu + \frac{1}{2}}(k r)$ eine auf $\mathfrak{C}$ holomorphe Lösung von (2). Für alle $\eta \in \mathfrak{G}$ möge*

$$r^2\,[v_r u_1 - v u_1']$$

an den Enden von $\mathfrak{C}$ denselben Wert annehmen bzw. demselben Werte zustreben. Dann ist — dies Integral möge, falls uneigentlich, für η in kompakten Teilgebieten von $\mathfrak{G}$ gleichmäßig konvergieren —

$$u_2(\eta) = \int_{\mathfrak{C}} v(r, \eta)\, u_1(r)\, dr$$

eine in $\mathfrak{G}$ holomorphe Lösung von (3), d.h. (vgl. 1.14., ②)

$$u_2(\eta) = \mathfrak{K}_\nu^\mu(\eta)$$

eine Kugelfunktion zu den Indizes ν, μ.

Wir können nun in ähnlicher Weise zunächst die r-Abhängigkeit abseparieren. Da k in (3) und (4) nicht auftritt, kann man sich dabei auf die Potentialgleichung, $k = 0$, beschränken.

Wir betrachten also mit $k = 0$ eine Lösung von (1), die in der Form

$$u(r, \eta, \varphi) = u_1(r)\, v(\eta, \varphi) \not\equiv 0$$

separiert ist. Dafür ist jetzt notwendig und hinreichend, daß $u_1(r) \not\equiv 0$ (2) mit $k = 0$ erfüllt, d.h. bis auf Ausartung

$$u_1(r) = c_1 r^\nu + c_2 r^{-\nu - 1},$$

und daß $v \not\equiv 0$ mit gleichem $\nu(\nu + 1)$

$$(1 - \eta^2)[(1 - \eta^2) v_\eta]_\eta + \nu(\nu + 1)(1 - \eta^2) v = -v_{\varphi\varphi} \tag{6}$$

genügt.

Dies ist wieder eine partielle Differentialgleichung von der in **1.2.**, Satz 8 betrachteten Art. Wir notieren hier nur den einen Satz, der uns Integraldarstellungen der Kugelfunktionen liefert.

Satz 3. *Es seien $\mathfrak{C}$ ein Weg der φ-Ebene, $\mathfrak{G}$ ein Gebiet der η-Ebene, $u_1(r) = c_1 r^\nu + c_2 r^{-\nu-1}$, $u(r, \eta, \varphi) = u_1(r)\,v(\eta, \varphi) \not\equiv 0$ eine für $r \neq 0$, φ auf $\mathfrak{C}$, η in $\mathfrak{G}$ holomorphe Lösung von (1) mit $k = 0$, $u_3(\varphi)$ Lösung von (4). Für alle $\eta \in \mathfrak{G}$ möge*

$$v_\varphi u_3 - v u_3'$$

an den Enden von $\mathfrak{C}$ denselben Wert annehmen bzw. demselben Werte zustreben. Dann ist — dies Integral möge, falls uneigentlich, für η in kompakten Teilmengen von $\mathfrak{G}$ gleichmäßig konvergieren —

$$u_2(\eta) = \int\limits_{\mathfrak{C}} v(\eta, \varphi)\, u_3(\varphi)\, d\varphi$$

eine in $\mathfrak{G}$ holomorphe Lösung von (3), d.h.

$$u_2(\eta) = \mathfrak{R}_\nu^\mu(\eta)$$

eine Kugelfunktion zu den Indizes ν, μ.

Wie wir in **1.14.**, ⑥ gezeigt haben, tritt die Differentialgleichung der Kugelfunktionen zweimal bei der Separation der Potentialgleichung in gestreckt-rotationselliptischen Koordinaten auf. Es entspringt daraus — ganz analog wie eben — ein Satz, der Integralrelationen zwischen Kugelfunktionen liefert.

Satz 4. *Sei*

$$u(\xi, \eta)\, e^{i\mu\varphi}$$

eine Lösung der Potentialgleichung in gestreckt-rotationselliptischen Koordinaten. $u(\xi, \eta)$ möge für η auf dem Wege $\mathfrak{C}$ und ξ im Gebiet $\mathfrak{G}$ holomorph sein. $u_2(\eta)$ sei eine auf $\mathfrak{C}$ holomorphe Kugelfunktion zu den Indizes ν, μ. Für alle $\xi \in \mathfrak{G}$ möge

$$(1 - \eta^2)\,[u_\eta u_2 - u u_2']$$

an den Enden von $\mathfrak{C}$ denselben Wert haben bzw. demselben Wert zustreben. Dann ist

$$u_1(\xi) = \int\limits_{\mathfrak{C}} u(\xi, \eta)\, u_2(\eta)\, d\eta,$$

falls dies bei uneigentlichem Integral für ξ in kompakten Teilmengen von $\mathfrak{G}$ gleichmäßig konvergiert, eine in $\mathfrak{G}$ holomorphe Kugelfunktion zu den Indizes ν, μ.

5.12. Darstellung von Kugelfunktionen durch hypergeometrische Funktionen. Die Differentialgleichung der Kugelfunktionen **5.11.**, (3), die wir hier

$$[(1 - z^2)\, u'(z)]' + \left(\frac{-\mu^2}{1 - z^2} + \nu(\nu+1) \right) u(z) = 0 \tag{7}$$

schreiben wollen, läßt sich auf verschiedene Arten in eine hypergeometrische Differentialgleichung transformieren.

Wir gehen aus von der Substitution

$$u(z) = (1 - z^2)^{\mu/2} v(z)$$

und erhalten

$$(1 - z^2) u' = (1 - z^2)^{\mu/2+1} v' - \mu (1 - z^2)^{\mu/2} z v,$$

$$[(1 - z^2) u']' = (1 - z^2)^{\mu/2+1} v'' - (2\mu + 2) z (1 - z^2)^{\mu/2} v' -$$
$$- \mu (1 - z^2)^{\mu/2} v + \mu^2 z^2 (1 - z^2)^{\mu/2-1} v,$$

also für $v(z)$ die Differentialgleichung

$$(1 - z^2) v'' - (2\mu + 2) z v' + [\nu(\nu+1) - \mu(\mu+1)] v = 0. \tag{8}$$

Hieraus entsteht mit

$$\frac{1-z}{2} = x, \ v(z) = y(x)$$

die hypergeometrische Differentialgleichung

$$x(1 - x) y'' + (\mu+1)(1 - 2x) y' - (\mu - \nu)(\mu + \nu + 1) y = 0 \tag{8'}$$

mit den Konstanten

$$\mu - \nu, \ \mu + \nu + 1, \ \mu + 1.$$

So ist also

$$(1 - z^2)^{\mu/2} F\left(\mu - \nu, \mu + \nu + 1; \mu + 1; \frac{1-z}{2}\right) \tag{9}$$

eine Kugelfunktion zu den Indizes ν, μ.

Auf (9) kann man nun die in **4.3., 4.4.** aufgezählten Transformationen der hypergeometrischen Differentialgleichung anwenden. So entstehen weitere Möglichkeiten, (7) auf die Form einer hypergeometrischen Differentialgleichung zu bringen.

Zuerst wenden wir auf (8') **4.3.**, ① an und erhalten mit

$$\left(\frac{1-z}{1+z}\right)^{-\mu/2} F\left(-\nu, \nu + 1; 1 - \mu; \frac{1-z}{2}\right) \tag{10}$$

wieder eine Kugelfunktion zu den Indizes ν, μ.

Auf (9) kann weiter **4.4.**, (10'') angewandt werden, da hier

$$\tfrac{1}{2}(\mu - \nu) + \tfrac{1}{2}(\mu + \nu + 1) + \tfrac{1}{2} = \mu + 1$$

gilt. So wird

$$(1 - z^2)^{\mu/2} F\left(\frac{\mu - \nu}{2}, \frac{\mu + \nu + 1}{2}; \mu + 1; 1 - z^2\right) \tag{11}$$

Kugelfunktion zu ν, μ.

(11) können wir jetzt der Transformation **4.3.**, ② unterwerfen. Man erhält

$$(1-z^2)^{\mu/2} F\left(\frac{\mu-\nu}{2}, \frac{\mu+\nu+1}{2}; \frac{1}{2}; z^2\right). \tag{12}$$

Wendet man hierauf **4.3.**, ① an, so entsteht

$$(1-z^2)^{\mu/2} z F\left(\frac{\mu-\nu+1}{2}, \frac{\mu+\nu+2}{2}; \frac{3}{2}; z^2\right). \tag{12'}$$

(11) und (12) unterwerfen wir der Transformation **4.3.**, ④: wir erhalten

$$(z^2-1)^{\nu/2} F\left(\frac{\mu-\nu}{2}, \frac{-\mu-\nu}{2}; -\nu+\frac{1}{2}; \frac{1}{1-z^2}\right) \tag{13}$$

und

$$z^{\nu-\mu}(z^2-1)^{\mu/2} F\left(\frac{\mu-\nu}{2}, \frac{\mu-\nu+1}{2}; -\nu+\frac{1}{2}; \frac{1}{z^2}\right). \tag{14}$$

Schließlich wenden wir auf (13) — $c=a+b+\frac{1}{2}$ ist ja erfüllt — die quadratische Transformation **4.4.**, (11') an. Das gibt

$$(z^2-1)^{\mu/2}\left(z+(z^2-1)^{\frac{1}{2}}\right)^{\nu-\mu} F\left(\mu-\nu, \mu+\frac{1}{2}; -\nu+\frac{1}{2}; \frac{z-(z^2-1)^{\frac{1}{2}}}{z+(z^2-1)^{\frac{1}{2}}}\right). \tag{15}$$

Wenden wir hierauf noch einmal **4.3.**, (9) an, so entsteht — wir vertauschen zuvor a, b —

$$(z^2-1)^{-\frac{1}{4}}\left(z+(z^2-1)^{\frac{1}{2}}\right)^{\nu+\frac{1}{2}} F\left(\frac{1}{2}+\mu, \frac{1}{2}-\mu; -\nu+\frac{1}{2}; \frac{(z^2-1)^{\frac{1}{2}}-z}{2(z^2-1)^{\frac{1}{2}}}\right). \tag{16}$$

Aus allen diesen Kugelfunktionen (9) bis (16) zu ν, μ erhält man wieder ebensolche, indem man ν durch $-\nu-1$ oder bzw. und μ durch $-\mu$ ersetzt. Denn bei diesen Substitutionen bleibt (7) invariant.

Wir haben mit (9) bis (16) nur die wichtigsten Darstellungen von Kugelfunktionen durch die hypergeometrische Funktion aufgeschrieben. Selbstverständlich können zahlreiche weitere Darstellungen durch Anwendung der Transformationen von **4.3.** und **4.4.** erhalten werden. Diesbezüglich sei wieder auf die Handbücher und Formelsammlungen verwiesen.

5.2. Die Legendreschen Polynome

5.21. Definition. Erste Folgerungen. Wir betrachten kartesische Koordinaten ξ_1, ξ_2, ξ_3 und Kugelkoordinaten r, $\eta = \cos\vartheta$, φ mit

$$\xi_1 = r(1-\eta^2)^{\frac{1}{2}}\cos\varphi, \quad \xi_2 = r(1-\eta^2)^{\frac{1}{2}}\sin\varphi, \quad \xi_3 = r\eta.$$

Ist dann ϱ der Abstand vom Punkte mit den kartesischen Koordinaten 0, 0, 1, so wird

$$\varrho^2 = \xi_1^2 + \xi_2^2 + (\xi_3-1)^2 = 1 - 2r\eta + r^2.$$

Es ist nun bekanntlich $u = 1/\varrho$ eine Potentialfunktion der kartesischen Koordinaten ξ_1, ξ_2, $\xi_3' = \xi_3 - 1$ — vgl. auch **1.14.**, ② —, also wegen der Translationsinvarianz von Δ auch eine Potentialfunktion von ξ_1, ξ_2, ξ_3. Damit aber können wir auf r, η, φ umrechnen:

$$u = (1 - 2r\eta + r^2)^{-\frac{1}{2}}$$

genügt danach **5.11.**, (1) mit $k = 0$, und, da u von φ nicht abhängt $\big(u_3(\varphi) \equiv 1\big)$, auch **5.11.**, (5) mit $k = 0$ und $\mu = 0$. Wir verwenden entsprechend $u(r, \eta)$ als Kern für **5.11.**, Satz 2. Dabei wählen wir

$$u_1(r) = r^{-n-1}$$

mit $n = 0, 1, 2, \ldots$ und betrachten

$$\oint_{|r| = \varepsilon < 1} (1 - 2r\eta + r^2)^{-\frac{1}{2}} r^{-n-1} dr = u_2(\eta) .$$

Die Nullstellen von $1 - 2r\eta + r^2$ sind

$$r = \eta \pm (\eta^2 - 1)^{\frac{1}{2}} .$$

$u_2(\eta)$ ist also nach **5.11.**, Satz 2 eine im Gebiete

$$\big|\eta \pm (\eta^2 - 1)^{\frac{1}{2}}\big| > \varepsilon$$

holomorphe Kugelfunktion zu den Indizes $\nu = n$, $\mu = 0$. Speziell haben wir Regularität bei $\eta = \pm 1$, also ganze Funktionen von η, was auch darum klar ist, weil wir nach dem Hauptsatz der Funktionentheorie Unabhängigkeit von ε haben und mit $\varepsilon \to 0$ alle η erreichen können.

Wir schreiben nun x statt η und bezeichnen bzw. definieren

$$P_n(x) = \frac{1}{2\pi i} \oint (1 - 2rx + r^2)^{-\frac{1}{2}} r^{-n-1} dr \qquad \big(|x \pm (x^2 - 1)^{\frac{1}{2}}| > |r|\big). \qquad (1)$$

Das ist — Cauchysche Koeffizientenformel! — äquivalent zu

$$(1 - 2rx + r^2)^{-\frac{1}{2}} = \sum_{n=0}^{\infty} P_n(x) r^n \qquad \big(|r| < |x \pm (x^2 - 1)^{\frac{1}{2}}|\big). \qquad (2)$$

Dies wiederum zeigt, daß die $P_n(x)$ nicht nur ganze Funktionen in x sind, sondern genauer

$$P_n(x) \quad \text{reelles Polynom vom Grad } n \qquad (3)$$

ist. Das sieht man nämlich, indem man zuerst in eine binomische Reihe nach Potenzen von $(2rx - r^2)$ entwickelt und dann nach Potenzen von r ordnet.

Der Vollständigkeit halber notieren wir noch die oben erwähnte Differentialgleichung:

$$[(1 - x^2) P_n'(x)]' + n(n+1) P_n(x) = 0. \qquad (4)$$

Sie wird als *spezielle Legendresche Differentialgleichung* bezeichnet. Die $P_n(x)$ $(n=0, 1, 2, \ldots)$ sind die *Legendreschen Polynome.* $(1-2rx+r^2)^{-\frac{1}{2}}$ wird wieder als *erzeugende Funktion* dieser Polynome zu bezeichnen sein: Diese entstehen als Koeffizienten bei der Entwicklung nach Potenzen von r.

Wir notieren nun einige erste Folgerungen aus (2).

Zunächst setzen wir $x=1$ und erhalten wegen

$$(1-r)^{-1} = \sum_{n=0}^{\infty} r^n$$

natürlich

$$P_n(1) = 1. \tag{5}$$

Dann beachten wir die Invarianz der erzeugenden Funktion bei

$$r \to -r, \quad x \to -x.$$

Das gibt

$$P_n(-x) = (-1)^n P_n(x). \tag{6}$$

Unsere Polynome sind also mit der Gradzahl n gerade oder ungerade.

(2) kann offenbar nach r oder x gliedweise differenziert werden. Differentiation nach r liefert

$$(x-r) \sum_{n=0}^{\infty} P_n(x) r^n = (1-2rx+r^2) \sum_{n=1}^{\infty} n P_n(x) r^{n-1}$$

und mit Koeffizientenvergleich

$$\left. \begin{aligned} P_1(x) - x P_0(x) &= 0, \\ (n+1) P_{n+1}(x) - (2n+1) x P_n(x) + n P_{n-1}(x) &= 0 \quad (n=1, 2, 3, \ldots). \end{aligned} \right\} \tag{7}$$

Man hat damit also Rekursionsformeln, aus denen man, ausgehend von $P_0(x) \equiv 1$, alle $P_n(x)$ berechnen kann, z.B.

$$\begin{aligned} P_0(x) &= 1, \\ P_1(x) &= x, \\ P_2(x) &= \tfrac{3}{2} x^2 - \tfrac{1}{2}, \\ P_3(x) &= \tfrac{5}{2} x^3 - \tfrac{3}{2} x. \end{aligned}$$

Damit kann natürlich auch (3) noch einmal bewiesen werden. Differentiation von (2) nach x liefert

$$r \sum_{n=0}^{\infty} P_n(x) r^n = (1-2rx+r^2) \sum_{n=1}^{\infty} P_n'(x) r^n$$

und wieder mit Koeffizientenvergleich

$$\left. \begin{aligned} P_0(x) &= P_1'(x). \\ P_n(x) &= P_{n+1}'(x) - 2x P_n'(x) + P_{n-1}'(x) \quad (n=1, 2, 3, \ldots). \end{aligned} \right\} \tag{8}$$

(8) läßt sich mit Hilfe von (7) umformen. Dazu wird (7) differenziert:

$$(2n+1)\,P_n(x) = (n+1)\,P'_{n+1}(x) - (2n+1)\,x\,P'_n(x) + n\,P'_{n-1}(x).$$

Aus dieser Formel und aus (8) kann dann $P'_n(x)$ eliminiert werden:

$$(2n+1)\,P_n(x) = P'_{n+1}(x) - P'_{n-1}(x). \tag{9}$$

Daraus entstehen durch Summation

$$P'_{n+1}(x) = (2n+1)\,P_n(x) + (2n-3)\,P_{n-2}(x) + (2n-7)\,P_{n-4}(x) + \cdots \tag{10}$$

und

$$P_0(x) + 3P_1(x) + 5P_2(x) + \cdots + (2n+1)\,P_n(x) = P'_{n+1}(x) + P'_n(x); \tag{11}$$

in (10) sind dabei die Glieder hinzuschreiben, solange die Indizes nicht negativ sind.

5.22. Darstellungen der $P_n(x)$ durch die hypergeometrische Funktion. Nach **4.1.** und **5.12.** ist $P_n(x)$ als Lösung von 5.22., (4) dadurch charakterisiert, daß es um $x=1$ holomorph ist und in $x=1$ den Wert 1 hat. Damit aber ist — vgl. **5.12.**, (9) bzw. (10) — bewiesen

$$P_n(x) = F\left(-n,\,n+1;\,1;\,\frac{1-x}{2}\right). \tag{12}$$

Analog ergibt ein Blick auf **5.12.**, (11)

$$P_n(x) = F\left(-\frac{n}{2},\,-\frac{n+1}{2};\,1;\,1-x^2\right), \tag{13}$$

was für ungerades n natürlich nur um $x=1$ gilt. Aus (12) kann der Koeffizient von x^n in $P_n(x)$ entnommen werden. Wir erhalten

$$\frac{(-n)_n\,(n+1)_n}{n!^2}\left(-\frac{1}{2}\right)^n = \frac{(2n)!}{2^n\,n!^2}.$$

Damit ist nun zugleich das Verhalten um $x=\infty$ klar. $P_n(x)$ ist als die Lösung von **5.21.**, (4) charakterisiert, die um $x=\infty$ die Form

$$\frac{(2n)!}{2^n\,n!^2}\,x^n\,g(x)$$

hat, wo $g(x)$ in $x=\infty$ holomorph ist und dort den Wert 1 hat. Damit aber liefern **5.12.**, (13), (14), (15), (16) die Darstellungen

$$P_n(x) = \frac{(2n)!}{2^n\,n!^2}\,(x^2-1)^{n/2}\,F\left(-\frac{n}{2},\,-\frac{n}{2};\,\frac{1}{2}-n;\,\frac{1}{1-x^2}\right), \tag{14}$$

$$P_n(x) = \frac{(2n)!}{2^n\,n!^2}\,x^n\,F\left(-\frac{n}{2},\,\frac{-n+1}{2};\,\frac{1}{2}-n;\,\frac{1}{x^2}\right), \tag{15}$$

$$P_n(x) = \frac{(2n)!}{2^{2n}\,n!^2}\,(x+(x^2-1)^{\frac{1}{2}})^n\,F\left(-n;\,\frac{1}{2};\,\frac{1}{2}-n;\,\frac{x-(x^2-1)^{\frac{1}{2}}}{x+(x^2-1)^{\frac{1}{2}}}\right), \tag{16}$$

$$\left. \begin{array}{l} P_n(x) = \dfrac{(2n)!}{2^{2n+\frac{1}{2}}\,n!^2}\,(x^2-1)^{-\frac{1}{4}}\,(x+(x^2-1)^{\frac{1}{2}})^{n+\frac{1}{2}}\times \\[2mm] \qquad \times F\left(\dfrac{1}{2},\,\dfrac{1}{2};\,\dfrac{1}{2}-n;\,-\dfrac{(x^2-1)^{\frac{1}{2}}-x}{2(x^2-1)^{\frac{1}{2}}}\right). \end{array} \right\} \tag{17}$$

Die Kenntnis des Koeffizienten von x^n verwenden wir ebenfalls zur Darstellung der Legendreschen Polynome mit Hilfe von **5.12.**, (12) und (12'). Wir erhalten sofort

$$P_{2n}(x) = \frac{(-1)^n (2n)!}{2^{2n} n!^2}\, F\left(-n, n+\frac{1}{2}; \frac{1}{2}; x^2\right), \tag{18}$$

$$P_{2n+1}(x) = \frac{(-1)^n (2n+1)!}{2^{2n} n!^2}\, x F\left(-n, n+\frac{3}{2}; \frac{3}{2}; x^2\right). \tag{18'}$$

Die Reihe (16) liefert zugleich die Fourier-Entwicklung von $P_n(\cos\vartheta)$:

$$P_n(\cos\vartheta) = \frac{(2n)!}{2^{2n} n!^2}\, e^{in\vartheta} F\left(\frac{1}{2}, -n; \frac{1}{2}-n; e^{-2i\vartheta}\right). \tag{19}$$

Auf die Bedeutung von (17) für die Untersuchung des asymptotischen Verhaltens bei $n \to \infty$ kommen wir noch in allgemeinerem Zusammenhange zurück.

Auf (12) wollen wir die Überlegungen von **4.2.** anwenden. Wir wählen dort also

$$a = n+1, \quad b = -n, \quad c = 1$$

und betrachten

$$t^{-n-1}(1-t)^n \left(1 - \frac{1-x}{2} t\right)^{-n-1} dt.$$

Dies transformieren wir mit

$$\frac{t-2}{t} = \tau, \quad t = \frac{2}{1-\tau}, \quad 1-t = \frac{\tau+1}{\tau-1}$$

leicht auf die Form — von einer Konstanten abgesehen —

$$(\tau^2-1)^n (\tau-x)^{-n-1} d\tau.$$

Wenden wir nun **4.2.**, Satz 1 an, so muß stets

$$\oint_{\mathfrak{C}} \frac{(\tau^2-1)^n}{(\tau-x)^{n+1}}\, d\tau$$

für x im Innern von $\mathfrak{C}$ eine Kugelfunktion zu $\nu=n, \mu=0$ sein. Wegen der Unabhängigkeit von $\mathfrak{C}$ haben wir Regularität bei $x=\pm 1$. Also ist bis auf konstanten Faktor dies die Funktion $P_n(x)$. Vergleichen wir noch die Werte für $x=1$, so erkennen wir

$$P_n(x) = \frac{1}{2^n n!}\, \frac{d^n}{dx^n} (x^2-1)^n = \frac{1}{2\pi i \cdot 2^n} \oint \frac{(t^2-1)^n}{(t-x)^{n+1}}\, dt. \tag{20}$$

Damit haben wir die Formel von RODRIGUES gewonnen, und zwar hier aus der Theorie der hypergeometrischen Funktion heraus. Eine andere Beweismöglichkeit wird sich unten ergeben.

(20) ergibt ein wichtiges Resultat über die Nullstellen der Polynome $P_n(x)$. Durch n-malige Anwendung des bekannten Satzes von ROLLE erkennt man:

$P_n(x)$ hat n einfache Nullstellen im offenen Intervall $(-1, 1)$.

5.23. Die Orthogonalität der $P_n(x)$. Wir denken uns die Legendreschen Differentialgleichungen für $P_n(x)$ und $P_m(x)$ aufgeschrieben. Wir multiplizieren mit $P_m(x)$ bzw. $P_n(x)$ und erhalten nach Subtraktion

$$[m(m+1) - n(n+1)] P_n(x) P_m(x)$$
$$= [(1-x^2) P_n'(x)]' P_m(x) - [(1-x^2) P_m'(x)]' P_n(x)$$
$$= \frac{d}{dx} [(1-x^2)(P_n'(x) P_m(x) - P_m'(x) P_n(x))].$$

Die letzte eckige Klammer ist ein Polynom, das bei $x = \pm 1$ verschwindet. So folgt durch Integration

$$\int_{-1}^{1} P_n(x) P_m(x)\, dx = 0 \qquad (n \neq m), \tag{21}$$

die Orthogonalität der Legendreschen Polynome über dem Intervall $(-1, 1)$. Umgekehrt sind auch durch (21) die Legendreschen Polynome charakterisiert, wenn wir nur noch (3) und (5) hinzunehmen. Dasselbe sagt

Satz 1. *Sind $\widetilde{P}_n(x)$ für $n = 0, 1, 2, \ldots$ Polynome vom genauen Grad n, gilt ferner*

$$\int_{-1}^{1} \widetilde{P}_n(x) \widetilde{P}_m(x)\, dx = 0 \qquad (n \neq m),$$

so ist mit Konstanten $\gamma_n \neq 0$

$$\widetilde{P}_n(x) = \gamma_n P_n(x),$$

also

$$\gamma_n = \widetilde{P}_n(1).$$

Zum Beweise kann man so vorgehen: man bemerkt zuerst, daß die Orthogonalitätsvoraussetzung für $n > m$ genügt, daß ferner sich wegen der Gradvoraussetzung die Potenzen

$$1, x, \ldots, x^{n-1}$$

aus

$$P_0(x), P_1(x), \ldots, P_{n-1}(x)$$

als Linearkombinationen gewinnen lassen, daß daher die Orthogonalitätsvoraussetzung zu

$$\int_{-1}^{1} \widetilde{P}_n(x)\, x^m\, dx = 0 \qquad (m = 0, 1, \ldots, n-1)$$

äquivalent ist. Damit ist nun speziell

$$\int_{-1}^{1} P_n(x)\,x^n\,dx = \frac{2^n\,n!^2}{(2n)!}\int_{-1}^{1}P_n(x)^2\,dx > 0,$$

und man kann jetzt γ_n so bestimmen, daß

$$\int_{-1}^{1}\left(\widetilde{P}_n(x)-\gamma_n P_n(x)\right)x^m\,dx=0 \qquad (m=0,1,\ldots,n).$$

Dann muß aber auch

$$\int_{-1}^{1}\left|\widetilde{P}_n(x)-\gamma_n P_n(x)\right|^2\,dx=0$$

sein, also

$$\widetilde{P}_n(x)-\gamma_n P_n(x)=0$$

gelten. Dabei ist nun $\gamma_n \neq 0$, da $\widetilde{P}_n(x)$ ja den Grad n hat. —

Das Ergebnis der ersten Schlüsse des Beweises sei noch notiert:

$$\int_{-1}^{1}P_n(x)\,x^m\,dx=0 \qquad (m=0,1,\ldots,n-1). \tag{21$'$}$$

Satz 1 kann auch zum Beweise der Formel (19) dienen. Man weist nämlich für

$$\widetilde{P}_n(x)=\frac{d^n}{dx^n}(x^2-1)^n$$

leicht das Erfülltsein der Voraussetzungen von Satz 1 nach; die Orthogonalität folgt für $n>m$ leicht durch n-malige partielle Integration, indem man beachtet, daß

$$\frac{d^k}{dx^k}(x^2-1)^n$$

für $k<n$ sicher bei $x=\pm 1$ verschwindet.

Dieselbe partielle Integration verwenden wir zum Beweise von

$$\int_{-1}^{1}P_n(x)^2\,dx=\frac{2}{2n+1}. \tag{22}$$

Wir rechnen das Integral mit (20) um zu

$$\frac{1}{2^{2n}n!^2}\int_{-1}^{1}\left(\frac{d^n}{dx^n}(x^2-1)^n\right)^2 dx$$

$$=\frac{(-1)^n}{2^{2n}n!^2}\int_{-1}^{1}(x^2-1)^n\frac{d^{2n}}{dx^{2n}}(x^2-1)^n\,dx=\frac{(2n)!}{2^{2n}n!^2}\int_{-1}^{1}(1-x^2)^n\,dx.$$

Nun wird mit partieller Integration

$$\int_{-1}^{1}(1-x^2)^n\,dx=\frac{2n}{2n+1}\int_{-1}^{1}(1-x^2)^{n-1}\,dx$$

für $n = 1, 2, 3, \ldots$, also

$$\int_{-1}^{1} (1 - x^2)^n \, dx = \frac{2n}{2n+1} \cdot \frac{2n-2}{2n-1} \cdots \frac{2}{3} \cdot 2 = \frac{2}{2n+1} \cdot \frac{2^{2n} n!^2}{(2n)!} \, .$$

Damit folgt (22). —

Setzt man

$$\Pi_n(x) = \sqrt{2n+1} \, P_n(x), \tag{23}$$

so lassen sich (21) und (22) zu

$$\frac{1}{2} \int_{-1}^{1} \Pi_n(x) \, \Pi_m(x) \, dx = \delta_{nm} = \begin{cases} 1 & (n = m), \\ 0 & (n \neq m) \end{cases} \tag{24}$$

zusammenfassen. Man hat mit (23) ein orthogonales und normiertes Polynomsystem (über $(-1, 1)$).

Auf der Orthogonalität beruhen einige wichtige Anwendungen der Legendreschen Polynome.

Wir betrachten zuerst eine für $-1 < x < 1$ reelle quadratisch-integrable Funktion $f(x)$ und die Aufgabe, ein reelles Polynom $p_n(x)$ höchstens n-ten Grades anzugeben, für das

$$\int_{-1}^{1} (f(x) - p_n(x))^2 \, dx$$

möglichst klein wird. Man spricht von Approximation im quadratischen Mittel. Die Lösung wird hier sehr bequem, wenn man nicht $p_n(x)$ mit unbestimmten Koeffizienten der Potenzen von x, sondern in der Form

$$p_n(x) = \sum_{m=0}^{n} \alpha_m \, \Pi_m(x)$$

mit den Polynomen (23) ansetzt. Dann wird nämlich, wenn man

$$\varphi_m = \frac{1}{2} \int_{-1}^{1} f(x) \, \Pi_m(x) \, dx$$

setzt, wie man leicht nachrechnet,

$$\frac{1}{2} \int_{-1}^{1} (f(x) - p_n(x))^2 \, dx = \frac{1}{2} \int_{-1}^{1} f(x)^2 \, dx - \sum_{m=0}^{n} \varphi_m^2 + \sum_{m=0}^{n} (\alpha_m - \varphi_m)^2 \, .$$

Das zeigt unmittelbar, daß $p_n(x)$ die Minimaleigenschaft genau dann hat, wenn man

$$\alpha_m = \varphi_m$$

wählt.

Bekanntlich gilt ganz dasselbe für die trigonometrischen Funktionen

$$1, \; \sqrt{2} \cos x, \; \sqrt{2} \sin x, \; \sqrt{2} \cos 2x, \; \sqrt{2} \sin 2x, \; \ldots$$

über dem Intervall $(-\pi, \pi)$, d.h. also hier für die Approximation einer Funktion $f(x)$ über $(-\pi, \pi)$ im quadratischen Mittel durch ein trigonometrisches Polynom höchstens n-ten Grades. Man übersieht leicht, daß man ganz allgemein eine Eigenschaft orthogonaler Funktionensysteme vor sich hat.

Wir ziehen nun aus der obigen Minimaleigenschaft der φ_m noch eine Folgerung — ebenfalls in Analogie zur Theorie der Fourier-Reihen. Wir setzen oben $\alpha_m = \varphi_m$ und beachten, daß für stetige Funktionen nach dem Approximationssatz von WEIERSTRASS der Fehler mit $n \to \infty$ verschwindet. Damit entsteht die Vollständigkeitsrelation

$$\int_{-1}^{1} f(x)^2 \, dx = \sum_{n=0}^{\infty} \frac{2n+1}{2} \left(\int_{-1}^{1} f(x) P_n(x) \, dx \right)^2, \qquad (25)$$

und zwar zunächst für reelles stetiges $f(x)$. (25) gilt jedoch allgemein für jede über $(-1, 1)$ meßbare, quadratisch-integrable reelle Funktion $f(x)$. Das ist leicht zu erkennen, wenn man beachtet, daß sich jede solche Funktion durch stetige im quadratischen Mittel beliebig gut approximieren läßt.

Eine andere, ebenfalls auf der Orthogonalität beruhende Anwendung der Legendreschen Polynome stellt das GAUSSsche Integrationsverfahren dar.

Allgemein beruhen die Formeln der Integration durch Interpolation auf folgendem Gedanken. Wir betrachten das Grundintervall $[-1, 1]$; gegeben seien n Stellen

$$-1 \leqq x_1 < x_2 < \cdots < x_n \leqq 1.$$

Soll nun eine Funktion $f(x)$ über $[-1, 1]$ integriert werden, so bestimmt man das Polynom $p(x)$ höchstens $(n-1)$-ten Grades, das

$$p(x_\nu) = f(x_\nu) = f_\nu \qquad (\nu = 1, 2, \ldots, n)$$

erfüllt, und nimmt das Integral von $p(x)$ als Näherungswert des Integrals von $f(x)$. Bekanntlich ist — dies ist die Interpolationsformel von LAGRANGE —

$$p(x) = \sum_{\nu=1}^{n} f_\nu \varphi_\nu(x)$$

mit

$$\varphi_\nu(x) = \frac{\prod\limits_{\mu \neq \nu} (x - x_\mu)}{\prod\limits_{\mu \neq \nu} (x_\nu - x_\mu)}.$$

Man hat also mit den von $f(x)$ unabhängigen

$$A_\nu = \int_{-1}^{1} \varphi_\nu(x) \, dx$$

die Näherungsformel

$$\int_{-1}^{1} f(x)\, dx \approx \sum_{\nu=1}^{n} A_\nu f_\nu.$$

Nun kann man die Frage stellen: *wie muß man die x_ν und damit A_ν wählen — mit festem n —, damit diese Näherungsformel exakt gilt für alle Polynome $f(x)$ bis zu einem möglichst hohen Grade?*

Natürlich gilt stets $=$ für Polynome $f(x)$, deren Grad höchstens $n-1$ ist. Denn dann ist ja sogar $p(x)=f(x)$.

Sei nun $f(x)$ ein Polynom von einem Grade $k \geqq n$. Dann ist

$$f(x)-p(x)$$

ein Polynom gleichen Grades, das mindestens die Nullstellen $x_1, x_2, \ldots, x_n$ besitzt. Setzt man

$$(x-x_1)(x-x_2)\cdots(x-x_n)=P_n^{*}(x),$$

so wird also

$$f(x)-p(x)=P_n^{*}(x)g(x),$$

wo $g(x)$ ein Polynom vom Grade $k-n$ ist. Die Forderung des Zeichens $=$ in der obigen Näherungsformel erweist sich nun als äquivalent zu

$$\int_{-1}^{1} P_n^{*}(x)g(x)\, dx = 0.$$

Hier sieht man jetzt auf Grund von Satz 1 und Formel (21'): *man kann $=$ für alle Polynome $f(x)$ bis (einschließlich) zum Grade $k=2n-1$ erreichen, und zwar genau dann, wenn*

$$P_n^{*}(x) = \frac{2^n (n!)^2}{(2n)!}\, P_n(x)$$

ist, d.h., wenn $x_1, x_2, \ldots, x_n$ die Nullstellen des n-ten Legendreschen Polynoms sind, die, wie wir oben zeigten, im offenen Intervall $(-1, 1)$ liegen.

5.3. Die Funktionen $P_n^m(x)$ $(m=0, 1, 2, \ldots;\ n=m,\ m+1,\ m+2, \ldots)$

5.31. Definition. Orthogonalität. Wir versuchen für die Indizes

$$\mu = m = 0, 1, 2, \ldots,$$

$$\nu = n = m, m+1, m+2, \ldots$$

im Anschluß an **5.12.**, (9) mit Hilfe von **4.2.**, Satz 1 Integraldarstellungen von Kugelfunktionen zu erhalten. Wir setzen also

$$a = n+m+1, \qquad b = m-n, \qquad c = m+1$$

und rechnen

$$t^{b-1}(1-t)^{c-b-1}\left(1-\frac{1-x}{2}t\right)^{-a}dt$$

mit

$$\frac{t-2}{t} = \tau, \qquad t = \frac{2}{1-\tau}, \qquad 1-t = \frac{\tau+1}{\tau-1}$$

wie für **5.22.**, (20) bis auf konstanten Faktor zu

$$(\tau^2 - 1)^n \, (\tau - x)^{-n-m-1} \, d\tau$$

um. Damit wird nach **4.2.**, Satz 1

$$\oint_{\mathfrak{C}} \frac{(\tau^2 - 1)^n}{(\tau - x)^{n+m+1}} \, d\tau$$

für x im Innern von $\mathfrak{C}$ eine mit $(x^2 - 1)^{-m/2}$ multiplizierte Kugelfunktion zu den Indizes n, m.

Wir definieren nun entsprechend[1] die folgenden „zugeordneten Legendreschen Funktionen":

$$P_n^m(x) = (-1)^m (1 - x^2)^{m/2} \frac{d^m}{dx^m} \, P_n(x), \tag{1}$$

was ja mit

$$P_n^m(x) = \frac{(-1)^m}{2^n n!} (1 - x^2)^{m/2} \frac{d^{n+m}}{dx^{n+m}} (x^2 - 1)^n \tag{2}$$

oder

$$P_n^m(x) = (1 - x^2)^{m/2} \frac{(-1)^m (n+m)!}{2^n n! \, 2\pi i} \oint \frac{(\tau^2 - 1)^n}{(\tau - x)^{n+m+1}} \, d\tau \tag{3}$$

äquivalent ist. Nach unseren Überlegungen haben wir die Differentialgleichung

$$[(1 - x^2) \, P_n^{m\,\prime}(x)]' + \left[n(n+1) - \frac{m^2}{1 - x^2} \right] P_n^m(x) = 0; \tag{4}$$

und zwar sind offenbar (1) Lösungen in der Form eines Produktes von $(1 - x^2)^{m/2}$ mit einem Polynom vom Grade $n - m$. (Das Verfahren würde für $n < m$ offenbar nur $\equiv 0$ liefern.)

Wie in **5.23.** für die Legendreschen Polynome zeigt man auch für die eben definierten zugeordneten Legendreschen Funktionen die Orthogonalität:

$$\int_{-1}^{1} P_n^m(x) \, P_k^m(x) \, dx = 0 \qquad (n \neq k); \tag{5}$$

man kann zum Beweise (2) heranziehen; einfacher ist aber wohl die Herleitung aus (4), die wie in **5.23.** verläuft.

Zur Berechnung des Normierungsintegrals

$$\int_{-1}^{1} P_n^m(x)^2 \, dx$$

---

[1] Natürlich wird $P_n^0(x) = P_n(x)$.

benutzen wir (1); wir erreichen damit die Zurückführung auf

$$\int_{-1}^{1} (1-x^2)^m \cdot \frac{d^m}{dx^m} P_n(x) \cdot \frac{d^m}{dx^m} P_n(x)\, dx. \tag{*}$$

Wir brauchen nun nur $m>0$ zu betrachten. Hier erhalten wir durch $(m-1)$-malige Differentiation der speziellen Legendreschen Differentialgleichung **5.21.**, (4)

$$(1-x^2)\frac{d^{m+1}}{dx^{m+1}} P_n(x) - 2mx\frac{d^m}{dx^m} P_n(x) +$$
$$+ [n(n+1)-m(m-1)]\frac{d^{m-1}}{dx^{m-1}} P_n(x) = 0,$$

also — nach Multiplikation mit $(1-x^2)^{m-1}$ —

$$\left[(1-x^2)^m\frac{d^m}{dx^m} P_n(x)\right]' = -(n+m)(n-m+1)(1-x^2)^{m-1}\frac{d^{m-1}}{dx^{m-1}} P_n(x).$$

Wenn wir nun in (*) einmal partiell integrieren, so können wir dies gerade benutzen:

$$\int_{-1}^{1} (1-x^2)^m \frac{d^m}{dx^m} P_n(x)\frac{d^m}{dx^m} P_n(x)\, dx$$
$$= (n+m)(n-m+1)\int_{-1}^{1} (1-x^2)^{m-1}\frac{d^{m-1}}{dx^{m-1}} P_n(x)\frac{d^{m-1}}{dx^{m-1}} P_n(x)\, dx.$$

So ist die Reduktion von m auf $m-1$ gelungen. Man erhält schließlich mit Hilfe des bekannten Resultats für $m=0$ (vgl. **5.23.**, (22)):

$$\int_{-1}^{1} P_n^m(x)^2\, dx = \frac{2}{2n+1}\frac{(n+m)!}{(n-m)!}. \tag{6}$$

Damit kann man nun wieder orthogonale und normierte Funktionen bilden:

$$\Pi_n^m(x) = \sqrt{(2n+1)\frac{(n-m)!}{(n+m)!}}\, P_n^m(x). \tag{7}$$

Für sie gilt also

$$\tfrac{1}{2}\int_{-1}^{1} \Pi_n^m(x)\,\Pi_k^m(x)\, dx = \delta_{nk}. \tag{8}$$

Diese orthogonalen normierten Funktionensysteme, die man für jedes $m=0, 1, 2, \ldots$ erhält, sind in jedem Falle — wie für $m=0$ — vollständig. Das ist einfach deshalb klar, weil man, abgesehen vom konstanten Faktor $(1-x^2)^{m/2}$ Polynome der Grade $n-m$ ($n=m, m+1, m+2, \ldots$) vor sich hat. Es gelten also auch hier Vollständigkeitsrelationen, wie wir sie im Falle $m=0$ mit **5.23.**, (25) aufgeschrieben haben.

5.32. Darstellungen der $P_n^m(x)$ durch die hypergeometrische Funktion.

Wir gehen von **5.12.**, (9) aus und erkennen, daß dies für $z = x$ und

$$\mu = m = 0, 1, 2, \ldots,$$

$$\nu = n = m, m+1, m+2, \ldots$$

ein mit $(1 - x^2)^{m/2}$ multipliziertes Polynom vom Grad $n - m$ ist, also bis auf einen konstanten Faktor $P_n^m(x)$. Zur Bestimmung des Faktors benötigt man

$$\frac{d^{n+m}}{dx^{n+m}} (x^2 - 1)^n \Big|_{x=1} = \binom{n+m}{n} n! \, \frac{d^m}{dx^m} (x+1)^n \Big|_{x=1}$$

$$= \frac{(n+m)!}{m!} \cdot \frac{n!}{(n-m)!} \, 2^{n-m}.$$

Dies erhält man nach der Regel der mehrfachen Differentiation eines Produktes zweier Funktionen, wenn man noch bedenkt, daß von den Ableitungen von $(x-1)^n$ nur die n-te bei $x=1$ nicht verschwindet. — Damit ist nun bewiesen:

$$P_n^m(x) = \left(-\frac{1}{2}\right)^m \frac{(n+m)!}{(n-m)!} \, \frac{1}{m!} \, (1 - x^2)^{m/2} \times$$

$$\times F\left(m - n, m + n + 1; m+1; \frac{1-x}{2}\right). \tag{9}$$

Auch **5.12.**, (10) kann hier verwandt werden. Wir erhalten mit $\mu = -m$ wie eben

$$P_n^m(x) = \frac{(-1)^m}{m!} \, \frac{(n+m)!}{(n-m)!} \left(\frac{1-x}{1+x}\right)^{m/2} F\left(-n, n+1; m+1; \frac{1-x}{2}\right). \tag{10}$$

(9) gestattet speziell, den höchsten Koeffizienten des nach Division mit $(1 - x^2)^{m/2}$ dastehenden Polynoms vom Grade $n - m$ hinzuschreiben:

$$\left(-\frac{1}{2}\right)^m \frac{(n+m)!}{(n-m)!} \, \frac{1}{m!} \, \frac{(m-n)_{n-m} (m+n+1)_{n-m}}{(m+1)_{n-m} (n-m)!} \left(-\frac{1}{2}\right)^{n-m}$$

$$= (-1)^m \frac{(2n)!}{2^n n! (n-m)!} \, .$$

So kann man an **5.12.**, (14) anschließen und erhält um $x = \infty$

$$P_n^m(x) = (\pm i)^m \frac{(2n)!}{2^n n! (n-m)!} (x^2 - 1)^{m/2} x^{n-m} \times$$

$$\times F\left(\frac{m-n}{2}, \frac{m-n+1}{2}; \frac{1}{2} - n; \frac{1}{x^2}\right). \tag{11}$$

Dabei gilt $\pm i$, je nachdem man von einem x mit $-1 < x < 1$, wo für $(1 - x^2)^{m/2}$ der Hauptwert steht, ausgehend durch positive oder negative

Imaginärteile in die Umgebung von ∞ analytisch fortsetzt. Dort ist natürlich

$$(x^2-1)^{m/2} = x^m (1-x^{-2})^{m/2}$$

mit dem Hauptwert von $(1-x^{-2})^{m/2}$ zu wählen.

Entsprechend ist die aus **5.12.**, (16) entspringende Formel:

$$\left. \begin{aligned} P_n^m(x) = (\pm i)^m \frac{(2n)!}{2^{2n+\frac{1}{2}} n!(n-m)!} (x^2-1)^{-\frac{1}{4}} (x+(x^2-1))^{n+\frac{1}{2}} \times \\ \times F\left(\frac{1}{2}+m, \frac{1}{2}-m; \frac{1}{2}-n; \frac{(x^2-1)^{\frac{1}{2}}-x}{2(x^2-1)^{\frac{1}{2}}}\right). \end{aligned} \right\} \quad (12)$$

Die Entwicklung nach steigenden Potenzen von x ergibt sich wieder aus **5.12.**, (12) bzw. (12'); man braucht nur den höchsten Koeffizienten zu vergleichen:

$$P_{m+2k}^m(x) = \frac{(-1)^{m+k}(2m+2k)!}{2^{m+2k} k!(m+k)!} (1-x^2)^{m/2} F\left(-k, m+k+\frac{1}{2}; \frac{1}{2}; x^2\right), \quad (13)$$

$$\left. \begin{aligned} P_{m+2k+1}^m(x) = \frac{(-1)^{m+k}(2m+2k+1)!}{2^{m+2k} k!(m+k)!} (1-x^2)^{m/2} \times \\ \times xF\left(-k, m+k+\frac{3}{2}; \frac{3}{2}; x^2\right). \end{aligned} \right\} \quad (13')$$

5.33. Bedeutung für die Schwingungsgleichung. Wie wir in **5.11.** sehen, ist eine in Kugelkoordinaten $r, \eta = \cos\vartheta, \varphi$ separierte Lösung der Schwingungsgleichung

$$\Delta u + k^2 u = 0$$

von der Form

$$u = r^{-\frac{1}{2}} Z_{\nu+\frac{1}{2}}(kr) \, \mathfrak{K}_\nu^\mu(\eta) \, e^{\pm i\mu\varphi}.$$

Wir suchen nun unter diesen Lösungen solche, die

① im Raume eindeutig,

② überall, außer eventuell in $r=0$, stetig

sind. Offenbar werden für die meisten entsprechenden physikalischen Probleme nur solche Lösungen von Interesse sein.

① bedeutet natürlich nur, daß die Funktion u beim Umlauf um die Polachse des Kugelkoordinatensystems, d.h. bei $\varphi \to \varphi + 2\pi$ eindeutig ist. Das betrifft nur

$$c_1 e^{i\mu\varphi} + c_2 e^{-i\mu\varphi}.$$

Eine nicht-triviale Funktion dieser Art ist nun genau dann 2π-periodisch, wenn μ ganzzahlig ist; es genügt

$$\mu = m = 0, 1, 2, \ldots.$$

② bedeutet zusätzlich nur noch, daß die Kugelfunktion $\mathfrak{K}_\nu^m(\eta)$ bei $\eta = +1$ und $\eta = -1$ — das entspricht der Polachse — stetig ist. Man wird so auf das Eigenwertproblem geführt, für die Differentialgleichung

$$[(1-x^2)\,y'(x)]' + \left[\lambda - \frac{m^2}{1-x^2}\right] y(x) = 0$$

mit dem Eigenwertparameter λ Lösungen $y(x) \not\equiv 0$ zu finden, die bei $x = \pm 1$ stetig sind. Da ± 1 die einzigen endlichen Singularitäten sind, und zwar[1] hier solche der Bestimmtheit mit den Indizes $\pm m/2$, erkennt man, daß unsere Forderung für $y(x)$ äquivalent ist zur Forderung

$$y(x) = (1-x^2)^{m/2}\, g(x),$$

wo $g(x) \not\equiv 0$ eine ganze Funktion von x ist. Hier kann man nun an **5.12.**, (12) und (12′) anknüpfen. Man erkennt, daß mit $\mu = m$, $\lambda = \nu(\nu+1)$ — abgesehen von $\nu \to -\nu - 1$ — eine derartige Lösung genau dann existiert, wenn

$$\nu = n - m, \ m+1, \ m+2, \ \ldots.$$

Und zwar ist dann gemäß **5.32.**, (13), (13′) bis auf konstanten Faktor gerade

$$y(x) = c\, P_n^m(x).$$

5.34. Elementare Integraldarstellungen. Wir schließen an **5.11.**, Satz 3 an und betrachten in kartesischen Koordinaten ξ_1, ξ_2, ξ_3 die Potentialfunktionen

$$u = (\xi_3 + i\xi_1)^n$$

mit $n = 0, 1, 2, \ldots$. Führt man Kugelkoordinaten ein, so wird

$$u = r^n \left(\eta + i(1-\eta^2)^{\frac{1}{2}} \cos\varphi\right)^n.$$

Nach dem erwähnten Satz ist nun

$$\left(\eta + i(1-\eta^2)^{\frac{1}{2}} \cos\varphi\right)^n$$

als Kern für Integraldarstellungen verwendbar. Danach ist speziell

$$\frac{1}{2\pi} \int_{-\pi}^{\pi} \left(x + i(1-x^2)^{\frac{1}{2}} \cos\varphi\right)^n e^{im\varphi}\, d\varphi$$

$$= \frac{1}{\pi} \int_{0}^{\pi} \left(x + i(1-x^2)^{\frac{1}{2}} \cos\varphi\right)^n \cos m\varphi\, d\varphi$$

---

[1] Hier wird die Theorie der singulären Stellen der Bestimmtheit für gewöhnliche lineare Differentialgleichungen im Komplexen herangezogen. Will man dies vermeiden, so kann man sich auf die weiter unten direkt erhaltene allgemeine Form der Lösungen der Legendreschen Differentialgleichung um ± 1 stützen.

für $m=0, 1, 2, \ldots$ eine Kugelfunktion von x zu den Indizes $\nu=n$, $\mu=m$. Offenbar erhält man für $n<m$ identisch in x den Wert 0. Für

$$m=0, 1, 2, \ldots$$
$$n=m, m+1, m+2, \ldots$$

erhalten wir sicher eine bei $x=\pm 1$ stetige Funktion. Daher wird mit Konstanten d_{nm}

$$P_n^m(x) = \frac{d_{nm}}{\pi} \int\limits_0^\pi \left(x+i(1-x^2)^{\frac{1}{2}} \cos\varphi\right)^n \cos m\varphi \, d\varphi.$$

Die Konstante kann nun durch geeignete Vergleiche unschwer bestimmt werden. Wir verzichten auf die Durchführung. Das Resultat ist

$$P_n^m(x) = \frac{(n+m)!}{n!} \frac{i^m}{\pi} \int\limits_0^\pi \left(x+i(1-x^2)^{\frac{1}{2}} \cos\varphi\right)^n \cos m\varphi \, d\varphi, \qquad (14)$$

eine von LAPLACE herrührende Integraldarstellung.

Analog wie eben kann man für $n=0, 1, 2, \ldots$

$$u = (\xi_3 + i\xi_1)^{-n-1}$$

betrachten, also den Kern

$$\left(\eta + i(1-\eta^2)^{\frac{1}{2}} \cos\varphi\right)^{-n-1}.$$

Er ist sicher holomorph für

$$0 \leq \varphi \leq \pi, \qquad \Re\eta > 0.$$

Daher wird speziell

$$P_n(x) = \frac{1}{\pi} \int\limits_0^\pi \frac{d\varphi}{(x+i(1-x^2)^{\frac{1}{2}} \cos\varphi)^{n+1}} \qquad (\Re x > 0). \qquad (15)$$

Diese Integraldarstellung stammt von JACOBI.

Für $m=0$ kann eine weitere Integraldarstellung analog zu **5.21.**, (1) aus **5.21.**, (2) gewonnen werden, d.h. im Grunde also auch aus **5.11.**, Satz 2. Wir schreiben nämlich **5.21.**, (2) mit $r=\frac{1}{t}$ um zu

$$(1-2xt+t^2)^{-\frac{1}{2}} = \sum_{n=0}^\infty P_n(x) t^{-n-1},$$

was nun für

$$|t| > |x \pm (x^2-1)^{\frac{1}{2}}|$$

gilt. Dabei ist der Zweig der linken Seite zu wählen, der sich in ∞ wie t^{-1} verhält. Hier kann wieder die Koeffizientenformel von CAUCHY angesetzt werden, die jetzt

$$\frac{1}{2\pi i} \oint (1-2xt+t^2)^{-\frac{1}{2}} t^n \, dt = P_n(x) \qquad (16)$$

ergibt. Ist nun z. B. $-1 < x < 1$, so kann der Weg von (16) auf die doppelt durchlaufene Strecke zwischen den (verschiedenen) Singularitäten $x \pm i(1-x^2)^{\frac{1}{2}}$ oder auf einen daraus durch Deformation entstehenden anderen Weg zwischen diesen Stellen, so auch etwa auf den Kreisbogen, zusammengezogen werden. Dabei hat man wegen des Exponenten $-\frac{1}{2}$ auf Hin- und Rückweg entgegengesetztes Vorzeichen des Integranden, also gleichen Integralwert. So entsteht

$$P_n(x) = \frac{1}{\pi i} \int\limits_{x-i(1-x^2)^{\frac{1}{2}}}^{x+i(1-x^2)^{\frac{1}{2}}} \frac{t^n \, dt}{(1-2xt+t^2)^{\frac{1}{2}}} \tag{16'}$$

und hieraus wiederum durch naheliegende trigonometrische Substitution

$$P_n(\cos\vartheta) = \frac{\sqrt{2}}{\pi} \int\limits_0^\vartheta \frac{\cos(n+\frac{1}{2})\varphi}{(\cos\varphi-\cos\vartheta)^{\frac{1}{2}}} \, d\varphi. \tag{17}$$

Diese Integraldarstellungen gehen auf DIRICHLET und MEHLER zurück.

Aus (14) können übrigens sofort Abschätzungen entnommen werden:

$$|P_n(x)| < 1 \qquad (-1 < x < 1) \tag{18}$$

und

$$|P_n^m(x)| < \frac{(n+m)!}{n!} \qquad (-1 \leq x \leq 1; m > 1). \tag{19}$$

Auch, daß für $-1+\varepsilon \leq x \leq 1-\varepsilon$, $\varepsilon > 0$ gleichmäßig $P_n(x)$ mit $n \to \infty$ gegen 0 strebt, sieht man mit (14) leicht.

5.4. Die Funktionen $Q_n^m(x)$ $(m=0, 1, 2, \ldots; n=m, m+1, m+2, \ldots)$

5.41. Die Funktionen $Q_n(x)$ $(n=0, 1, 2, \ldots)$. Wir stellen uns die Aufgabe, Lösungen der speziellen Legendreschen Differentialgleichung

$$[(1-x^2)\,y'(x)]' + n(n+1)\,y(x) = 0 \tag{1}$$

zu $n=0, 1, 2, \ldots$ anzugeben, die von den $P_n(x)$ linear unabhängig sind, also zusammen mit $P_n(x)$ ein Fundamentalsystem von (1) bilden. Als Ausgangspunkt sei hier der Satz 4 von **5.11.** gewählt.

Wir betrachten in den gestreckt-rotationselliptischen Koordinaten ξ, η, φ, die durch

$$\xi_1 = (\xi^2-1)^{\frac{1}{2}}(1-\eta^2)^{\frac{1}{2}}\cos\varphi$$
$$\xi_2 = (\xi^2-1)^{\frac{1}{2}}(1-\eta^2)^{\frac{1}{2}}\sin\varphi$$
$$\xi_3 = \xi\eta$$

mit den kartesischen ξ_1, ξ_2, ξ_3 zusammenhängen, die Potentialfunktion

$$u = \frac{1}{\varrho}$$

mit

$$\varrho^2 = \xi_1^2 + \xi_2^2 + (\xi_3 - 1)^2,$$

also den reziproken Abstand vom Punkte $(0, 0, 1)$. Man rechnet sofort um:

$$u = \frac{1}{\xi - \eta}.$$

Das ist also für $\mu = 0$ im genannten Satz 4 brauchbar. Wählen wir nun $u_2(\eta) = P_n(\eta)$ und als Weg $-1 \leq \eta \leq 1$, so sind alle Voraussetzungen erfüllt: *Man erhält mit*

$$\frac{1}{2} \int_{-1}^{1} \frac{P_n(t)}{x - t}\, dt = \mathfrak{Q}_n(x) \tag{2}$$

für x außerhalb der Strecke $[-1, 1]$ eine Lösung von (1).

Für $|x| > 1$ kann man in (2)

$$\frac{1}{x - t} = \frac{1}{x} \sum_{k=0}^{\infty} \left(\frac{t}{x}\right)^k$$

entwickeln und gliedweise integrieren. Wir bestimmen nur den Anfangs-koeffizienten und erhalten mit Hilfe der Orthogonalität der $P_n(t)$ zu t^k $(k < n)$

$$\mathfrak{Q}_n(x) = \frac{1}{2}\, x^{-n-1} \left\{ \int_{-1}^{1} P_n(t)\, t^n\, dt + O\left(\frac{1}{x}\right) \right\}.$$

Es wird nun mit **5.23.**

$$\int_{-1}^{1} P_n(t)\, t^n\, dt = \frac{2^n n!^2}{(2n)!} \int_{-1}^{1} P_n(t)^2\, dt = \frac{2^{n+1} n!^2}{(2n+1)!}.$$

Nun kann man mit **5.12.**, (14) vergleichen ($\nu = -n-1$) und erhält

$$\mathfrak{Q}_n(x) = \frac{2^n n!^2}{(2n+1)!}\, x^{-n-1}\, F\left(\frac{n+1}{2},\ \frac{n+2}{2};\ n + \frac{3}{2};\ \frac{1}{x^2}\right). \tag{3}$$

Natürlich kann man daran weitere Entwicklungen anschließen. Wir wollen jedoch darauf erst in einem allgemeineren Zusammenhange zurückkommen.

Hier soll uns jetzt das Verhalten von $\mathfrak{Q}_n(x)$ um $x = \pm 1$ interessieren. Dazu zerlegt man im Integranden in (2)

$$P_n(t) = P_n(x) + \big(P_n(t) - P_n(x)\big)$$

und erhält in

$$\frac{P_n(t) - P_n(x)}{t - x}$$

ein Polynom in x, t. Damit wird

$$\frac{1}{2} \int_{-1}^{1} \frac{P_n(t) - P_n(x)}{t - x}\, dt = W_{n-1}(x) \tag{4}$$

ein Polynom in x vom Grade $n-1$, wenn $n\geq 1$, bzw. $\equiv 0$, wenn $n=0$. Andererseits ist für x außerhalb $[-1, 1]$

$$\frac{1}{2}\int_{-1}^{1}\frac{1}{x-t}\,dt=\frac{1}{2}\log\frac{x+1}{x-1},$$

wenn man den Zweig wählt, der für große x den Hauptwert liefert. Insgesamt gilt also

$$\mathfrak{Q}_n(x)=P_n(x)\,\frac{1}{2}\log\frac{x+1}{x-1}-W_{n-1}(x). \tag{5}$$

Das Polynom $W_{n-1}(x)$ kann prinzipiell mit (4) berechnet werden. Es läßt sich aber auch einfach durch $P_{n-1}(x)$, $P_{n-3}(x)$, $\ldots$ ausdrücken. Hierzu sei auf die Formelsammlungen verwiesen.

Wenn man $\mathfrak{Q}_n(x)$ auf $-1<x<1$ analytisch fortsetzt, so erhält man wegen des log-Gliedes dort keine reellen Werte. Daher führt man zweckmäßig

$$Q_n(x)=\frac{1}{2}\{\mathfrak{Q}_n(x+i0)+\mathfrak{Q}_n(x-i0)\} \quad (-1<x<1) \tag{6}$$

ein. Diese Funktion ist dann dort reell und durch

$$Q_n(x)=P_n(x)\,\frac{1}{2}\log\frac{1+x}{1-x}-W_{n-1}(x) \tag{7}$$

gegeben.

Mit (2) und (6) kann man leicht z.B. die Rekursionsformel **5.21.**, (7) von den P_n auf die Q_n umrechnen. Man muß nur

$$\frac{1}{2}\int_{-1}^{1}\frac{t\,P_n(t)}{x-t}\,dt=x\,\frac{1}{2}\int_{-1}^{1}\frac{P_n(t)}{x-t}\,dt-\frac{1}{2}\int_{-1}^{1}P_n(t)\,dt$$

beachten. So entsteht

$$\left.\begin{aligned}&Q_1(x)-x\,Q_0(x)+1=0,\\&(n+1)\,Q_{n+1}(x)-(2n+1)\,x\,Q_n(x)+n\,Q_{n-1}(x)=0 \quad (n=1, 2, 3, \ldots).\end{aligned}\right\} \tag{8}$$

5.42. Die Funktionen $Q_n^m(x)$. In **5.31.**, (1) haben wir

$$P_n^m(x)=(-1)^m(1-x^2)^{m/2}\,\frac{d^m}{dx^m}\,P_n(x)$$

definiert und damit für $\mu=m=0, 1, 2, \ldots$; $\nu=n=m, m+1, m+2, \ldots$ Kugelfunktionen erhalten. Wir haben dies zwar mit Hilfe der Integraldarstellungen hypergeometrischer Funktionen begründet. Es ist jedoch selbstverständlich, daß man das auch an Hand der Differentialgleichungen bestätigen kann. Dies letzte Verfahren aber ist nun auf die Funktionen Q_n übertragbar. So erhalten wir mit

$$\mathfrak{Q}_n^m(x) = (x^2 - 1)^{m/2} \frac{d^m}{dx^m} \mathfrak{Q}_n(x), \tag{9}$$

$$Q_n^m(x) = (-1)^m (1 - x^2)^{m/2} \frac{d^m}{dx^m} Q_n(x) \tag{10}$$

Lösungen von

$$[(1 - x^2)\, y'(x)]' + \left[n(n+1) - \frac{m^2}{1 - x^2}\right] y(x) = 0,$$

die offenbar von $P_n^m(x)$ linear unabhängig sind.

(9) und (3) lassen bequem das Verhalten um ∞ erkennen. Man braucht nur den Anfangskoeffizienten zu bestimmen und mit **5.12.**, (14) zu vergleichen, wo $\mu = m$, $\nu = -n-1$ zu nehmen ist. So entsteht

$$\begin{aligned}
\mathfrak{Q}_n^m(x) &= (-1)^m \frac{2^n n! (n+m)!}{(2n+1)!} (x^2 - 1)^{m/2} x^{-n-m-1} \times \\
&\quad \times F\left(\frac{n+m+1}{2}, \frac{n+m+2}{2}, n+\frac{3}{2}; \frac{1}{x^2}\right).
\end{aligned} \tag{11}$$

Aus (9), (10) und (6) folgt natürlich

$$Q_n^m(x) = \frac{1}{2}\left(i^m \mathfrak{Q}_n^m(x+i0) + (-i)^m \mathfrak{Q}_n^m(x-i0)\right) \qquad (-1 < x < 1). \tag{12}$$

Das Verhalten um $x = \pm 1$ entnimmt man leicht aus (7) und (10):

$$Q_n^m(x) = P_n^m(x)\, \frac{1}{2} \log \frac{1+x}{1-x} + (1 - x^2)^{-m/2} g_{nm}(x), \tag{13}$$

wo $g_{nm}(x)$ ein Polynom in x ist, das für $m > 0$ bei $x = \pm 1$ nicht verschwindet.

5.5. Die Kugelflächenfunktionen

5.51. Kugelflächenfunktionen. Harmonische Polynome. In **5.33.** haben wir erkannt, daß genau die zugeordneten Legendreschen Funktionen $P_n^m(x)$ $(m = 0, 1, 2, \ldots; n = m, m+1, m+2, \ldots)$ auftreten, wenn man in Kugelkoordinaten separierte Lösungen der räumlichen Schwingungsgleichung sucht, die — abgesehen eventuell für $r = 0$ — im Raume eindeutig und stetig sind. Wir betrachten jetzt eingehender die von r unabhängigen Faktoren solcher Lösungen.

Genauer definieren wir gemäß **5.31.**, (7) für jedes $n = 0, 1, 2, \ldots$ die $2n+1$ Funktionen

$$f_n^m(p) = \Pi_n^{|m|}(\eta)\, e^{im\varphi} \qquad (m = -n, -n+1, \ldots, n) \tag{1}$$

und bezeichnen sie als die *speziellen Kugelflächenfunktionen vom Grade n.* In (1) haben wir mit p den den Koordinaten $\eta = \cos\vartheta$, φ entsprechenden Punkt der Kugel vom Radius 1 („Einheitskugel") bezeichnet. Das ist hier möglich, weil unsere Funktionen für $\eta = +1$ und für $\eta = -1$ von φ unabhängig sind; denn für $m = 1, 2, 3, \ldots$ hat man ja

$$P_n^m(\pm 1) = 0.$$

Im folgenden bezeichnen wir mit dp das Oberflächenelement der Einheitskugel, also kurz

$$dp = d\eta \, d\varphi = \sin\vartheta \, d\vartheta \, d\varphi.$$

Für eine über die Einheitskugel $\mathfrak{K}$ integrable Funktion $f(p) = f(\eta, \varphi)$ wird also

$$\int_{\mathfrak{K}} f(p) \, dp = \int_{-1}^{1} \int_{0}^{2\pi} f(\eta, \varphi) \, d\varphi \, d\eta = \int_{0}^{\pi} \int_{0}^{2\pi} f(\cos\vartheta, \varphi) \sin\vartheta \, d\varphi \, d\vartheta.$$

Für zwei über $\mathfrak{K}$ quadratisch integrable Funktionen $f(p)$, $g(p)$ setzen wir

$$(f, g) = \frac{1}{\mu(\mathfrak{K})} \int_{\mathfrak{K}} f(p) \, \overline{g(p)} \, dp$$

mit der Oberfläche von $\mathfrak{K}$: $\mu(\mathfrak{K}) = 4\pi$.

Mit dieser Bezeichnung bilden nun sämtliche speziellen Kugelflächenfunktionen auf $\mathfrak{K}$ ein orthogonales normiertes System:

$$(f_n^m, f_{n'}^{m'}) = \delta_{nn'} \, \delta_{mm'} = \begin{cases} 1 & (n = n', \, m = m') \\ 0 & (\text{sonst}). \end{cases} \tag{2}$$

Man rechnet nämlich sofort

$$(f_n^m, f_{n'}^{m'}) = \frac{1}{2} \int_{-1}^{1} \Pi_n^{|m|}(\eta) \, \Pi_{n'}^{|m'|}(\eta) \, d\eta \cdot \frac{1}{2\pi} \int_{0}^{2\pi} e^{im\varphi} e^{-im'\varphi} \, d\varphi.$$

Die Tatsache, daß die $e^{im\varphi}$ über $[0, 2\pi]$ ein orthogonales normiertes System bilden, liefert dann zusammen mit **5.31.**, (8) die Behauptung (2).

In ähnlicher Weise kann die Vollständigkeit des Systems der speziellen Kugelflächenfunktionen gezeigt werden, und zwar zunächst in dem Sinne, daß eine über $\mathfrak{K}$ quadratisch integrable Funktion $f(p)$, die zu allen $f_n^m(p)$ orthogonal ist, bis auf eine Menge vom Maß 0 verschwinden muß.

Dazu rechnet man nach dem Satze von Fubini

$$4\pi(f, f_n^m) = \int_{-1}^{1} \Pi_n^{|m|}(\eta) \, g_m(\eta) \, d\eta$$

mit einer quadratisch integrablen Funktion $g_m(\eta)$, die fast überall durch

$$g_m(\eta) = \int_{0}^{2\pi} f(\eta, \varphi) \, e^{-im\varphi} \, d\varphi$$

gegeben ist.

Sind nun alle $(f, f_n^m) = 0$, so ist zunächst für jedes m die Funktion $g_m(\eta)$ zu allen $\Pi_n^{|m|}(\eta)$ $(n = |m|, |m|+1, \ldots)$ orthogonal über $(-1, 1)$, d.h.

$$(1 - \eta^2)^{|m|/2} g_m(\eta)$$

zu allen Polynomen. Daher sind alle $g_m(\eta) = 0$ bis auf eine Menge vom Maß 0 (vgl. auch die am Schluß von **5.31.** erwähnten Vollständigkeitsrelationen).

Insgesamt gibt dies nun: für fast alle η gilt

$$\int\limits_0^{2\pi} f(\eta, \varphi)\, e^{-im\varphi}\, d\varphi = 0 \qquad (m = 0, \pm 1, \pm 2, \ldots);$$

das heißt aber wegen der Vollständigkeit der $e^{im\varphi}$ über $[0, 2\pi]$: für fast alle η ist

$$f(\eta, \varphi) = 0$$

bis auf eine φ-Menge vom Maß 0. Das schließlich ist das gewünschte Resultat: $f(p) = 0$ bis auf eine p-Menge vom Maß 0.

Diese eben bewiesene Vollständigkeit der f_n^m im Hilbertschen Raume der über $\Re$ quadratisch integrablen Funktionen ist nun, wie man in der Theorie des Hilbert-Raumes zeigt, äquivalent zur Eigenschaft der Approximierbarkeit durch Linearkombination. Damit hat man für jedes quadratisch integrable $f(p)$ die Vollständigkeitsrelation

$$(f, f) = \sum_{n, m} |(f, f_n^m)|^2. \tag{3}$$

(3) wurde hier durch Heranziehung tiefer liegender Sätze über das Lebesguesche Integral und den Hilbertschen Raum begründet. Man kann jedoch auch darauf verzichten. Der unten elementar bewiesene Entwicklungssatz für Laplacesche Reihen liefert auch eine elementare Beweismöglichkeit für (3).

Wir wollen jetzt die Potentialfunktionen

$$r^n f_n^m(\eta, \varphi) = r^n \Pi_n^{|m|}(\eta)\, e^{im\varphi}$$

betrachten, also bis auf konstanten Faktor

$$r^n \sin^m\vartheta\, P_n^{(m)}(\cos\vartheta)\, e^{\pm im\varphi},$$

wo $P_n^{(m)}(\eta)$ die m-te Ableitung des Legendreschen Polynoms $P_n(\eta)$ bezeichnet, also ein Polynom vom Grade $n - m$, das mit $n - m$ gerade oder ungerade ist. Wir rechnen nun mit

$$r^2 = \xi_1^2 + \xi_2^2 + \xi_3^2,$$
$$r\cos\vartheta = \xi_3,$$
$$r\sin\vartheta\, e^{\pm i\varphi} = \xi_1 \pm i\xi_2$$

auf kartesische Koordinaten um. Dann wird

$$r^n f_n^m(\eta, \varphi) = p_n^m(\xi_1, \xi_2, \xi_3) \tag{4}$$

ein *harmonisches homogenes Polynom vom Grade n.*

Zu jedem $n = 0, 1, 2, \ldots$ haben wir damit $2n+1$ homogene harmonische Polynome vom Grad n gefunden. Diese sind linear unabhängig. Denn die entsprechenden $f_n^m(p)$ sind, da orthogonal und normiert, linear unabhängig. Wir zeigen im folgenden, daß $2n+1$ schon die Maximalzahl linear unabhängiger harmonischer Polynome ist, die homogen vom Grad n sind.

Dazu gehen wir zunächst noch einmal auf die Kugelflächenfunktionen zurück.

Die $2n+1$ speziellen Kugelflächenfunktionen $f_n^m(\eta, \varphi)$ sind Lösungen der durch unvollständige Separation der Schwingungs- oder Potentialgleichung entstehenden Differentialgleichung

$$(1-\eta^2)\left[(1-\eta^2)v_\eta\right]_\eta + v_{\varphi\varphi} + n(n+1)(1-\eta^2)v = 0 \tag{5}$$

(vgl. **5.11.**, (6)), und zwar solche, die auf $\mathfrak{K}$ eindeutig und stetig sind. Speziell gilt

$$v(\eta, \varphi) \quad \text{in} \quad \begin{cases} -1 \leq \eta \leq 1 \\ -\infty < \varphi < \infty \end{cases} \quad \text{stetig,} \tag{6_1}$$

$$v(\eta, \varphi + 2\pi) = v(\eta, \varphi). \tag{6_2}$$

Wir wollen nun umgekehrt eine Funktion $v(\eta, \varphi)$ mit (6_1), (6_2) betrachten, die in

$$-1 < \eta < 1, \quad -\infty < \varphi < \infty$$

zweimal stetig differenzierbar ist und dort (5) genügt. Wir bilden dann

$$u_m(\eta) = \frac{1}{2\pi} \int_0^{2\pi} v(\eta, \varphi) e^{-im\varphi} d\varphi$$

für ganzzahlige m. Man erkennt, indem man wie in **5.11.** verfährt, sofort, daß $u_m(\eta)$ Kugelfunktion zu $\nu = n$, $\mu = m$ ist. Weiter ist nun mit $v(\eta, \varphi)$ auch $u_m(\eta)$ bei $\eta = \pm 1$ stetig. Damit aber ist nach **5.33.** klar: einmal gilt

$$u_m(\eta) \equiv 0 \quad (|m| > n);$$

zum andern muß mit konstanten Faktoren

$$u_m(\eta) = \gamma_m \Pi_n^{|m|}(\eta) \quad (|m| \leq n)$$

sein. Es ist also danach $v(\eta, \varphi)$ in φ ein trigonometrisches Polynom vom Grade n, seine Fouriersche Darstellung ist

$$v(\eta, \varphi) = \sum_{m=-n}^{n} \gamma_m \Pi_n^m(\eta) e^{im\varphi} = \sum_{m=-n}^{n} \gamma_m f_n^m(\eta, \varphi).$$

Wir können nun definieren: es heiße allgemein *Kugelflächenfunktion vom Grade n* jede auf $\mathfrak{K}$ eindeutige und stetige Funktion, die dort Lösung von (5) ist.

Dann ist mit dem Vorstehenden bewiesen: *Kugelflächenfunktionen vom Grade n sind genau die Linearkombinationen der $2n+1$ speziellen Kugelflächenfunktionen dieses Grades.*

Nun können wir auch die obige Frage nach den homogenen harmonischen Polynomen vom Grade n angreifen. Offenbar kann jedes solche Polynom

$$p(\xi_1, \xi_2, \xi_3) = r^n v(\eta, \varphi)$$

geschrieben werden. Dabei muß nach dem obigen $v(\eta, \varphi)$ Kugelflächenfunktion vom Grade n sein. Mit (4) und

$$v(\eta, \varphi) = \sum_{m=-n}^{n} \gamma_m f_n^m(\eta, \varphi)$$

wird dann

$$p(\xi_1, \xi_2, \xi_3) = \sum_{m=-n}^{n} \gamma_m p_n^m(\xi_1, \xi_2, \xi_3).$$

Somit gilt tatsächlich:

Die harmonischen homogenen Polynome vom Grade n sind genau die Linearkombinationen der $2n+1$ speziellen Polynome (4).

Gleichzeitig ist bewiesen:

Ist

$$p(\xi_1, \xi_2, \xi_3) = r^n v(\eta, \varphi)$$

harmonisches homogenes Polynom vom Grad n, so ist $v(\eta, \varphi)$ Kugelflächenfunktion vom Grad n; und umgekehrt.

5.52. Die Laplacesche Reihe. Das Additionstheorem. In weitgehender Analogie zu den Fourier-Reihen kann eine Theorie der Reihen nach Kugelflächenfunktionen aufgebaut werden.

Ist die Reihe

$$\sum_{n=0}^{\infty} \left(\sum_{m=-n}^{n} \gamma_{mn} f_n^m(p) \right) = f(p)$$

auf $\mathfrak{K}$ gleichmäßig konvergent, so folgt mit (2), daß die Koeffizienten

$$\gamma_{mn} = (f, f_n^m) \tag{7}$$

sein müssen.

Umgekehrt kann man für irgendeine auf $\mathfrak{K}$ integrable Funktion $f(p)$ die Koeffizienten (7) bilden und die formale Reihe

$$f(p) \sim \sum_{n=0}^{\infty} \left(\sum_{m=-n}^{n} \gamma_{mn} f_n^m(p) \right) \tag{8}$$

hinschreiben, die „Laplacesche Reihe" von $f(p)$. Es entsteht die Frage: Für welche Funktionen ist die Laplacesche Reihe konvergent und stellt die Funktion dar?

Eine Antwort können wir schon jetzt geben: Wenn erstens die Funktion $f(p)$ stetig ist und zweitens die Reihe gleichmäßig auf $\Re$ konvergiert, dann wird sicher $f(p)$ durch diese Reihe dargestellt. Denn die Differenz von Funktion und Reihensumme ist stetig und nach dem Obigen zu allen f_n^m orthogonal. Dann läßt sich aber der Vollständigkeitsbeweis von **5.51.** elementar durchführen und liefert die Behauptung.

Ehe wir nun die Frage der Entwickelbarkeit in eine Laplacesche Reihe weiter verfolgen, sei ein Schluß aus der Tatsache gezogen, daß eine Kugelflächenfunktion $y_n(p)$ vom Grade n sicher durch ihre (dann endliche) Laplacesche Reihe dargestellt wird: Wir haben mit (7)

$$y_n(p) = \frac{1}{\mu(\Re)} \int\limits_\Re k_n(p, p')\, y_n(p')\, dp', \qquad (9)$$

wo wegen $\overline{f_n^m(p)} = f_n^{-m}(p)$ gesetzt ist:

$$k_n(p, p') = \sum_{m=-n}^{n} f_n^m(p)\, f_n^{-m}(p'). \qquad (10)$$

Man kann nun leicht einen anderen Kern $k_n^*(p, p')$ finden, der dieselbe Eigenschaft hat. Wir betrachten nämlich

$$k_n^*(p, p') = (2n+1)\, P_n(\cos p p'), \qquad (11)$$

wo im Argument des n-ten Legendreschen Polynoms der cos des sphärischen Abstandes von p und p' auf $\Re$ steht. Wir führen nun Kugelflächenkoordinaten $\tilde\eta, \tilde\varphi$ ein, für die gerade p Nordpol ist. Ist p' der $(\tilde\eta, \tilde\varphi)$ entsprechende Punkt, so wird gerade $\cos p p' = \tilde\eta$. Nun kann natürlich die Kugelflächenfunktion y_n in der Form

$$y_n(p') = \sum_{m=-n}^{n} \tilde\gamma_m\, \Pi_n^{|m|}(\tilde\eta)\, e^{im\tilde\varphi}$$

dargestellt werden. Dabei ist speziell

$$y_n(p) = \tilde\gamma_0\, \Pi_n^0(1)$$

und wegen der Orthogonalität über $\Re$

$$\tilde\gamma_0 = \frac{1}{\mu(\Re)} \int\limits_\Re y_n(p')\, \Pi_n^0(\tilde\eta)\, dp',$$

also mit (11)

$$y_n(p) = \frac{1}{\mu(\Re)} \int\limits_\Re k_n^*(p, p')\, y_n(p')\, dp'. \qquad (12)$$

Wir beachten nun, daß für jedes p die beiden Kerne $k(p, p')$, $k^*(p, p')$ als Funktionen von p' Kugelflächenfunktionen vom Grade n sind, und sehen aus (9) und (12), daß die Differenz beider zu allen Kugelflächenfunktionen vom Grad n orthogonal ist. Damit aber ist die Differenz 0, und man hat bewiesen

$$(2n+1) P_n(\cos p\,p') = \sum_{m=-n}^{n} f_n^m(p)\, f_n^{-m}(p').\tag{13}$$

Diese Formel wird als Additionstheorem der Kugelflächenfunktionen bezeichnet. Gewöhnlich wird dies in der Form

$$\left.\begin{aligned}P_n(\cos\vartheta\cos\vartheta' + \sin\vartheta\sin\vartheta'\cos(\varphi-\varphi')) &= P_n(\cos\vartheta)\,P_n(\cos\vartheta') +\\[4pt]+\; 2\sum_{m=1}^{n}\frac{(n-m)!}{(n+m)!}\cdot P_n^m(\cos\vartheta)\,P_n^m(\cos\vartheta')&\cos m(\varphi-\varphi')\end{aligned}\right\}\tag{13'}$$

geschrieben.

Das eben bewiesene Additionstheorem gestattet nunmehr eine einfache Notierung der N-ten Partialsumme der Laplaceschen Reihe einer Funktion und damit eine bequeme Behandlung des Entwicklungsproblems. Man hat nämlich

$$\sum_{n=0}^{N}\left(\sum_{m=-n}^{n}\gamma_{mn} f_n^m(p)\right) = \frac{1}{\mu(\Re)}\int_{\Re}\left(\sum_{n=0}^{N}(2n+1)P_n(\cos p\,p')\right)f(p')\,dp',$$

was mit $\tilde\eta = \cos p\,p'$ und 5.21., (11) zu

$$\frac{1}{\mu(\Re)}\int_{\Re}\left(P'_{N+1}(\tilde\eta) + P'_N(\tilde\eta)\right)f(p')\,dp'$$

wird. Zur Auswertung führen wir wieder die Koordinaten $\tilde\eta, \tilde\varphi$ auf der Kugel mit dem Nordpol p ein. Für eine auf $\Re$ stetige Funktion $f(p') = f(\tilde\eta, \tilde\varphi)$ kommen wir dann auf

$$\tfrac{1}{2}\int_{-1}^{1}\left(P'_{N+1}(\tilde\eta) + P'_N(\tilde\eta)\right)F(\tilde\eta)\,d\tilde\eta\tag{*}$$

mit

$$F(\tilde\eta) = \frac{1}{2\pi}\int_{0}^{2\pi}f(\tilde\eta, \tilde\varphi)\,d\tilde\varphi.$$

$F(\tilde\eta)$ gibt offenbar das zur Koordinate $\tilde\eta$ gehörende Breitenkreismittel von f an.

Auf (*) nun läßt sich sicher dann partielle Integration anwenden, wenn zusätzlich bekannt ist, daß $F(\tilde\eta)$ im offenen Intervall $(-1, 1)$ stetig differenzierbar und $F'(\tilde\eta)$ über dies Intervall absolut integrabel ist. Dann wird (*) wegen $P_n(1) = (-1)^n P_n(-1) = 1$ zu

$$F(1) - \tfrac{1}{2}\int_{-1}^{1}\left(P_{N+1}(\tilde\eta) + P_N(\tilde\eta)\right)F'(\tilde\eta)\,d\tilde\eta.$$

Das letzte Integral zerlegen wir in

$$\int\limits_{-1}^{-1+\varepsilon}\ldots d\tilde\eta + \int\limits_{-1+\varepsilon}^{1-\varepsilon}\ldots d\tilde\eta + \int\limits_{1-\varepsilon}^{1}\ldots d\tilde\eta$$

und erkennen nun: erster und dritter Summand können durch hinreichend kleine Wahl von $\varepsilon > 0$ für alle N gleichmäßig klein gemacht werden (vgl. **5.34.**, (18)); der zweite Summand hat dann (wegen der Schlußbemerkung von **5.34.**) für $N \to \infty$ den Grenzwert 0; danach gilt dasselbe für die Summe. Für $N \to \infty$ strebt also unter den gemachten Voraussetzungen die N-te Partialsumme der Funktion f an der Stelle p gegen

$$\widetilde F(1) = f(p).$$

Unsere hierfür gemachten Voraussetzungen nun sind sicher erfüllt, wenn f auf der Kugel $\Re$ stetig differenzierbar ist. Denn dann ist für jeden Pol p die Funktion

$$f(p') = \tilde f(\tilde\eta, \tilde\varphi), \quad \tilde\eta = \cos\tilde\vartheta$$

in $0 \leq \tilde\vartheta \leq \pi$ nach $\tilde\vartheta$ stetig differenzierbar. Das bedeutet, daß

$$\tilde f_{\tilde\vartheta} = -(1 - \tilde\eta^2)^{\frac12}\tilde f_{\tilde\eta}$$

dort stetig ist. Damit haben wir die absolute Integrabilität der oben gebildeten Funktion $\widetilde F'(\tilde\eta)$ über $(-1, 1)$.

Noch etwas mehr kann jetzt gezeigt werden. Die in einem Punkte von $\Re$ in einer bestimmten Richtung genommene Ableitung $\partial f/\partial s$ ($s = $ Bogenlänge) hängt von Punkt und Richtung stetig ab, ist also beschränkt. Daraus folgt, daß die obigen Abschätzungen der drei Integrale

$$\int\limits_{-1}^{-1+\varepsilon}, \int\limits_{-1+\varepsilon}^{1-\varepsilon}, \int\limits_{1-\varepsilon}^{1}$$

gleichmäßig für alle p vorgenommen werden können. So ist schließlich bewiesen:

Ist $f(p)$ auf $\Re$ stetig differenzierbar, so gilt

$$f(p) = \sum_{n=0}^{\infty}\left(\sum_{m=-n}^{n}(f, f_n^m)\, f_n^m(p)\right);$$

die Reihe ist auf $\Re$ gleichmäßig konvergent.

5.53. Entwicklungen von Lösungen der Schwingungs- bzw. Potentialgleichung. Der eben bewiesene Entwicklungssatz für die Laplaceschen Reihen nach Kugelflächenfunktionen entspricht einem

Satze über Fourierreihen, den man für auf dem Einheitskreis stetig differenzierbare Funktionen aussprechen kann. Ebenso nun, wie aus diesem Satze der Satz über die Laurent-Entwicklung einer in einem Kreisring eindeutigen analytischen Funktion bzw. **3.1.**, Satz 3 folgen, lassen sich mit Hilfe der Laplaceschen Reihen Sätze gewinnen über Entwicklungen von Lösungen der räumlichen Schwingungs- bzw. Potentialgleichung, die zwischen zwei Kugelflächen eindeutig und regulär sind.

Es seien ξ_1, ξ_2, ξ_3 kartesische Koordinaten, r, $\eta = \cos\vartheta$, φ Kugelkoordinaten um einen Punkt $(\xi_{10}, \xi_{20}, \xi_{30})$, also $\xi_1 - \xi_{10} = r\sin\vartheta\cos\varphi$, ... Wir betrachten eine Funktion u, die für

$$(0\leqq)\, r_1 < r < r_2\, (\leqq \infty)$$

als Funktion der kartesischen Koordinaten eindeutig, zweimal stetig differenzierbar und Lösung der Schwingungsgleichung $\Delta u + k^2 u = 0$ ist. Hält man r fest, so entsteht eine auf der betreffenden Kugelfläche zweimal stetig differenzierbare Funktion, die sicher in eine Laplacesche Reihe entwickelt werden kann:

$$u(r, \eta, \varphi) = \sum_{n=0}^{\infty} \left(\sum_{m=-n}^{n} (u, f_n^m)\, f_n^m(\eta, \varphi) \right).$$

Die Koeffizienten werden Funktionen von r sein

$$(u, f_n^m) = \gamma_n^m(r).$$

Wir behaupten, daß sie für $r_1 < r < r_2$ zweimal stetig differenzierbar und Lösungen von **5.11.**, (2) mit $\nu = n$, d.h. von

$$\left(r^2 y'(r)\right)' + \left(k^2 r^2 - n(n+1)\right) y(r) = 0 \tag{$*$}$$

sind. Dazu hat man nur die Schwingungsgleichung **5.11.**, (1) in der Form

$$(r^2 u_r)_r + k^2 r^2 u = -\left[(1-\eta^2)\, u_\eta\right]_\eta - \frac{1}{1-\eta^2}\, u_{\varphi\varphi}$$

zu schreiben. Bezeichnet man den Differentialoperator rechts mit L, so zeigt man leicht: Sind f, g auf $\mathfrak{K}$ eindeutig und zweimal stetig differenzierbar, so gilt

$$(L f, g) = (f, L g).$$

L ist also auf $\mathfrak{K}$ „selbstadjungiert". Nun kann man für den Nachweis der Differentialgleichung $(*)$ für $\gamma_n^m(r)$ so verfahren: Man erkennt zunächst aus den Eigenschaften von u die zweimalige stetige Differenzierbarkeit in $r_1 < r < r_2$ und die entsprechende Differenzierbarkeit nach r unter dem Zeichen der Integration über $\mathfrak{K}$. Damit aber wird

$$(r^2 \gamma_{nr}^m)_r + k^2 r^2 \gamma_n^m = (L u, f_n^m).$$

Dies kann man nun nach der obigen Bemerkung über L umrechnen zu

$$(Lu, f_n^m) = (u, Lf_n^m) = n(n+1)(u, f_n^m) = n(n+1)\gamma_n^m(r),$$

die letzten Schritte wegen der Differentialgleichung der Kugelflächenfunktionen vom Grad n, die sich ja

$$Lf_n^m = n(n+1)f_n^m$$

schreiben läßt.

Unsere Überlegung gibt gleich noch etwas mehr: ist $r_1 = 0$ und u für $r < r_2$ regulär, so sind auch die $\gamma_n^m(r)$ in $r = 0$ holomorph .

Lösungen von ($*$), und zwar linear unabhängige sind nun für $k \neq 0$

$$\psi_n^{(1)}(kr) = \left(\frac{\pi}{2kr}\right)^{\frac{1}{2}} J_{n+\frac{1}{2}}(kr)$$

und

$$\psi_{-n-1}^{(1)}(kr) = \left(\frac{\pi}{2kr}\right)^{\frac{1}{2}} J_{-n-\frac{1}{2}}(kr)$$

mit $n = 0, 1, 2, \ldots$, für $k = 0$ natürlich r^n und r^{-n-1}. Wir setzen nun oben

$$\gamma_n^m(r) = \begin{cases} \gamma_n^{m(1)}\psi_n^{(1)}(kr) + \gamma_n^{m(2)}\psi_{-n-1}^{(1)}(kr) & (k \neq 0), \\ \gamma_n^{m(1)}r^n + \gamma_n^{m(2)}r^{-n-1} & (k = 0). \end{cases}$$

Dann können wir in den Gliedern der Laplaceschen Reihe nach den $\psi_n^{(1)}$, $\psi_{-n-1}^{(1)}$ bzw. r^n, r^{-n-1} ordnen und erhalten

$$u = \sum_{n=0}^{\infty} \left(\psi_n^{(1)}(kr) Y_n^{(1)}(\eta, \varphi) + \psi_{-n-1}^{(1)}(kr) Y_n^{(2)}(\eta, \varphi)\right)$$

bzw.

$$u = \sum_{n=0}^{\infty} \left(r^n Y_n^{(1)}(\eta, \varphi) + r^{-n-1} Y_n^{(2)}(\eta, \varphi)\right).$$

Die Funktionen $Y_n^{(j)}$ ($j = 1, 2$) sind dabei Kugelflächenfunktionen vom Grade n, nämlich

$$Y_n^{(j)} = \sum_{m=-n}^{n} \gamma_n^{m(j)} f_n^m \qquad (j = 1, 2).$$

Klar ist natürlich nach einer oben gemachten Bemerkung: Ist u für $r < r_2$ regulär; so sind

$$\gamma_n^{m(2)} = Y_n^{(2)}(\eta, \varphi) = 0.$$

Wir betrachten jetzt zuerst den Fall der Potentialgleichung, also einer harmonischen Funktion u. Nach dem zuvor Gesagten ist dann schon bewiesen:

Satz 1. *Eine im Innern einer Kugel*

$$r^2 = (\xi_1 - \xi_{10})^2 + (\xi_2 - \xi_{20})^2 + (\xi_3 - \xi_{30})^2 < R^2$$

reguläre Potentialfunktion u läßt sich dort in eine Reihe

$$u = \sum_{n=0}^{\infty} \pi_n(\xi_1 - \xi_{10}, \xi_2 - \xi_{20}, \xi_3 - \xi_{30})$$

nach homogenen harmonischen Polynomen π_n (Grad n) entwickeln. Die Reihe ist in abgeschlossenen Teilgebieten absolut gleichmäßig konvergent.

Dazu wurde natürlich

$$\pi_n = r^n Y_n^{(1)}(\eta, \varphi)$$

gesetzt. Die Aussage über die Gleichmäßigkeit der Konvergenz kann auf zwei Wegen erhalten werden. Man kann sie entweder direkt im Anschluß an den Beweis des Entwicklungssatzes von **5.52.** erschließen oder so verfahren, daß man zunächst für ein $r = R_1$ die Beschränktheit der Reihenglieder ($\leq M$) gemäß **5.52.** hat und dann wie bei den Potenzreihen für $r \leq R_1 q$ $(0 < q < 1)$ mit

$$\sum_{n=0}^{\infty} M q^n$$

eine konvergente konstante Majorante bekommt.

Dieselbe Schlußweise wird im Falle der Kugelschale

$$r_1 < r < r_2$$

angewandt. Für $r_1 < r_1' < r_2' < r_2$ hat man

$$\left| r_1'^n Y_n^{(1)} + r_1'^{-n-1} Y_n^{(2)} \right| \leq M_1, \qquad \left| r_2'^n Y_n^{(1)} + r_2'^{-n-1} Y_n^{(2)} \right| \leq M_2.$$

Daraus folgt durch Abschätzung der Lösung eines Systems zweier linearer Gleichungen

$$\left| r_2'^n Y_n^{(1)} \right| \leq \frac{M_2 + M_1 \left(\frac{r_1'}{r_2'} \right)^{n+1}}{1 - \left(\frac{r_1'}{r_2'} \right)^{2n+1}}, \qquad \left| r_1'^{-n-1} Y_n^{(2)} \right| \leq \frac{M_1 + M_2 \left(\frac{r_1'}{r_2'} \right)^{n}}{1 - \left(\frac{r_1'}{r_2'} \right)^{2n+1}}.$$

Damit aber hat man wie oben absolut gleichmäßige Konvergenz der beiden Reihen

$$\sum_{n=0}^{\infty} r^n Y_n^{(1)}, \qquad \sum_{n=0}^{\infty} r^{-n-1} Y_n^{(2)}$$

für

$$r_1 < r_1' < r_1'' \leq r \leq r_2'' < r_2' < r_2.$$

So ist bewiesen

Satz 2. *Eine in einer Kugelschale*

$$(0 \leq) r_1^2 < r^2 = (\xi_1 - \xi_{10})^2 + (\xi_2 - \xi_{20})^2 + (\xi_3 - \xi_{30})^2 < r_2^2 (\leq \infty)$$

reguläre Potentialfunktion u läßt sich dort entwickeln

$$u = u_1 + u_2,$$

$$u_1 = \sum_{n=0}^{\infty} \pi_n^{(1)}(\xi_1 - \xi_{10}, \xi_2 - \xi_{20}, \xi_3 - \xi_{30}),$$

$$u_2 = \sum_{n=0}^{\infty} r^{-2n-1} \pi_n^{(2)}(\xi_1 - \xi_{10}, \xi_2 - \xi_{20}, \xi_3 - \xi_{30}).$$

u_1 ist eine für $r < r_2$ reguläre Potentialfunktion, u_2 eine für $r > r_1$ reguläre, im Unendlichen verschwindende Potentialfunktion. $\pi_n^{(1)}$, $\pi_n^{(2)}$ sind homogene harmonische Polynome vom Grade n. Die Reihen sind in abgeschlossenen Teilgebieten absolut gleichmäßig konvergent. Als gleichmäßig konvergente Reihen dieser Art sind sie eindeutig bestimmt.

Dabei haben wir natürlich

$$r^n Y_n^{(1)} = \pi_n^{(1)}, \qquad r^n Y_n^{(2)} = \pi_n^{(2)}$$

gesetzt. Daß u_1 und u_2 für $r < r_2$ bzw. $r > r_1$ reguläre Potentialfunktionen sind, folgt mit der Gleichmäßigkeit der Konvergenz ihrer Reihen leicht, wenn man beachtet, daß sich die harmonischen Funktionen durch die Stetigkeit und die Kugelmittelwerteigenschaft charakterisieren lassen; daher kann man mit gliedweiser Integration von den Reihengliedern auf die Reihensumme schließen. Die Eindeutigkeit folgt aus den Koeffizientenformeln für gleichmäßig konvergente Laplacesche Reihen.

Die Sätze 1, 2 können auf den Fall der Schwingungsgleichung $(k \neq 0)$ übertragen werden. Dazu muß man nur beachten, daß für ganze $n \to \pm \infty$

$$\frac{\psi_n^{(1)}(kr_1)}{\psi_n^{(1)}(kr_2)} = \left(\frac{r_1}{r_2}\right)^n \left(1 + O\left(\frac{1}{n}\right)\right) \tag{x}$$

gilt, wobei man das $O(1/n)$ für beschränkte r_1, r_2 gleichmäßig hat. Dies folgt leicht mit Hilfe der Potenzreihe für die Bessel-Funktionen. Auf Grund von (x) läßt sich nun die dem Potentialfall verwandte — zum Vorgehen bei Potenzreihen analoge — Schlußweise auch bei der Schwingungsgleichung heranziehen. So hat man

Satz 3. *Eine in einer Kugel*

$$r^2 = (\xi_1 - \xi_{10})^2 + (\xi_2 - \xi_{20})^2 + (\xi_3 - \xi_{30})^2 < R^2$$

zweimal stetig differenzierbare Lösung u der Schwingungsgleichung

$$\Delta u + k^2 u = 0 \qquad (k \neq 0)$$

läßt sich dort eindeutig in eine in abgeschlossenen Teilgebieten absolut gleichmäßig konvergente Reihe

$$u = \sum_{n=0}^{\infty} r^{-n} \psi_n^{(1)}(kr)\, \pi_n(\xi_1 - \xi_{10}, \xi_2 - \xi_{20}, \xi_3 - \xi_{30})$$

entwickeln. π_n sind homogene harmonische Polynome vom Grade n.

Satz 4. *Eine in einer Kugelschale*

$$(0\leqq)\,r_1^2<r^2=(\xi_1-\xi_{10})^2+(\xi_2-\xi_{20})^2+(\xi_3-\xi_{30})^2<r_2^2\,(\leqq\infty)$$

zweimal stetig differenzierbare Lösung u der Schwingungsgleichung

$$\Delta u+k^2u=0\qquad(k\neq0)$$

läßt sich dort entwickeln

$$u=u_1+u_2,$$

$$u_1=\sum_{n=0}^{\infty}r^{-n}\psi_n^{(1)}(kr)\,\pi_n^{(1)}(\xi_1-\xi_{10},\xi_2-\xi_{20},\xi_3-\xi_{30}),$$

$$u_2=\sum_{n=0}^{\infty}r^{-n}\psi_{-n-1}^{(1)}(kr)\,\pi_n^{(2)}(\xi_1-\xi_{10},\xi_2-\xi_{20},\xi_3-\xi_{30}).$$

$\pi_n^{(1)}$, $\pi_n^{(2)}$ *sind homogene harmonische Polynome vom Grade n. Die Reihen sind für* $r\leqq r_2'<r_2$ *bzw.* $r\geqq r_1'>r_1$ *absolut gleichmäßig konvergent und als solche eindeutig bestimmt.*

5.6. Kugelfunktionen zu beliebigen Indizes

5.61. Die Funktionen $\widetilde{\mathfrak{Q}}_\nu^\mu(x)$. Definition. Reihen.

Zu beliebigen Indizes ν, μ, die also auch komplex sein dürfen, definieren wir zunächst Kugelfunktionen mit einfachem Verhalten in ∞, nämlich solche, die sich bei Umlauf um ∞ mit einem konstanten Faktor multiplizieren. Dabei wird man zu erreichen suchen, daß man bezüglich der Indizes ν, μ eine ganze Funktion erhält.

Wir knüpfen am einfachsten an den mit **5.12.**, (14) gegebenen Ausdruck für eine Kugelfunktion zu den Indizes ν, μ an. Indem wir zuvor ν durch $-\nu-1$ ersetzen, was ja erlaubt ist, d.h. wieder eine Kugelfunktion zu ν, μ liefert, definieren wir

$$\left.\begin{aligned}\widetilde{\mathfrak{Q}}_\nu^\mu(x)&=\frac{\sqrt{\pi}}{2^{\nu+1}\Gamma(\nu+\tfrac{3}{2})}\,x^{-\nu-\mu-1}(x^2-1)^{\mu/2}\times\\[2mm]&\quad\times F\left(\frac{\nu+\mu+1}{2},\frac{\nu+\mu+2}{2};\nu+\frac{3}{2};\frac{1}{x^2}\right).\end{aligned}\right\}\qquad(1)$$

Dies gilt wegen des Konvergenzradius 1 für die hypergeometrische Reihe zunächst nur für $|x|>1$. Dort ist

$$(x^2-1)^{\mu/2}=x^\mu\left(1-\frac{1}{x^2}\right)^{\mu/2}$$

mit dem Hauptwert der letzten Potenz zu erklären; $\widetilde{\mathfrak{Q}}_\nu^\mu(x)$ hängt dort natürlich neben x noch von arg x ab, das in $x^{-\nu-1}$ in Erscheinung tritt.

Offenbar ist — zunächst für $|x|>1$ — (1) eine ganze Funktion von ν, μ. Das erkennt man, wenn man den reziproken Γ-Faktor zu den einzelnen Koeffizienten der F-Reihe zieht. Als Eigenschaft, die wir anstrebten, notieren wir die Halbumlaufseigenschaft um ∞:

$$\widetilde{\mathfrak{Q}}_\nu^\mu(x e^{\pi i}) = e^{-\pi i(\nu+1)} \widetilde{\mathfrak{Q}}_\nu^\mu(x). \tag{2}$$

Neben (1) ist auch $\widetilde{\mathfrak{Q}}_{-\nu-1}^\mu(x)$ Kugelfunktion zu ν, μ. Hier gilt natürlich

$$\widetilde{\mathfrak{Q}}_{-\nu-1}^\mu(x e^{\pi i}) = e^{\pi i \nu} \widetilde{\mathfrak{Q}}_{-\nu-1}^\mu(x).$$

Das zeigt: Für $\nu \neq k+\tfrac{1}{2}$ mit ganzem k sind $\widetilde{\mathfrak{Q}}_\nu^\mu(x)$ und $\widetilde{\mathfrak{Q}}_{-\nu-1}^\mu(x)$ linear unabhängig. Denn für diese ν sind beide nicht identisch 0, und es ist

$$e^{-\pi i(\nu+1)} \neq e^{\pi i \nu}.$$

In diesem Falle erhält man also alle Kugelfunktionen zu ν, μ in den Linearkombinationen von $\widetilde{\mathfrak{Q}}_\nu^\mu(x)$, $\widetilde{\mathfrak{Q}}_{-\nu-1}^\mu(x)$. Das zieht nach sich, daß dann $\widetilde{\mathfrak{Q}}_\nu^\mu(x)$ bis auf von x unabhängigen Faktor durch (2) bestimmt ist.

Diese letzte Tatsache gibt uns leicht eine wichtige Formel:

$$\widetilde{\mathfrak{Q}}_\nu^{-\mu}(x) = \widetilde{\mathfrak{Q}}_\nu^\mu(x). \tag{3}$$

Denn $\widetilde{\mathfrak{Q}}_\nu^{-\mu}(x)$ ist auch Kugelfunktion zu ν, μ und hat auch die Eigenschaft (2) und denselben Koeffizienten von $x^{-\nu-1}$.

Damit gilt (3) für alle nicht halbzahligen ν. Daraus aber folgt die Allgemeingültigkeit, wenn man bedenkt, daß beide Seiten ganze Funktionen von ν sind.

(1) gab die unmittelbare Definition von $\widetilde{\mathfrak{Q}}_\nu^\mu(x)$ nur für $|x|>1$. Wir werden nun verabreden, diese Bezeichnung auf alles zu übertragen, was sich aus (1) durch analytische Fortsetzung ergibt. Klar ist dabei wegen der Differentialgleichung, die linear ist und nur 1, -1, ∞ als Singularitäten hat, daß wir längs jedes Weges, der diese Stellen nicht trifft, analytisch fortsetzen können.

Gelegentlich ist es zweckmäßig, Kugelfunktionen, speziell auch $\widetilde{\mathfrak{Q}}_\nu^\mu(x)$, durch Verabredung eines Verzweigungsschnittes eindeutig zu machen. Man wählt zweckmäßig den Schnitt von 1 über -1 nach $-\infty$ und betrachtet die Funktionen nur für

$$|\arg(x-1)| < \pi.$$

Dort ist dann z. B. der „Hauptwert" von $\widetilde{\mathfrak{Q}}_\nu^\mu(x)$, der sich aus (1) mit dem Hauptwert von $x^{-\nu-1}$ ergibt, eine eindeutige Funktion.

Die Fortsetzung von $\widetilde{\mathfrak{Q}}_\nu^\mu(x)$ auf alle x außerhalb von $-1 < x < 1$ kann schon mit einer hypergeometrischen Reihe gegeben werden. Man erhält mit der für (3) verwandten Schlußweise aus **5.12.**, (15)

$$\widetilde{\mathfrak{Q}}_\nu^\mu(x) = \frac{2^\mu \sqrt{\pi}}{\Gamma(\nu+\tfrac{3}{2})}\,(x^2-1)^{\mu/2}\big(x+(x^2-1)^{\frac12}\big)^{-\nu-\mu-1}\times$$
$$\times F\left(\nu+\mu+1,\mu+\frac{1}{2};\nu+\frac{3}{2};\frac{x-(x^2-1)^{\frac12}}{x+(x^2-1)^{\frac12}}\right). \tag{4}$$

Eine weitere Entwicklung dieser Art erhält man hieraus durch $\mu \to -\mu$ und Anwendung von (3).

Schließlich kann auch **5.12.**, (16) herangezogen werden. Man geht wie eben vor und erhält

$$\widetilde{\mathfrak{Q}}_\nu^\mu(x) = \sqrt{\frac{\pi}{2}}\,\frac{1}{\Gamma(\nu+\tfrac{3}{2})}\,(x^2-1)^{-\frac14}\big(x+(x^2-1)^{\frac12}\big)^{-\nu-\frac12}\times$$
$$\times F\left(\frac{1}{2}+\mu,\frac{1}{2}-\mu;\nu+\frac{3}{2};\frac{(x^2-1)^{\frac12}-x}{2(x^2-1)^{\frac12}}\right). \tag{5}$$

Hier findet man (3) unmittelbar gegeben.

5.62. Die Funktionen $\mathfrak{P}_\nu^\mu(x)$. Definition. Reihen. Während wir eben von der Forderung eines einfachen Verhaltens um ∞ ausgingen, soll jetzt ähnlich die singuläre Stelle $+1$ der Differentialgleichung der Kugelfunktionen ausgezeichnet werden.

Wir definieren zunächst für $|x-1|<2$ im Anschluß an **5.12.**, (10)

$$\mathfrak{P}_\nu^\mu(x) = \frac{1}{\Gamma(1-\mu)}\left(\frac{x-1}{x+1}\right)^{-\frac{\mu}{2}} F\left(-\nu,\nu+1;1-\mu;\frac{1-x}{2}\right). \tag{6}$$

Das ist für $|x-1|<2$ eine ganze Funktion von ν,μ und mit $(x-1)^{-\frac{\mu}{2}}$ noch von $\arg(x-1)$ abhängig; $(x+1)^{\mu/2}$ ist als Hauptwert zu nehmen. Unmittelbar zu sehen ist

$$\mathfrak{P}_{-\nu-1}^\mu(x) = \mathfrak{P}_\nu^\mu(x). \tag{7}$$

Das Umlaufsverhalten um $+1$ gibt (6) mit

$$\mathfrak{P}_\nu^\mu\big(1+(x-1)e^{2\pi i}\big) = e^{-\pi i\mu}\mathfrak{P}_\nu^\mu(x). \tag{8}$$

Wie in **5.61.** erkennt man: Ist μ nicht ganzzahlig, so sind $\mathfrak{P}_\nu^\mu(x)$, $\mathfrak{P}_\nu^{-\mu}(x)$ linear unabhängig. Daher ist für diese μ $\mathfrak{P}_\nu^\mu(x)$ durch (8) bis auf von x unabhängigen Faktor eindeutig bestimmt.

Aus diesen Tatsachen erschließt man nun leicht wie in **5.61.** weitere Reihendarstellungen im Anschluß an **5.12.**, (9) und (11):

$$\mathfrak{P}_\nu^\mu(x) = \frac{2^\mu}{\Gamma(1-\mu)}\,(x^2-1)^{-\frac{\mu}{2}} F\left(-\mu-\nu,\nu-\mu+1;1-\mu;\frac{1-x}{2}\right), \tag{9}$$

$$\mathfrak{P}_\nu^\mu(x) = \frac{2^\mu}{\Gamma(1-\mu)}\,(x^2-1)^{-\frac{\mu}{2}} F\left(\frac{-\mu-\nu}{2},\frac{\nu-\mu+1}{2};1-\mu;1-x^2\right). \tag{10}$$

Auf (6) wollen wir noch die lineare Transformation **4.3.**, (9) anwenden. Das gibt

$$\mathfrak{P}^{\mu}_{\nu}(x) = \frac{2^{-\nu}}{\Gamma(1-\mu)} (x+1)^{\nu+\frac{\mu}{2}} (x-1)^{-\frac{\mu}{2}} F\left(-\nu, -\nu-\mu; 1-\mu; \frac{x-1}{x+1}\right). \quad (11)$$

Eine andere Entwicklung nach $\dfrac{x-1}{x+1}$ entsteht hieraus mit (7), d.h. mit $\nu \to -\nu-1$; dasselbe gibt natürlich auch die Anwendung der Transformation **4.3.**, (7).

Die eben erhaltenen Reihen liefern offenbar schon die analytische Fortsetzung von (6) auf $\mathfrak{Re}\, x > 0$. Wie für $\widetilde{\mathfrak{Q}}^{\mu}_{\nu}(x)$ werden wir auch hier verabreden, die Bezeichnung $\mathfrak{P}^{\mu}_{\nu}(x)$ für alles zu verwenden, was sich aus (6) durch analytische Fortsetzung ergibt. Gegebenenfalls können wir wie oben in **5.61.** den Hauptwert von $\mathfrak{P}^{\mu}_{\nu}(x)$ für $|\arg(x-1)| < \pi$ eindeutig erklären.

5.63. Integraldarstellungen. Mit Hilfe des Satzes 1 von **4.2.** bzw. durch Anwendung der dortigen Formeln (5) und (6) kann man aus den Reihen von **5.61.**, **5.62.** Darstellungen durch hypergeometrische Integrale gewinnen. Wir wollen hier nur solche mit dem Integranden

$$(t^2-1)^{\nu} (x-t)^{-\nu-\mu-1}$$

betrachten. Sie entstehen aus denen des genannten Satzes, wenn wir von **5.12.**, (9) ausgehen und mit der schon in **5.22.** (für die Herleitung von (20)) und in **5.31.** angewandten Transformation umrechnen.

Zuerst betrachten wir

$$\int\limits^{(+1+, -1-)} (t^2-1)^{\nu} (x-t)^{-\nu-\mu-1} dt. \quad (*)$$

Der Integrationsweg umläuft wie eine liegende 8 $+1$ einmal positiv und -1 einmal negativ. Wenn wir x außerhalb der Strecke $[-1, 1]$ annehmen, können wir den Weg so wählen, daß er x nicht umläuft. Er ist dann auf der Riemannschen Fläche des Integranden geschlossen. Unser Integral ist dann eindeutig festgelegt, wenn wir noch bei $t > 1$ für $(t^2-1)^{\nu}$ den Hauptwert verabreden und $(x-t)^{-\nu-\mu-1}$ wie $x^{-\nu-\mu-1}$ durch $\arg x$ festlegen.

Nach allem erhalten wir mit (*) eine außerhalb der Strecke $-1 \leqq x \leqq 1$ auf der Riemannschen Fläche von $\arg x$ eindeutige holomorphe Funktion von x, die eine ganze Funktion von ν, μ ist. Sie hat die Umlaufseigenschaft

$$f(x e^{2\pi i}) = e^{-2\pi i(\nu+\mu+1)} f(x).$$

Nach unserem Ausgangspunkt **5.12.**, (9) entsteht nun aus (*) durch Multiplikation mit

$$(x^2-1)^{\mu/2},$$

was wir außerhalb $-1 \leq x \leq 1$ auf der Riemannschen Fläche von $\arg x$ wie üblich eindeutig festlegen, eine Kugelfunktion zu den Indizes ν, μ. Sie ist eine ganze Funktion von ν, μ und hat die Umlaufseigenschaft

$$g(x e^{2\pi i}) = e^{-2\pi i(\nu+1)} g(x).$$

Hierdurch ist aber, falls 2ν nicht ganz ist, die Kugelfunktion $\widetilde{\mathfrak{Q}}_\nu^\mu(x)$ bis auf einen von x unabhängigen Faktor $c(\nu, \mu)$ bestimmt. Wegen der Holomorphie in ν gilt also stets

$$(x^2-1)^{\mu/2} \overset{(+1+,\, -1-)}{\int} (t^2-1)^\nu (x-t)^{-\nu-\mu-1}\, dt = c(\nu, \mu)\, \widetilde{\mathfrak{Q}}_\nu^\mu(x).$$

$c(\nu, \mu)$ kann nun leicht bestimmt werden, indem man für $|x|>1$ den Faktor $x^{-\nu-\mu-1}$ herauszieht,

$$\left(1-\frac{t}{x}\right)^{-\nu-\mu-1}$$

in die binomische Reihe entwickelt und über einen Weg mit $|t| \leq |x| q$, $0 < q < 1$ gliedweise integriert. Dann muß im wesentlichen die Reihe **5.61.**, (1) entstehen. Wir brauchen nur die Anfangsglieder zu vergleichen. Dazu werten wir

$$\overset{(+1+,\, -1-)}{\int} (t^2-1)^\nu\, dt = \frac{2\pi i\, \sqrt{\pi}}{\Gamma(-\nu)\, \Gamma(\nu+\tfrac{3}{2})}$$

mit **2.4.**, (33) aus. So ist bewiesen

$$\widetilde{\mathfrak{Q}}_\nu^\mu(x) = (x^2-1)^{\mu/2}\, \frac{\Gamma(-\nu)}{2\pi i \cdot 2^{\nu+1}} \overset{(+1+,\, -1-)}{\int} (t^2-1)^\nu (x-t)^{-\nu-\mu-1}\, dt \qquad (12)$$

für x außerhalb der Strecke $[-1, 1]$.

Ist $\nu = 0, 1, 2, \ldots$, so verschwindet natürlich das Integral in (12). Erst der Faktor $\Gamma(-\nu)$ gibt dann gerade wieder eine nicht identisch in x verschwindende Funktion. Diese Erscheinung ist schon aus **2.4.** bekannt und ist auch in **3.3.** und **3.4.** bei Integraldarstellungen der Zylinderfunktionen entsprechend aufgetreten. Wie dort kann man auch hier für $\Re\nu > -1$ zu einem Integral über die Strecke $(-1, 1)$ umformen und so eine explizite Darstellung von $\widetilde{\mathfrak{Q}}_\nu^\mu(x)$ für diese ν erhalten, speziell für die genannten Ausnahmewerte $\nu = 0, 1, 2, \ldots$:

$$\widetilde{\mathfrak{Q}}_\nu^\mu(x) = (x^2-1)^{\mu/2}\, \frac{1}{2^{\nu+1}\, \Gamma(\nu+1)} \int_{-1}^{1} (1-t^2)^\nu (x-t)^{-\nu-\mu-1}\, dt. \qquad (13)$$

Ein anderes Paar von Integraldarstellungen für dieselbe Funktion erhalten wir aus dem Satze 2 von **5.11.**

Wir gehen davon aus, daß in kartesischen Koordinaten ξ_1, ξ_2, ξ_3 die Funktion

$$u = e^{i\xi_3} (\xi_1 + i\xi_2)^\mu$$

der Schwingungsgleichung

$$\Delta u + u = 0$$

genügt. Umgerechnet auf Kugelkoordinaten wird

$$u = e^{ir\eta}\,(1-\eta^2)^{\mu/2}\,r^\mu\,e^{i\mu\varphi}.$$

Nach unserem Satz kann also

$$v(r,\eta) = e^{ir\eta}\,r^\mu\,(1-\eta^2)^{\mu/2}$$

als Kern für Integralrelationen zwischen Funktionen

$$r^{-\frac{1}{2}}Z_{\nu+\frac{1}{2}}(r)$$

und Kugelfunktionen zu den Indizes ν,μ dienen. In Satz 2 wählen wir nun

$$u_1(r) = \psi_\nu^{(1)}(r) = \left(\frac{\pi}{2r}\right)^{\frac{1}{2}} J_{\nu+\frac{1}{2}}(r).$$

Wir ändern die Bezeichnungen $r \rightarrow t$ und $\eta \rightarrow x$ und betrachten

$$(x^2-1)^{\mu/2} \int\limits_{\infty e^{-i\left(\frac{3\pi}{2}+\omega\right)}}^{(0+)} e^{ixt}\,t^\mu\,\psi_\nu^{(1)}(t)\,dt. \tag{α}$$

Hier hat man $\psi_\nu^{(1)}(t)$ durch die Hankel-Funktionen im Hauptzweig aus-
zudrücken und deren asymptotisches Verhalten zu beachten. Die maß-
geblichen Terme sind e^{it} und e^{-it}. Unser Integral ist danach sicher in der
x-Halbebene konvergent, in der beide Ungleichungen

$$\Re\left(i(x\pm 1)\,e^{i\left(\frac{\pi}{2}-\omega\right)}\right) < 0$$

gelten. Wir verabreden für (α) wegen der Abhängigkeit von ω daher

$$\left|\arg(x\pm 1)-\omega\right| < \frac{\pi}{2}, \quad \left|\arg x-\omega\right| < \frac{\pi}{2}. \tag{β}$$

Für kompakte Teilmengen dieser Halbebene und für beschränkte ν,μ
hat man gleichmäßige Konvergenz. So stellt (α) in der Halbebene (β)
eine Kugelfunktion der Indizes ν,μ dar, die in diesen ganz analytisch ist.

Wie in **3.3.**, **3.4.** bei entsprechenden Darstellungen der Zylinderfunktionen, erkennt man nun, daß Änderung von ω nur analytische
Fortsetzung derselben Funktion von x gibt. So liefern (α), (β) eine auf
der Riemannschen Fläche von $\arg x$ für x außerhalb der Strecke $[-1, 1]$
eindeutig definierte Funktion.

Man erkennt nun, daß einer Vermehrung von $\arg x$ um 2π eine
Verminderung von $\arg t$ um diesen Betrag entspricht. Dabei bekommt
der Integrand den Faktor $e^{-2\pi i(\nu+\mu)}$. Insgesamt bekommt (α) den Faktor

$e^{-2\pi i\nu}=e^{-2\pi i(\nu+1)}$. (α) ist also eine ganze Funktion von ν, μ, die in x die Umlaufseigenschaft um ∞

$$f(x\,e^{2\pi i})=e^{-2\pi i(\nu+1)}f(x)$$

hat. Dadurch ist aber bis auf einen Faktor $d(\nu,\mu)$ die Kugelfunktion $\widetilde{\mathfrak{Q}}_\nu^\mu(x)$ gekennzeichnet:

$$(x^2-1)^{\mu/2}\int\limits_{\infty e^{-i\left(\frac{3\pi}{2}+\omega\right)}}^{(0+)}e^{ixt}\,t^\mu\,\psi_\nu^{(1)}(t)\,dt=d(\nu,\mu)\,\widetilde{\mathfrak{Q}}_\nu^\mu(x).\tag{γ}$$

Zur Bestimmung von $d(\nu,\mu)$ verwenden wir am bequemsten den Satz 2 von **2.4.** und vergleichen mit **5.61.**, (1). Dazu genügt der Vergleich des ersten Gliedes, also die Berechnung von

$$\frac{\sqrt{\pi}\,2^{-\nu-1}}{\Gamma(\nu+\frac{3}{2})}\int\limits_{\infty e^{-i\left(\frac{3\pi}{2}+\omega\right)}}^{(0+)}e^{ixt}\,t^{\nu+\mu}\,dt=\frac{2\pi i\,\sqrt{\pi}\,2^{-\nu-1}}{\Gamma(\nu+\frac{3}{2})\,\Gamma(-\nu-\mu)}\,(i\,x)^{-\nu-\mu-1}$$

nach **2.4.**, (29), (30). Hier ist

$$\left|\arg i\,x-\frac{\pi}{2}-\omega\right|<\frac{\pi}{2}$$

zu nehmen. Wenn wir also gemäß (β)

$$\left|\arg x-\omega\right|<\frac{\pi}{2}$$

verlangen, muß $\arg i=\pi/2$ gesetzt werden. So entsteht

$$\frac{\sqrt{\pi}\,2^{-\nu-1}}{\Gamma(\nu+\frac{3}{2})}\int\limits_{\infty e^{-i\left(\frac{3\pi}{2}+\omega\right)}}^{(0+)}e^{ixt}\,t^{\nu+\mu}\,dt=-\frac{2\pi\,\sqrt{\pi}\,e^{-i\frac{\pi}{2}(\nu+\mu)}}{\Gamma(\nu+\frac{3}{2})\,\Gamma(-\nu-\mu)\,2^{\nu+1}}\,x^{-\nu-\mu-1}.$$

Damit ist $d(\nu,\mu)$ bestimmt.

Zusammenfassend kann notiert werden:

$$\left.\begin{array}{l}\widetilde{\mathfrak{Q}}_\nu^\mu(x)=(x^2-1)^{\mu/2}\,\dfrac{\Gamma(-\nu-\mu)\,e^{i(\nu+\mu)\frac{\pi}{2}}}{2\pi}\displaystyle\int\limits_{\infty e^{-i\left(\frac{3\pi}{2}+\omega\right)}}^{(0+)}e^{ixt}\,t^\mu\,\psi_\nu^{(1)}(t)\,dt\\[4mm]\left(\left|\arg(x\pm1)-\omega\right|<\dfrac{\pi}{2},\;\left|\arg x-\omega\right|<\dfrac{\pi}{2}\right).\end{array}\right\}\tag{14}$$

Für $\mathfrak{Re}(\nu+\mu+1)>0$ kann das Schleifenintegral, wie bekannt, auf ein Integral über einen Strahl transformiert werden. Es entsteht

$$\left.\begin{array}{l}(x^2-1)^{\mu/2}\displaystyle\int\limits_0^{\infty e^{i\left(\frac{\pi}{2}-\omega\right)}}e^{ixt}\,t^\mu\,\psi_\nu^{(1)}(t)\,dt=e^{i\frac{\pi}{2}(\nu+\mu+1)}\,\Gamma(\nu+\mu+1)\,\widetilde{\mathfrak{Q}}_\nu^\mu(x)\\[4mm]\left(\mathfrak{Re}(\nu+\mu+1)>0,\;\left|\arg(x\pm1)-\omega\right|<\dfrac{\pi}{2},\;\left|\arg x-\omega\right|<\dfrac{\pi}{2}\right).\end{array}\right\}\tag{14'}$$

Wir wollen nun entsprechende Integraldarstellungen auch für $\mathfrak{P}_\nu^\mu(x)$ gewinnen.

Zunächst betrachten wir wieder ein (transformiertes) hypergeometrisches Integral mit dem Integranden

$$(t^2-1)^\nu (x-t)^{-\nu-\mu-1},$$

und zwar jetzt

$$(x^2-1)^{\mu/2} \int^{(x+,\,1+,\,x-,\,1-)} (t^2-1)^\nu (x-t)^{-\nu-\mu-1}\,dt. \tag{+}$$

Dabei nehmen wir $|\arg(x+1)|<\pi$ und

$$-\pi<\arg(x-1)=\alpha<\pi$$

an. Den Integrationsweg beginnen wir mit einer Stelle t auf der Strecke $\overline{1x}$ und nehmen dort im Integranden

$$\arg(t-1)=\arg(x-t)=\alpha$$

und den Hauptwert für $\arg(t+1)$. Der Weg umläuft, wie in **2.4.**, (31) und **4.2.**, (6), der Reihe nach x positiv, 1 positiv, x negativ, 1 negativ; -1 wird nicht umlaufen. Der Integrationsweg ist also auf der Riemannschen Fläche des Integranden geschlossen. Wir erhalten nach allem mit $(+)$ für

$$|\arg(x-1)|<\pi$$

eine Kugelfunktion zu den Indizes ν,μ, natürlich zugleich eine ganze Funktion dieser Indizes.

Um diese Kugelfunktion zu identifizieren, substituieren wir

$$t-1=\tau(x-1).$$

Dann umläuft τ die Stellen 0 und 1. Man erkennt ferner, daß man aus dem Integral den Faktor $(x-1)^{-\mu}$ herausziehen kann und danach ein Integral zurückbehält, das in $x=1$ holomorph ist und dort den Wert [nach **2.4.**, (31)]

$$2^\nu \int^{(1+,\,0+,\,1-,\,0-)} \tau^\nu(1-\tau)^{-\nu-\mu-1}\,d\tau = 2^\nu\,\frac{-4\pi^2 e^{\pi i(1-\mu)}}{\Gamma(-\nu)\,\Gamma(\nu+\mu+1)\,\Gamma(1-\mu)}$$

hat. Damit ist bewiesen:

$$\mathfrak{P}_\nu^\mu(x)=\frac{e^{\pi i\mu}\Gamma(-\nu)\,\Gamma(\nu+\mu+1)}{2^\nu\cdot 4\pi^2}\times \left.\begin{array}{l} \\ \times (x^2-1)^{\mu/2}\displaystyle\int^{(x+,\,1+,\,x-,\,1-)} (t^2-1)^\nu(x-t)^{-\nu-\mu-1}\,dt; \end{array}\right\} \tag{15}$$

und zwar erhalten wir für $|\arg(x-1)|<\pi$ den Hauptwert von $\mathfrak{P}_\nu^\mu(x)$.

Nun zu den Integraldarstellungen mit Hilfe von Zylinderfunktionen!

Wir gehen analog zu den Überlegungen für (14) und (14′) vor, betrachten jedoch statt $\psi_\nu^{(1)}(t)$ jetzt

$$\psi_\nu^{(3)}(t) = \left(\frac{\pi}{2t}\right)^{\frac{1}{2}} H_{\nu+\frac{1}{2}}^{(1)}(t) .$$

Dabei schränken wir

$$-\frac{\pi}{2} < \omega < \frac{\pi}{2}$$

ein. Dann wird mit

$$|\arg(x\pm 1)-\omega| < \frac{\pi}{2}$$

gerade das Definitionsgebiet des Hauptwertes von $\mathfrak{P}_\nu^{-\mu}(x)$ überdeckt. Auf den Integrationswegen bleibt ferner

$$-2\pi < \arg t < \pi,$$

so daß dort für $\psi_\nu^{(3)}(t)$ die asymptotische Reihe der ersten Hankel-Funktion mit dem Hauptglied e^{it} verwandt werden kann. Für

$$\mathfrak{Re}(\nu+\mu+1)>0, \quad \mathfrak{Re}(\mu-\nu)>0$$

betrachten wir nun

$$\int_0^{\infty e^{i\left(\frac{\pi}{2}-\omega\right)}} e^{ixt} t^\mu \psi_\nu^{(3)}(t) \, dt .$$

Hierfür ist die Regularitätshalbebene jetzt

$$\mathfrak{Re}(x+1)e^{-i\omega}>0;$$

man hat also insbesondere Holomorphie um $x=1$. Daher ist mit einem noch zu bestimmenden Faktor $e(\nu,\mu)$

$$(x^2-1)^{\mu/2} \int_0^{\infty e^{i\left(\frac{\pi}{2}-\omega\right)}} e^{ixt} t^\mu \psi_\nu^{(3)}(t) \, dt = e(\nu,\mu) \mathfrak{P}_\nu^{-\mu}(x). \tag{$\times$}$$

$e(\nu,\mu)$ kann angegeben werden, wenn es gelingt, erste Kenntnisse über das Verhalten des Hauptwertes $\mathfrak{P}_\nu^{-\mu}(x)$ bei $x\to+\infty$ zu gewinnen. Dazu knüpfen wir zweckmäßig an **5.62.**, (11) an. Nun bedeutet $x\to+\infty$ ja $\frac{x-1}{x+1}\to 1-$. Es kommt also darauf an, das Verhalten von

$$F(a,b;c;x)$$

bei $x\to 1-$ zu studieren. Hierzu dient **4.2.**, (5′). Danach ist für

$$\mathfrak{Re}\,c > \mathfrak{Re}\,b>0, \quad \mathfrak{Re}(c-b-a)>0$$

sicher

$$F(a,b;c;1-) = \frac{\Gamma(c-a-b)\,\Gamma(c)}{\Gamma(c-a)\,\Gamma(c-b)} .$$

In **5.62.**, (11) ist nun mit $\mu \to -\mu$

$$a = -\nu, \quad b = -\nu + \mu, \quad c = 1 + \mu.$$

Dort brauchen wir also die Bedingungen

$$\mathfrak{Re}(2\nu+1) > 0, \quad \mathfrak{Re}(1+\mu) > \mathfrak{Re}(-\nu+\mu) > 0;$$

sie sind erfüllt, wenn

$$-\tfrac{1}{2} < \mathfrak{Re}\,\nu < \mathfrak{Re}\,\mu.$$

Unter diesen Bedingungen gilt dann also

$$\mathfrak{P}_\nu^{-\mu}(x) = 2^{-\nu} \frac{\Gamma(2\nu+1)}{\Gamma(\nu+\mu+1)\,\Gamma(\nu+1)}\, x^\nu \left(1 + \varepsilon(x)\right)$$

mit $\varepsilon(x) \to 0$ für $x \to +\infty$.

Das entsprechende Verhalten der anderen Seite bekommen wir, indem wir (vgl. **3.4.**, (19))

$$\psi_\nu^{(3)}(t) = \frac{i}{\cos \nu \pi} \left[e^{-i(\nu+\frac{1}{2})\pi} \psi_\nu^{(1)}(t) - \psi_{-\nu-1}^{(1)}(t) \right]$$

darstellen. Mit (14') wird dann

$$e(\nu, \mu)\,\mathfrak{P}_\nu^{-\mu}(x)$$

$$= \frac{i}{\cos \nu \pi}\, e^{i\frac{\pi}{2}(\mu-\nu)} \left[\Gamma(\nu+\mu+1)\widetilde{\mathfrak{Q}}_\nu^\mu(x) - \Gamma(\mu-\nu)\widetilde{\mathfrak{Q}}_{-\nu-1}^\mu(x) \right].$$

Bei $\mathfrak{Re}\,\nu > -\tfrac{1}{2}$ ist nun für $x \to +\infty$ rechts das Glied mit $\widetilde{\mathfrak{Q}}_{-\nu-1}^\mu(x)$ maßgebend, das den Hauptterm

$$\frac{2^\nu \sqrt{\pi}}{\Gamma(\frac{1}{2}-\nu)}\, x^\nu$$

gibt. Man hat so zunächst

$$e(\nu, \mu) = \frac{2^{2\nu}\sqrt{\pi}\, e^{-i\frac{\pi}{2}(\nu-\mu+1)}\,\Gamma(\nu+\mu+1)\,\Gamma(\mu-\nu)\,\Gamma(\nu+1)}{\cos \nu \pi\, \Gamma(2\nu+1)\,\Gamma(\frac{1}{2}-\nu)}.$$

Das kann man mit Hilfe des Ergänzungssatzes und des Legendreschen Multiplikationstheorems der Γ-Funktion umformen zu

$$e(\nu, \mu) = e^{-i\frac{\pi}{2}(\nu-\mu+1)}\,\Gamma(\nu+\mu+1)\,\Gamma(\mu-\nu).$$

Diese Formel für $e(\nu, \mu)$ gilt nun aus Gründen der Regularität beider Seiten von ($\times$) in ν, μ nicht nur bei der für die Herleitung gemachten Einschränkung $\mathfrak{Re}\,\nu > -\tfrac{1}{2}$. Es ist also bewiesen

$$\left. \begin{aligned} &\mathfrak{P}_\nu^{-\mu}(x) = \frac{e^{i\frac{\pi}{2}(\nu-\mu+1)}}{\Gamma(\nu+\mu+1)\Gamma(\mu-\nu)}\, (x^2-1)^{\mu/2} \int\limits_0^{\infty e^{i(\frac{\pi}{2}-\omega)}} e^{ixt}\, t^\mu\, \psi_\nu^{(3)}(t)\, dt \\ &\left(|\omega| < \frac{\pi}{2},\ |\arg(x+1)-\omega| < \frac{\pi}{2},\ \mathfrak{Re}(\nu+\mu+1) > 0,\ \mathfrak{Re}(\mu-\nu) > 0 \right). \end{aligned} \right\} \quad (16)$$

5.64. Zusammenhangsformeln. Unser Beweis für (16) hat zugleich noch mehr geliefert, nämlich eine Formel, die die Funktion $\mathfrak{P}_\nu^{-\mu}$ mit den Funktionen $\widetilde{\mathfrak{Q}}_\nu^\mu$, $\widetilde{\mathfrak{Q}}_{-\nu-1}^\mu$ verknüpft:

$$\mathfrak{P}_\nu^{-\mu}(x) = \frac{1}{\cos\nu\pi}\left[\frac{1}{\Gamma(\nu+\mu+1)}\widetilde{\mathfrak{Q}}_{-\nu-1}^\mu(x) - \frac{1}{\Gamma(\mu-\nu)}\widetilde{\mathfrak{Q}}_\nu^\mu(x)\right]. \tag{17}$$

Sie gilt, da unsere Kugelfunktionen ganze Funktionen von ν, μ sind, nicht nur unter den gemachten einschränkenden Voraussetzungen, sondern allgemein.

Damit besteht nun die Möglichkeit, den Zusammenhang zwischen dem Funktionenpaar $\widetilde{\mathfrak{Q}}_\nu^\mu$, $\widetilde{\mathfrak{Q}}_{-\nu-1}^\mu$, das für $\cos\nu\pi \neq 0$ ein Fundamentalsystem bildet und das Verhalten der Kugelfunktionen um ∞ beschreibt, einerseits und dem Funktionenpaar $\mathfrak{P}_\nu^\mu$, $\mathfrak{P}_\nu^{-\mu}$, das für $\sin\mu\pi \neq 0$ ein Fundamentalsystem bildet und das Verhalten der Kugelfunktionen um $+1$ beschreibt, andererseits vollständig anzugeben.

Zunächst setzen wir in (17) $-\mu$ statt μ und erhalten wegen **5.61.**, (3)

$$\mathfrak{P}_\nu^\mu(x) = \frac{1}{\cos\nu\pi}\left[\frac{1}{\Gamma(\nu-\mu+1)}\widetilde{\mathfrak{Q}}_{-\nu-1}^\mu(x) - \frac{1}{\Gamma(-\mu-\nu)}\widetilde{\mathfrak{Q}}_\nu^\mu(x)\right]. \tag{18}$$

(17) und (18) können wir nun als System zweier linearer Gleichungen auffassen und umkehren. Dazu benötigen wir zunächst die Determinante:

$$\frac{1}{\Gamma(\nu-\mu+1)\,\Gamma(\mu-\nu)} - \frac{1}{\Gamma(\nu+\mu+1)\,\Gamma(-\mu-\nu)}$$

$$= \frac{1}{\pi}\left(\sin\pi(\mu-\nu) + \sin\pi(\mu+\nu)\right) = \frac{2}{\pi}\sin\pi\mu\cos\pi\nu.$$

Damit schreibt man nun leicht hin

$$\widetilde{\mathfrak{Q}}_\nu^\mu(x) = \frac{\pi}{2\sin\pi\mu}\left[\frac{1}{\Gamma(\nu+\mu+1)}\mathfrak{P}_\nu^\mu(x) - \frac{1}{\Gamma(\nu-\mu+1)}\mathfrak{P}_\nu^{-\mu}(x)\right] \tag{19}$$

und — das entsteht natürlich auch mit $\nu \to -\nu-1$ und **5.62.**, (7) —

$$\widetilde{\mathfrak{Q}}_{-\nu-1}^\mu(x) = \frac{\pi}{2\sin\pi\mu}\left[\frac{1}{\Gamma(\mu-\nu)}\mathfrak{P}_\nu^\mu(x) - \frac{1}{\Gamma(-\mu-\nu)}\mathfrak{P}_\nu^{-\mu}(x)\right]. \tag{20}$$

Alle diese Formeln gelten nach ihrer Herleitung zunächst für die Hauptwerte der Funktionen. Sie bleiben dann natürlich bei beliebiger analytischer Fortsetzung richtig.

(17) bis (20) geben eine Reihe wichtiger Folgerungen.

1. Ausgehend von den Hauptwerten kann nunmehr jede analytische Fortsetzung jeder unserer Funktionen $\widetilde{\mathfrak{Q}}_\nu^\mu$, $\widetilde{\mathfrak{Q}}_{-\nu-1}^\mu$, $\mathfrak{P}_\nu^\mu$, $\mathfrak{P}_\nu^{-\mu}$ sofort angegeben, nämlich wieder durch die Hauptwerte ausgedrückt werden. Dazu benutzt man bei Überschreiten des Strahls $(-\infty, -1)$ die Darstellung durch die Funktionen $\widetilde{\mathfrak{Q}}$ und deren bekanntes Verhalten bei Umlauf um ∞; bei Überschreiten von $(-1, 1)$ dagegen geht man auf die

Funktionen $\mathfrak{P}$ zurück, bei denen man das bekannte Verhalten beim Umlauf um $+1$ benutzt.

Als Beispiel betrachten wir das Verhalten des Hauptwertes von $\widetilde{\mathfrak{Q}}^{\mu}_{-\nu-1}(x)$ bei Umlauf um $+1$, d.h. Durchschreiten der Strecke $(-1, 1)$. Wir erhalten mit (20) und **5.62.**, (8)

$$\frac{\pi}{2\sin\pi\mu}\left[\frac{e^{-\pi i\mu}}{\Gamma(\mu-\nu)}\,\mathfrak{P}^{\mu}_{\nu}(x) - \frac{e^{\pi i\mu}}{\Gamma(-\mu-\nu)}\,\mathfrak{P}^{-\mu}_{\nu}(x)\right].$$

Eine kleine Umformung, zu der wir noch einmal (20) benutzen, gibt dann

$$\widetilde{\mathfrak{Q}}^{\mu}_{-\nu-1}\left(1 + (x-1)e^{2\pi i}\right) = e^{-\pi i\mu}\widetilde{\mathfrak{Q}}^{\mu}_{-\nu-1}(x) - \frac{\pi i}{\Gamma(-\mu-\nu)}\,\mathfrak{P}^{-\mu}_{\nu}(x). \quad (21)$$

2. Wir können mit unseren Formeln sofort hinschreiben, daß

$$\widetilde{\mathfrak{Q}}^{\mu}_{\nu}(x) = \frac{\Gamma(\mu-\nu)}{\Gamma(\nu+\mu+1)}\,\widetilde{\mathfrak{Q}}^{\mu}_{-\nu-1}(x) \qquad \left(\nu + \frac{1}{2} = \text{ganze Zahl}\right) \quad (22)$$

gilt. Denn in (17) bleibt $\mathfrak{P}^{-\mu}_{\nu}(x)$ holomorph; also muß, falls $\cos\nu\pi = 0$, die eckige Klammer verschwinden. Ebenso folgt aus (19)

$$\mathfrak{P}^{\mu}_{\nu}(x) = \frac{\Gamma(\nu+\mu+1)}{\Gamma(\nu-\mu+1)}\,\mathfrak{P}^{-\mu}_{\nu}(x) \qquad (\mu = \text{ganze Zahl}). \quad (23)$$

(22), (23) lassen sich natürlich auch direkt aus den hypergeometrischen Reihen gewinnen.

3. Wir können jetzt angeben, wann genau eine unserer Funktionen identisch in x verschwindet. Betrachten wir zuerst $\mathfrak{P}^{\mu}_{\nu}(x)$! Sie kann nach **5.62.**, (6) höchstens für $\mu = 1, 2, 3, \ldots$ verschwinden und auch dann höchstens, wenn noch ν ganz ist. Wenn man aber dies weiß, so gibt (18) die endgültige Auskunft

$$\mathfrak{P}^{\mu}_{\nu}(x) \underset{x}{\equiv} 0 \curvearrowright \begin{cases} \mu = 1, 2, 3, \ldots; \\ \nu = -\mu, -\mu+1, \ldots, \mu-1. \end{cases} \quad (24)$$

Genauso zeigt man mit **5.61.**, (1) und (19):

$$\widetilde{\mathfrak{Q}}^{\mu}_{\nu}(x) \underset{x}{\equiv} 0 \curvearrowright \begin{cases} \nu + \frac{1}{2} = -1, -2, -3, \ldots; \\ \mu = \nu+1, \nu+2, \ldots, -\nu-1. \end{cases} \quad (25)$$

Natürlich genügen zum Beweise auch (1) und (6) allein.

4. Unsere Formeln gestatten auch anzugeben, wann eine Funktion $\mathfrak{P}$ und eine Funktion $\widetilde{\mathfrak{Q}}$ proportional sind. Man erkennt aus (18)

$$\mathfrak{P}^{\mu}_{\nu}(x) = \frac{1}{\cos\nu\,\pi\,\Gamma(\nu-\mu+1)}\,\widetilde{\mathfrak{Q}}^{\mu}_{-\nu-1}(x) \qquad (\nu+\mu = 0, 1, 2, \ldots). \quad (26)$$

Andere solche Relationen entstehen daraus mit $\nu \to -\nu-1$ bzw. $\mu \to -\mu$ bzw. mit (3) und (7). (26) kann auch geschrieben werden

$$\mathfrak{P}^{\mu}_{\nu}(x) = \frac{2}{\pi}\sin\pi\mu\,\Gamma(\mu-\nu)\,\widetilde{\mathfrak{Q}}^{\mu}_{-\nu-1}(x) \qquad (\nu+\mu = 0, 1, 2, \ldots). \quad (26^*)$$

(26) ist auch für ganze μ brauchbar, (26*) dagegen auch für halbzahlige ν.

5. Für jedes Paar von Indizes ν, μ läßt sich aus den vier Funktionen $\widetilde{\mathfrak{Q}}_\nu^\mu$, $\widetilde{\mathfrak{Q}}_{-\nu,-1}^\mu$, $\mathfrak{P}_\nu^\mu$, $\mathfrak{P}_\nu^{-\mu}$ ein Paar herausgreifen, das ein Fundamentalsystem bildet. Ist μ nicht ganz, so wählt man $\mathfrak{P}_\nu^\mu(x)$, $\mathfrak{P}_\nu^{-\mu}(x)$. Ist ν nicht halbzahlig, so kann man $\widetilde{\mathfrak{Q}}_\nu^\mu(x)$, $\widetilde{\mathfrak{Q}}_{-\nu-1}^\mu(x)$ nehmen. Es bleibt nur der Fall, daß sowohl μ ganz als auch ν halbzahlig ist. In diesem Falle bilden sicher $\mathfrak{P}_\nu^\mu(x)$, $\widetilde{\mathfrak{Q}}_\nu^\mu(x)$ ein Fundamentalsystem. Nach (24), (25) sind nämlich beide nicht identisch 0; nach (22), (23) sind sie proportional zu $\mathfrak{P}_\nu^{-\mu}(x)$ bzw. $\widetilde{\mathfrak{Q}}_{-\nu,-1}^\mu(x)$. Dann zeigt aber z.B. (21), daß sie linear unabhängig sind; man braucht diese Relation nur mit der Umlaufsrelation für $\mathfrak{P}_\nu^\mu(x)$ zu vergleichen. — Da wir nun in jedem Falle eine Kugelfunktion zu ν, μ durch zwei der genannten Funktionen linear ausdrücken können, beherrschen wir mit den Überlegungen von Folgerung 1 auch vollständig ihre analytische Fortsetzung.

6. Die Formeln (19), (20) versagen für eine unmittelbare Beschreibung des Verhaltens der Funktionen $\widetilde{\mathfrak{Q}}$ bei $+1$, wenn μ ganz ist. Man kann dann jedoch explizite Formeln durch einen Grenzübergang gewinnen, ebenso wie wir es in 3.4. für die Neumannsche Zylinderfunktion $Y_n(x)$ durchgeführt haben. Hier werden dann entsprechend auch Glieder mit $\log \dfrac{x+1}{x-1}$ entstehen. Auf die Durchrechnung soll hier verzichtet werden. — Ähnliches gilt für das Verhalten der Funktionen $\mathfrak{P}$ bei ∞ im Falle halbzahliger ν.

5.65. Die Funktionen $\mathfrak{Q}_\nu^\mu$, P_ν^μ, Q_ν^μ. Es ist zweckmäßig, neben den Funktionen $\widetilde{\mathfrak{Q}}_\nu^\mu(x)$ noch

$$\mathfrak{Q}_\nu^\mu(x) = e^{i\mu\pi} \Gamma(\nu+\mu+1)\, \widetilde{\mathfrak{Q}}_\nu^\mu(x) \tag{27}$$

einzuführen. Diese Funktionen haben zwar den großen Nachteil, für $\nu+\mu = -1, -2, -3, \ldots$ singulär zu werden, sie ergeben jedoch andererseits einfachere Zusammenhangsformeln mit den Funktionen $\mathfrak{P}$. Wir können nämlich mit (27) unsere Zusammenhangsrelation (18) umschreiben zu

$$\mathfrak{P}_\nu^\mu(x) = \frac{e^{-i\mu\pi}}{\pi \cos \nu \pi} \left[\sin(\nu+\mu)\pi\, \mathfrak{Q}_\nu^\mu(x) + \sin(\mu-\nu)\pi\, \mathfrak{Q}_{-\nu,-1}^\mu(x)\right]. \tag{28}$$

Wichtig ist hier die Tatsache, daß nach Hineinnehmen des Faktors vor der eckigen Klammer die Koeffizienten von $\mathfrak{Q}_\nu^\mu(x)$ und $\mathfrak{Q}_{-\nu,-1}^\mu(x)$ in ν und in μ jeweils periodisch mit der Periode 1 sind. Wie wir unten sehen werden, ist das für die Rekursionsformeln unserer Funktionen von Bedeutung.

Ein weiterer Nachteil ist, daß die einfache Relation **5.61.**, (3) verloren geht. Sie wird nun zu

$$\mathfrak{Q}_\nu^\mu(x) = e^{i2\mu\pi} \frac{\Gamma(\nu+\mu+1)}{\Gamma(\nu-\mu+1)}\, \mathfrak{Q}_\nu^{-\mu}(x). \tag{29}$$

Einfacher wird dagegen (22):

$$\mathfrak{Q}_\nu^\mu(x) = \mathfrak{Q}_{-\nu-1}^\mu(x) \qquad (\nu + \tfrac{1}{2} = \text{ganze Zahl}). \tag{30}$$

Die Bezeichnung (27) bedarf noch einer Rechtfertigung insofern, als die Verträglichkeit mit den Bezeichnungen von **5.4.** gezeigt werden muß. Man wird dazu in (27) und (1) $\mu = m = 0, 1, 2, \ldots$ und $\nu = n = m$, $m+1, m+2, \ldots$ setzen und leicht die Übereinstimmung mit **5.42.**, (11) bzw. für $m = 0$ mit **5.41.**, (3) feststellen.

Unsere Funktionen $\mathfrak{P}_\nu^\mu(x)$, $\widetilde{\mathfrak{Q}}_\nu^\mu(x)$ sind, wie man z.B. an den Reihen unmittelbar feststellt, für reelle ν, μ und für $x > 1$ im Hauptzweig selbst reell. Man braucht nun auch oft Funktionen für $-1 < x < 1$, die dort für reelle ν, μ reell sind.

Dazu führt man — das liegt nahe — zunächst

$$P_\nu^\mu(x) = e^{i\mu\frac{\pi}{2}} \, \mathfrak{P}_\nu^\mu(x+i0) = e^{-i\mu\frac{\pi}{2}} \, \mathfrak{P}_\nu^\mu(x-i0) \tag{31}$$

ein. Die gewählte Bezeichnung macht dabei deutlich, daß wir im ersten Falle vom Hauptwert von $\mathfrak{P}_\nu^\mu(x)$ aus mit $\Im x > 0$ in die Umgebung der Strecke $(-1, 1)$ fortsetzen, im zweiten Falle analog mit $\Im x < 0$.

Eindeutigkeit bzw. Hauptwert der Funktion $P_\nu^\mu(x)$ erklärt man zweckmäßig, indem man die Schnitte $(-\infty, -1]$ und $[1, \infty)$ zieht und die Funktion von den eben auf $-1 < x < 1$ erhaltenen Werten ausgehend nur im Restgebiet, der Ebene ohne Schnitte, betrachtet.

Man bekommt für $|x-1| < 2$, $|\arg(1 \pm x)| < \pi$ offenbar

$$P_\nu^\mu(x) = \frac{1}{\Gamma(1-\mu)} \left(\frac{1+x}{1-x}\right)^{\mu/2} F\left(-\nu, \nu+1; 1-\mu; \frac{1-x}{2}\right). \tag{32}$$

Auch hier muß für $\mu = m = 0, 1, 2, \ldots$ und $\nu = n = m, m+1, m+2, \ldots$ die Übereinstimmung mit den Funktionen **5.3.** und damit für $m = 0$ mit den Legendreschen Polynomen gezeigt werden. Dazu beachtet man, daß für ganze μ (23) gilt, was zusammen mit (31)

$$P_\nu^\mu(x) = (-1)^\mu \frac{\Gamma(\nu+\mu+1)}{\Gamma(\nu-\mu+1)} P_\nu^{-\mu}(x) \qquad (\mu \text{ ganz}) \tag{33}$$

liefert. (32) und (33) geben dann sofort die Übereinstimmung mit **5.32.**, (10).

Zum Zwecke einer Verallgemeinerung der Funktion Q von **5.4.** für beliebige Indizes beachtet man, daß für reelle ν, μ und $x > 1$ im Hauptzweig

$$e^{-\mu\pi i} \mathfrak{Q}_\nu^\mu(x)$$

reelle Werte hat. Damit sind bei $-1 < x < 1$ die Werte

$$e^{-\mu\pi i} e^{-i\mu\frac{\pi}{2}} \widetilde{\mathfrak{Q}}_\nu^\mu(x+i0), \quad e^{-\mu\pi i} e^{i\mu\frac{\pi}{2}} \widetilde{\mathfrak{Q}}_\nu^\mu(x-i0)$$

konjugiert komplex; das arithmetische Mittel wird dort reell. So definieren wir

$$Q_\nu^\mu(x) = \tfrac{1}{2} e^{-\mu \pi i} \left[e^{-i\mu \frac{\pi}{2}} \mathfrak{Q}_\nu^\mu(x+i0) + e^{i\mu \frac{\pi}{2}} \mathfrak{Q}_\nu^\mu(x-i0) \right] \tag{34}$$

und erhalten, indem wir wie bei $P_\nu^\mu(x)$ Eindeutigkeit bzw. Hauptwert mit Hilfe der Schnitte $(-\infty, -1]$, $[1, \infty)$ festlegen, im Restgebiet eine Kugelfunktion zu ν, μ, die für reelle Indizes und $-1 < x < 1$ reell ausfällt. (34) sichert zugleich die Übereinstimmung mit **5.42.**, (12). Unsere Definitionen geben schließlich zusammen mit (28) noch

$$P_\nu^\mu(x) = \frac{1}{\pi \cos \nu \pi \cos \mu \pi} \left[\sin(\mu+\nu)\pi \, Q_\nu^\mu(x) + \sin(\mu-\nu)\pi \, Q_{-\nu-1}^\mu(x) \right]. \tag{35}$$

Diese Zusammenhangsformel zeigt insbesondere, daß auch für halbzahliges μ die Funktionen $Q_\nu^\mu(x)$, $Q_{-\nu-1}^\mu(x)$ proportional sind.

5.66. Wronskische Determinanten.

Schreibt man die allgemeine Legendresche Differentialgleichung

$$\left[(1-x^2) y' \right]' + \left[\nu(\nu+1) - \frac{\mu^2}{1-x^2} \right] y = 0$$

für zwei Funktionen y_1, y_2 auf, multipliziert wechselseitig mit y_2 bzw. y_1 und subtrahiert, so entsteht

$$\left[(1-x^2) y_2' \right]' y_1 - \left[(1-x^2) y_1' \right]' y_2 = \left[(1-x^2)(y_1 y_2' - y_2 y_1') \right]' = 0.$$

Es ist danach mit einer Konstanten c die Wronskische Determinante von y_1, y_2

$$W[y_1, y_2] \equiv y_1 y_2' - y_2 y_1' = \frac{c}{x^2-1}.$$

Wir bestimmen nun die Wronskischen Determinanten für je zwei Funktionen $\mathfrak{P}$ oder $\mathfrak{Q}$ bzw. P oder Q. Es kommt dabei jeweils nur auf die Bestimmung des entsprechenden c an.

Zweckmäßig geht man aus von $\widetilde{\mathfrak{Q}}_\nu^\mu$, $\widetilde{\mathfrak{Q}}_{-\nu-1}^\mu$. Man benutzt **5.61.**, (1) und berechnet aus den Anfangsgliedern mit Hilfe von Funktionalgleichung und Ergänzungssatz der Gammafunktion

$$W\left[\widetilde{\mathfrak{Q}}_\nu^\mu, \widetilde{\mathfrak{Q}}_{-\nu-1}^\mu \right] = \cos \nu \pi \, x^{-2} \left(1 + O(x^{-2}) \right) \quad (x \to \infty).$$

Damit ist die gesuchte Konstante bestimmt. Man hat

$$W\left[\widetilde{\mathfrak{Q}}_\nu^\mu, \widetilde{\mathfrak{Q}}_{-\nu-1}^\mu \right] = \frac{\cos \nu \pi}{x^2-1}. \tag{36}$$

Dies können wir natürlich mit Hilfe von (27) umschreiben z. B. zu

$$W\left[\mathfrak{Q}_\nu^\mu, \mathfrak{Q}_{-\nu-1}^{-\mu} \right] = \frac{\pi \cos \nu \pi}{\sin(\nu+\mu)\pi} \cdot \frac{1}{1-x^2}. \tag{37}$$

Wir erhalten nun andere Wronskische Determinanten auf Grund folgender Überlegung: Sind

$$\hat{y}_1 = \alpha_{11} y_1 + \alpha_{12} y_2$$
$$\hat{y}_2 = \alpha_{21} y_1 + \alpha_{22} y_2$$

als Linearkombinationen von y_1, y_2 dargestellt, so wird

$$W[\hat{y}_1, \hat{y}_2] = (\alpha_{11}\alpha_{22} - \alpha_{12}\alpha_{21})\, W[y_1, y_2].$$

Mit Hilfe von (17), (18) kann man so aus (36) ableiten:

$$W[\mathfrak{P}_\nu^{-\mu}, \mathfrak{P}_\nu^\mu] = \frac{2}{\pi}\,\frac{\sin\pi\mu}{1-x^2}. \tag{38}$$

Wir betrachten weiter $\mathfrak{P}_\nu^\mu$ und $\widetilde{\mathfrak{Q}}_\nu^\mu$. Mit (36) und (18) ergibt sich sofort

$$W[\mathfrak{P}_\nu^\mu, \widetilde{\mathfrak{Q}}_\nu^\mu] = \frac{1}{\Gamma(\nu-\mu+1)}\,\frac{1}{1-x^2} \tag{39}$$

oder

$$W[\mathfrak{P}_\nu^\mu, \mathfrak{Q}_\nu^\mu] = e^{\mu\pi i}\frac{\Gamma(\nu+\mu+1)}{\Gamma(\nu-\mu+1)}\,\frac{1}{1-x^2}. \tag{40}$$

(38) kann leicht auf die Funktionen P übertragen werden, da dabei $\mathfrak{P}_\nu^{-\mu}$, $\mathfrak{P}_\nu^\mu$ Faktoren erhalten, die zueinander reziprok sind:

$$W[P_\nu^{-\mu}, P_\nu^\mu] = \frac{2}{\pi}\,\frac{\sin\pi\mu}{1-x^2}. \tag{41}$$

Mit Hilfe von (31) und (34) rechnet man am besten direkt (40) um zu

$$W[P_\nu^\mu, Q_\nu^\mu] = \frac{\Gamma(\nu+\mu+1)}{\Gamma(\nu-\mu+1)}\,\frac{1}{1-x^2}. \tag{42}$$

Aus allen diesen Formeln ist wieder unmittelbar zu erkennen, wann genau das betreffende Funktionenpaar ein Fundamentalsystem bildet oder andernfalls proportional ist.

5.7. Rekursionsformeln

Wir gehen hier, wie bei den Zylinderfunktionen in **3.5.**, von der Bemerkung aus, daß mit einer holomorphen Lösung u der Potentialgleichung $\Delta u = 0$ auch die Ableitung nach einer kartesischen Koordinate derselben Gleichung genügt.

Hier rechnen wir mit

$$\xi_1 = r(1-\eta^2)^{\frac12}\cos\varphi, \quad \xi_2 = r(1-\eta^2)^{\frac12}\sin\varphi, \quad \xi_3 = r\eta$$

um:

$$\frac{\partial u}{\partial \xi_3} = \eta\,\frac{\partial u}{\partial r} + \frac{1}{r}\,(1-\eta^2)\,\frac{\partial u}{\partial \eta},$$

$$\frac{\partial u}{\partial \xi_1} \pm i\,\frac{\partial u}{\partial \xi_2} = e^{\pm i\varphi}\left[(1-\eta^2)^{\frac12}\left(\frac{\partial u}{\partial r} - \frac{\eta}{r}\,\frac{\partial u}{\partial \eta}\right) \pm i\,\frac{1}{r(1-\eta^2)^{\frac12}}\,\frac{\partial u}{\partial \varphi}\right].$$

Wir wenden dann unsere Bemerkung an auf die Potentialfunktion

$$u = r^\nu \,\mathfrak{Q}_\nu^\mu(\eta)\, e^{i\mu\varphi}.$$

Es wird zunächst

$$\frac{\partial u}{\partial \xi_3} = r^{\nu-1}\left[(1-\eta^2)\,\mathfrak{Q}_\nu^{\mu\,\prime}(\eta) + \nu\eta\,\mathfrak{Q}_\nu^\mu(\eta)\right] e^{i\mu\varphi}.$$

Dies ist wieder voll separiert. Daher ist die eckige Klammer eine Kugelfunktion zu den Indizes $\nu-1, \mu$. Um sie zu identifizieren, betrachten wir die Entwicklung um ∞ (aus **5.61.**, (1))

$$\mathfrak{Q}_\nu^\mu(\eta) = \frac{\sqrt{\pi}\,e^{i\mu\pi}\,\Gamma(\nu+\mu+1)}{2^{\nu+1}\,\Gamma(\nu+\tfrac{3}{2})}\,\eta^{-\nu-1}(1+c_1\eta^{-2}+\cdots).$$

Man entnimmt daraus

$$(1-\eta^2)\,\mathfrak{Q}_\nu^{\mu\,\prime}(\eta) + \nu\eta\,\mathfrak{Q}_\nu^\mu(\eta) = \frac{\sqrt{\pi}\,e^{i\mu\pi}\,\Gamma(\nu+\mu+1)}{2^{\nu+1}\,\Gamma(\nu+\tfrac{3}{2})}(2\nu+1)\eta^{-\nu}(1+d_1\eta^{-2}+\cdots).$$

Damit aber ist bewiesen

$$(1-x^2)\,\mathfrak{Q}_\nu^{\mu\,\prime}(x) + \nu x\,\mathfrak{Q}_\nu^\mu(x) = (\nu+\mu)\,\mathfrak{Q}_{\nu-1}^\mu(x). \tag{1}$$

Nunmehr ersetzen wir $\mathfrak{Q}_\nu^\mu$ durch $\mathfrak{P}_\nu^\mu$ und führen die entsprechende Überlegung durch. Man wird hier die Entwicklung um $+1$ betrachten:

$$\mathfrak{P}_\nu^\mu(\eta) = \frac{2^{\mu/2}}{\Gamma(1-\mu)}(\eta-1)^{-\frac{\mu}{2}}(1+e_1(\eta-1)+\cdots).$$

Dann wird

$$(1-\eta^2)\,\mathfrak{P}_\nu^{\mu\,\prime}(\eta) + \nu\eta\,\mathfrak{P}_\nu^\mu(\eta) = -\frac{2^{\mu/2}(\nu+\mu)}{\Gamma(1-\mu)}(\eta-1)^{-\frac{\mu}{2}}(1+f_1(\eta-1)+\cdots).$$

Damit hat man

$$(1-x^2)\,\mathfrak{P}_\nu^{\mu\,\prime}(x) + \nu x\,\mathfrak{P}_\nu^\mu(x) = (\nu+\mu)\,\mathfrak{P}_{\nu-1}^\mu(x). \tag{2}$$

Für $\mathfrak{P}_\nu^\mu, \mathfrak{Q}_\nu^\mu$ gilt so die gleiche Rekursionsformel. Weitere Rekursionsformeln lassen sich nun hieraus leicht herleiten. Zunächst kann man in (2)

$$\mathfrak{P}_\nu^\mu = \mathfrak{P}_{-\nu-1}^\mu, \qquad \mathfrak{P}_{\nu-1}^\mu = \mathfrak{P}_{-\nu}^\mu$$

ersetzen. Schreibt man dann überall statt ν wieder $-\nu-1$, so entsteht

$$(1-x^2)\,\mathfrak{P}_\nu^{\mu\,\prime}(x) - (\nu+1)x\,\mathfrak{P}_\nu^\mu(x) = (\mu-\nu-1)\,\mathfrak{P}_{\nu+1}^\mu(x). \tag{3}$$

Auch diese Formel gilt für $\mathfrak{Q}$ statt $\mathfrak{P}$. Zum Beweise benutzen wir die Zusammenhangsformel **5.65.**, (28) mit der dort gemachten Bemerkung über die Periodizität der Koeffizienten. Sie ergibt mit Hilfe von (1) und (2), daß (1) gültig bleibt, wenn man statt $\mathfrak{Q}_\nu^\mu, \mathfrak{Q}_{\nu-1}^\mu$ schreibt $\mathfrak{Q}_{-\nu-1}^\mu$ bzw. $\mathfrak{Q}_{-\nu}^\mu$. In der so entstehenden Formel kann man dann aber wieder ν durch $-\nu-1$ ersetzen, womit die gesuchte Rekursion

$$(1-x^2)\,\mathfrak{Q}_\nu^{\mu\,\prime}(x) - (\nu+1)x\,\mathfrak{Q}_\nu^\mu(x) = (\mu-\nu-1)\,\mathfrak{Q}_{\nu+1}^\mu(x) \tag{4}$$

erhalten wird.

Durch Subtraktion von (2), (3) bzw. (1), (4) gewinnt man

$$(2\nu+1)\,x\,\mathfrak{P}_\nu^\mu(x) = (\nu-\mu+1)\,\mathfrak{P}_{\nu+1}^\mu(x) + (\nu+\mu)\,\mathfrak{P}_{\nu-1}^\mu(x),$$
$$(2\nu+1)\,x\,\mathfrak{Q}_\nu^\mu(x) = (\nu-\mu+1)\,\mathfrak{Q}_{\nu+1}^\mu(x) + (\nu+\mu)\,\mathfrak{Q}_{\nu-1}^\mu(x). \tag{5}$$

Alle diese Rekursionsformeln können für die Funktionen $\mathfrak{P}$ unmittelbar verwandt werden, da diese Funktionen ganz analytisch in den Indizes sind. Dies gilt nicht mehr bei den Funktionen $\mathfrak{Q}$. Hier müssen die Singularitäten bei

$$\nu+\mu = -1, -2, -3, \ldots$$

beachtet werden. Zum Beispiel darf bei $\nu+\mu=0$ in (1) oder (5) nicht etwa das letzte Glied fortgelassen werden; denn $\mathfrak{Q}_{\nu-1}^\mu(x)$ ist jetzt singulär. Dieser Nachteil verschwindet natürlich, wenn man auf die Funktionen $\widetilde{\mathfrak{Q}}$ umschreibt:

$$(1-x^2)\,\widetilde{\mathfrak{Q}}_\nu^{\mu\prime}(x) + \nu\,x\,\widetilde{\mathfrak{Q}}_\nu^\mu(x) = \widetilde{\mathfrak{Q}}_{\nu-1}^\mu(x),$$
$$(1-x^2)\,\widetilde{\mathfrak{Q}}_\nu^{\mu\prime}(x) - (\nu+1)\,x\,\widetilde{\mathfrak{Q}}_\nu^\mu(x) = (\mu-\nu-1)(\mu+\nu+1)\,\widetilde{\mathfrak{Q}}_{\nu+1}^\mu(x). \tag{6}$$

Es braucht kaum gesagt zu werden, daß die Rekursionsformeln von **5.21.** und **5.41.**, (8) nur Spezialfälle der eben erhaltenen sind.

Wir betrachten nun analog

$$u = r^\nu\,\mathfrak{P}_\nu^\mu(\eta)\,e^{i\mu\varphi}$$

und

$$\frac{\partial u}{\partial \xi_1} + i\,\frac{\partial u}{\partial \xi_2} = r^{\nu-1}\big[(1-\eta^2)^{\frac{1}{2}}\big(\nu\,\mathfrak{P}_\nu^\mu(\eta) - \eta\,\mathfrak{P}_\nu^{\mu\prime}(\eta)\big) - \mu(1-\eta^2)^{-\frac{1}{2}}\mathfrak{P}_\nu^\mu(\eta)\big]e^{i(\mu+1)\varphi}.$$

Das ist wieder vollständig separiert. So wird die eckige Klammer eine Kugelfunktion zu den Indizes $\nu-1$, $\mu+1$. Untersuchung des Verhaltens um $\eta=+1$ ergibt dann — wir schreiben wieder x statt η —

$$(x^2-1)^{-\frac{1}{2}}\big[(x^2-1)\big(x\,\mathfrak{P}_\nu^{\mu\prime}(x) - \nu\,\mathfrak{P}_\nu^\mu(x)\big) - \mu\,\mathfrak{P}_\nu^\mu(x)\big] = \mathfrak{P}_{\nu-1}^{\mu+1}(x). \tag{7}$$

Ersetzt man $\mathfrak{P}_\nu^\mu(\eta)$ durch $\mathfrak{Q}_\nu^\mu(\eta)$ und zieht das Verhalten um $\eta=\infty$ heran, so folgt analog

$$(x^2-1)^{-\frac{1}{2}}\big[(x^2-1)\big(x\,\mathfrak{Q}_\nu^{\mu\prime}(x) - \nu\,\mathfrak{Q}_\nu^\mu(x)\big) - \mu\,\mathfrak{Q}_\nu^\mu(x)\big] = \mathfrak{Q}_{\nu-1}^{\mu+1}(x). \tag{8}$$

Wieder hat man also für $\mathfrak{P}$ und $\mathfrak{Q}$ die gleiche Rekursion.

Aus (7) und (8) wollen wir nun eine Reihe anderer Rekursionsformeln herleiten.

Zuerst ersetzen wir in (7) überall ν durch $-\nu-1$ und benutzen danach

$$\mathfrak{P}_{-\nu-1}^\mu = \mathfrak{P}_\nu^\mu, \qquad \mathfrak{P}_{-\nu-2}^{\mu+1} = \mathfrak{P}_{\nu+1}^{\mu+1}.$$

Dann entsteht

$$(x^2-1)^{-\frac{1}{2}}\big[(x^2-1)\big(x\,\mathfrak{P}_\nu^{\mu\prime}(x) + (\nu+1)\,\mathfrak{P}_\nu^\mu(x)\big) - \mu\,\mathfrak{P}_\nu^\mu(x)\big] = \mathfrak{P}_{\nu+1}^{\mu+1}(x). \tag{9}$$

Um dieselbe Relation für die Funktion $\mathfrak{Q}$ zu erhalten, verwenden wir (7) und (8) zusammen mit der Zusammenhangsformel **5.65.**, (28), deren Koeffizienten in ν und in μ die Periode 1 haben. Dadurch entsteht eine Formel, die analog zu (8) ist, nur daß $\mathfrak{Q}_\nu^\mu$ durch $\mathfrak{Q}_{-\nu-1}^\mu$ und $\mathfrak{Q}_{\nu-1}^{\mu+1}$ durch $\mathfrak{Q}_{-\nu}^{\mu+1}$ ersetzt sind. In dieser Formel schreiben wir nun statt ν wieder überall $-\nu-1$ und erhalten dann — analog zu (9) —

$$(x^2-1)^{-\frac{1}{2}}\big[(x^2-1)\,\big(x\,\mathfrak{Q}_\nu^{\mu\,\prime}(x)+(\nu+1)\,\mathfrak{Q}_\nu^\mu(x)\big)-\mu\,\mathfrak{Q}_\nu^\mu(x)\big]=\mathfrak{Q}_{\nu+1}^{\mu+1}(x)\,. \tag{10}$$

In (8) und (10) können wir überall μ durch $-\mu$ ersetzen und dann für die jeweiligen Indizes

$$\mathfrak{Q}_\nu^\mu(x)=e^{i2\mu\pi}\,\frac{\Gamma(\nu+\mu+1)}{\Gamma(\nu-\mu+1)}\,\mathfrak{Q}_\nu^{-\mu}(x)$$

verwenden. So entstehen die Formeln

$$\left.\begin{aligned}(x^2-1)^{-\frac{1}{2}}\big[(x^2-1)\,\big(x\,\mathfrak{Q}_\nu^{\mu\,\prime}(x)-\nu\,\mathfrak{Q}_\nu^\mu(x)\big)+\mu\,\mathfrak{Q}_\nu^\mu(x)\big]&\\=(\nu+\mu)\,(\nu+\mu-1)\,\mathfrak{Q}_{\nu-1}^{\mu-1}(x)&\end{aligned}\right\} \tag{11}$$

und

$$\left.\begin{aligned}(x^2-1)^{-\frac{1}{2}}\big[(x^2-1)\,\big(x\,\mathfrak{Q}_\nu^{\mu\,\prime}(x)+(\nu+1)\,\mathfrak{Q}_\nu^\mu(x)\big)+\mu\,\mathfrak{Q}_\nu^\mu(x)\big]&\\=(\nu-\mu+1)\,(\nu-\mu+2)\,\mathfrak{Q}_{\nu+1}^{\mu-1}(x)\,.&\end{aligned}\right\} \tag{12}$$

Um auch diese Formeln für $\mathfrak{P}$ zu erhalten, setzen wir in (11), (12) überall $-\nu-1$ statt ν. Aus (12) entsteht dann eine zu (11) analoge Formel, in der nur $\mathfrak{Q}_\nu^\mu$ durch $\mathfrak{Q}_{-\nu-1}^\mu$ und $\mathfrak{Q}_{\nu-1}^{\mu-1}$ durch $\mathfrak{Q}_{-\nu}^{\mu-1}$ ersetzt sind, entsprechend gibt (11) ein Analogon zu (12). Nun kann man wieder, wie oben, die Zusammenhangsformel **5.65.**, (28) heranziehen und von $\mathfrak{Q}_\nu^\mu$, $\mathfrak{Q}_{-\nu-1}^\mu$ auf $\mathfrak{P}_\nu^\mu$ schließen:

$$\left.\begin{aligned}(x^2-1)^{-\frac{1}{2}}\big[(x^2-1)\,\big(x\,\mathfrak{P}_\nu^{\mu\,\prime}(x)-\nu\,\mathfrak{P}_\nu^\mu(x)\big)+\mu\,\mathfrak{P}_\nu^\mu(x)\big]&\\=(\nu+\mu)\,(\nu+\mu-1)\,\mathfrak{P}_{\nu-1}^{\mu-1}(x)\,,&\end{aligned}\right\} \tag{13}$$

$$\left.\begin{aligned}(x^2-1)^{-\frac{1}{2}}\big[(x^2-1)\,\big(x\,\mathfrak{P}_\nu^{\mu\,\prime}(x)+(\nu+1)\,\mathfrak{P}_\nu^\mu(x)\big)+\mu\,\mathfrak{P}_\nu^\mu(x)\big]&\\=(\nu-\mu+1)\,(\nu-\mu+2)\,\mathfrak{P}_{\nu+1}^{\mu-1}(x)\,.&\end{aligned}\right\} \tag{14}$$

Natürlich kann man auch wieder (13) und (14) durch $\nu\to-\nu-1$ auseinander gewinnen.

Die Tatsache, daß alle unsere Rekursionsformeln gleichzeitig für $\mathfrak{P}$ und $\mathfrak{Q}$ gelten, hat zur Folge, daß sie für jede Linearkombination

$$\mathfrak{R}_\nu^\mu(x)=a\,(\nu,\mu)\,\mathfrak{P}_\nu^\mu(x)+b\,(\nu,\mu)\,\mathfrak{Q}_\nu^\mu(x)$$

richtig sind, falls wir annehmen, daß $a\,(\nu,\mu)$ und $b\,(\nu,\mu)$ in ν und in μ je die Periode 1 haben. Wir verwenden diese Schreibweise nun für die Notierung der Folgerungen aus unseren Formeln.

Bisher haben wir mit (1) bis (4) und (7) bis (14) sechs Formeln gewonnen, die aus $\mathfrak{R}_\nu^\mu(x)$ durch Anwendung geeigneter einfacher linearer

Differentialoperatoren erster Ordnung bezüglich x die sechs Funktionen

$$\mathfrak{K}^{\mu}_{\nu\pm 1}(x), \quad \mathfrak{K}^{\mu\pm 1}_{\nu\pm 1}(x)$$

entstehen lassen. Mit (5) haben wir ferner — entstanden durch Elimination von $\mathfrak{K}^{\mu}_{\nu}{}'(x)$ aus den beiden ersten eben genannten Formeln — die lineare Relation zwischen

$$\mathfrak{K}^{\mu}_{\nu-1}(x), \quad \mathfrak{K}^{\mu}_{\nu}(x), \quad \mathfrak{K}^{\mu}_{\nu+1}(x).$$

Mit Hilfe dieser Formel können wir nun $\mathfrak{K}^{\mu\pm 1}_{\nu}(x)$ durch $\mathfrak{K}^{\mu\pm 1}_{\nu-1}(x)$ und $\mathfrak{K}^{\mu\pm 1}_{\nu+1}(x)$ ausdrücken; wir können andererseits diese wieder aus $\mathfrak{K}^{\mu}_{\nu}(x)$ herleiten. So entstehen durch einfache Rechnung die beiden Formeln, die die Funktionen $\mathfrak{K}^{\mu\pm 1}_{\nu}(x)$ durch Anwendung linearer Differentialoperatoren erster Ordnung bezüglich x aus $\mathfrak{K}^{\mu}_{\nu}(x)$ erhalten lassen[1]:

$$(x^2-1)^{-\frac{1}{2}}\left[(x^2-1)\,\mathfrak{K}^{\mu}_{\nu}{}'(x) - \mu\,x\,\mathfrak{K}^{\mu}_{\nu}(x)\right] = \mathfrak{K}^{\mu+1}_{\nu}(x), \tag{15}$$

$$(x^2-1)^{-\frac{1}{2}}\left[(x^2-1)\,\mathfrak{K}^{\mu}_{\nu}{}'(x) + \mu\,x\,\mathfrak{K}^{\mu}_{\nu}(x)\right] = (\nu+\mu)(\nu-\mu+1)\,\mathfrak{K}^{\mu-1}_{\nu}(x). \tag{16}$$

Damit haben wir nun acht Differentialrekursionen, die aus $\mathfrak{K}^{\mu}_{\nu}(x)$ die acht „benachbarten" Funktionen

$$\mathfrak{K}^{\mu}_{\nu\pm 1}(x), \quad \mathfrak{K}^{\mu\pm 1}_{\nu}(x), \quad \mathfrak{K}^{\mu\pm 1}_{\nu\pm 1}(x) \tag{$*$}$$

entstehen lassen.

Diese Formeln können nun in verschiedener Weise miteinander gekoppelt werden. Einmal kann man je drei Formeln aufschreiben und aus ihnen $\mathfrak{K}^{\mu}_{\nu}{}'(x)$ und $\mathfrak{K}^{\mu}_{\nu}(x)$ eliminieren. Das gibt $\binom{8}{3}=56$ lineare Relationen zwischen je 3 der Funktionen $(*)$. Zum anderen kann man aus je zweien der Formeln $\mathfrak{K}^{\mu}_{\nu}{}'(x)$ eliminieren und so $\binom{8}{2}=28$ lineare Relationen erhalten, die $\mathfrak{K}^{\mu}_{\nu}(x)$ mit je zweien der Funktionen $(*)$ verknüpfen. Darunter ist natürlich auch (5). Nicht alle diese Rekursionsformeln sind wesentlich verschieden. Viele gehen natürlich durch Substitution ($\nu \to \nu \pm 1$ oder bzw. und $\mu \to \mu \pm 1$) in einander über.

Von allen diesen Formeln wollen wir hier nur noch die eine notieren, die eine dreigliedrige Rekursion rein bezüglich μ darstellt; also aus (15) und (16) entsteht:

$$2\mu\,x(x^2-1)^{-\frac{1}{2}}\,\mathfrak{K}^{\mu}_{\nu}(x) = (\nu+\mu)(\nu-\mu+1)\,\mathfrak{K}^{\mu-1}_{\nu}(x) - \mathfrak{K}^{\mu+1}_{\nu}(x). \tag{17}$$

Alle unsere Rekursionsformeln lassen sich auch durch Spezialisierung aus der Theorie der Rekursionsformeln zwischen „benachbarten" hypergeometrischen Funktionen erhalten. Wir haben den dargestellten Weg der Herleitung vorgezogen, weil er einerseits auf eine sehr einfache und natürliche Weise die Rekursionen der Kugelfunktionen liefert und andererseits auf einem auch für andere Klassen spezieller Funktionen der

---

[1] Auch aus **5.62.**, (12) und (15) herleitbar.

mathematischen Physik anwendbaren allgemeinen Prinzip beruht. Wir haben darum auch im Abschnitt **4.** auf eine Darstellung der relationes inter functiones contiguas (GAUSS) verzichtet.

5.8. Kugelfunktionen als Eigenfunktionen

5.81. Umlaufsforderung um ∞. Wir betrachten die Differentialgleichung der Kugelfunktionen in der Form

$$\left[(1-x^2)\,y'\right]' + \left[\lambda - \frac{\mu^2}{1-x^2}\right]y = 0, \tag{1}$$

fassen λ als Eigenwertparameter auf und fragen nach Lösungen $y(x)\not\equiv 0$ mit der Halbumlaufseigenschaft um ∞

$$y(x e^{\pi i}) = e^{-\pi i(\nu+1)}\,y(x). \tag{2}$$

Dabei sei vorausgesetzt, daß ν nicht halbzahlig ($\nu \neq k+\frac{1}{2}$, k ganz) ist.

Sicher sind hier — nach **5.61.** —

$$\lambda = (\nu + 2n)(\nu + 2n + 1) \qquad (n = 0, \pm 1, \pm 2, \ldots) \tag{3}$$

Eigenwerte und

$$y(x) = \widetilde{\mathfrak{Q}}^{\mu}_{\nu+2n}(x) \tag{4}$$

zugehörige Eigenfunktionen. Wir erkennen nun leicht, daß dies sämtliche sind, wenn wir nur bei (4) von einem x-unabhängigen Faktor ($\neq 0$) absehen.

Zunächst ist nämlich klar, daß für einen der Werte (3) eine linear unabhängige Lösung von (1) in

$$y(x) = \widetilde{\mathfrak{Q}}^{\mu}_{-\nu-2n-1}(x)$$

erhalten wird; diese aber erfüllt (2) nicht. Das liegt an unserer Voraussetzung über ν.

Ist andererseits λ keiner der Werte (3), jedoch von der Form

$$\lambda = \nu_1(\nu_1 + 1)$$

mit einem nicht halbzahligen ν_1, so sind die Lösungen von (1)

$$y(x) = c_1 \widetilde{\mathfrak{Q}}^{\mu}_{\nu_1}(x) + c_2 \widetilde{\mathfrak{Q}}^{\mu}_{-\nu_1-1}(x).$$

Hier hat man

$$y(x e^{\pi i}) = c_1 e^{-\pi i(\nu_1+1)}\widetilde{\mathfrak{Q}}^{\mu}_{\nu_1}(x) + c_2 e^{\pi i\nu_1}\widetilde{\mathfrak{Q}}^{\mu}_{-\nu_1-1}(x);$$

und dies ist sicher von $e^{-\pi i(\nu+1)}\,y(x)$ verschieden, wenn nicht $c_1 = c_2 = 0$, d.h. $y(x)\equiv 0$ war.

Es bleibt der Fall

$$\lambda = \nu_2(\nu_2 + 1)$$

mit

$$v_2 = k - \tfrac{1}{2} \qquad (k = 0, 1, 2, \ldots).$$

Hier bilden

$$\mathfrak{P}^\mu_{v_2}(x), \quad \widetilde{\mathfrak{Q}}^\mu_{v_2}(x)$$

ein Fundamentalsystem, wenn wir o. B. d. A. $\mathfrak{Re}\,\mu \leqq 0$ wählen. Denn nach **5.66.**, (39) ist

$$W(\mathfrak{P}^\mu_{v_2}, \widetilde{\mathfrak{Q}}^\mu_{v_2}) = \frac{1}{\Gamma(v_2 - \mu + 1)} \cdot \frac{1}{1 - x^2}.$$

Aus **5.64.**, (18) entnimmt man nun leicht

$$\mathfrak{P}^\mu_{v_2}(x e^{\pi i}) = e^{\pi i v_2}\, \mathfrak{P}^\mu_{v_2}(x) + \frac{2}{\Gamma(-\mu - v_2)}\, \widetilde{\mathfrak{Q}}^\mu_{v_2}(x).$$

Damit aber sieht man sofort, daß unter den Linearkombinationen von $\mathfrak{P}^\mu_{v_2}(x)$, $\widetilde{\mathfrak{Q}}^\mu_{v_2}(x)$ wieder nur die triviale (2) erfüllt.

Neben (2) wollen wir nun mit demselben nicht halbzahligen v die Bedingung

$$y(x e^{\pi i}) = e^{\pi i v}\, y(x) \tag{5}$$

betrachten. Die Eigenwerte sind dann wieder (3), die Eigenlösungen werden

$$y(x) = \widetilde{\mathfrak{Q}}^\mu_{-v-2n-1}(x). \tag{6}$$

Es seien nun n, m zwei verschiedene ganze Zahlen; dann gilt

$$\lambda_1 = (v + 2n)(v + 2n + 1) \neq \lambda_2 = (v + 2m)(v + 2m + 1).$$

Sei nun $y_1(x)$ die zu λ_1 gehörende Lösung (4), $y_2(x)$ die zu λ_2 gehörende Lösung (6). Wir schreiben die beiden Differentialgleichungen auf, multiplizieren wechselseitig mit y_2 bzw. y_1 und subtrahieren. Dann entsteht:

$$(\lambda_1 - \lambda_2)\, y_1 y_2 = [(1 - x^2)\, y_2']'\, y_1 - [(1 - x^2)\, y_1']'\, y_2 = \{(1 - x^2)(y_2' y_1 - y_1' y_2)\}'.$$

Für unsere Funktionen y_1, y_2 geht nun bei halbem Umlauf die geschweifte Klammer in sich über. Bei Integration über einen Halbumlaufsweg entsteht also

$$\int_{x_0}^{x_0 e^{\pi i}} y_1 y_2\, dx = 0.$$

Dasselbe Integral kann im Falle $n = m$ direkt ausgerechnet werden, wenn man Potenzreihen um ∞ einsetzt.

So erhält man insgesamt die Biorthogonalitäts- und Normierungsrelationen der Funktionen $\widetilde{\mathfrak{Q}}^\mu_{v+2n}(x)$:

$$\frac{1}{\pi i} \int_{x_0}^{x_0 e^{\pi i}} \widetilde{\mathfrak{Q}}^\mu_{v+2n}(x)\, \widetilde{\mathfrak{Q}}^\mu_{-v-2m-1}(x)\, dx = \delta_{nm}\, \frac{\cos \pi v}{2(v+2n) + 1}. \tag{7}$$

Dies kann man mit den durch $\nu \to \nu+1$ entstehenden Formeln offenbar zu

$$\frac{1}{2\pi i} \oint \tilde{\mathfrak{Q}}^\mu_{\nu+n}(x)\, \tilde{\mathfrak{Q}}^\mu_{-\nu-m-1}(x)\, dx = \delta_{nm}\, \frac{\cos \pi(\nu+n)}{2(\nu+n)+1} \cdot \tag{8}$$

zusammenfassen.

Auch hier gilt — ebenso, wie wir es im entsprechenden Abschnitt **3.9.** bemerkten — ein zugehöriger Entwicklungssatz für analytische Funktionen $f(x)$, die um ∞ $f(xe^{2\pi i}) = e^{-2\pi i(\nu+1)} f(x)$ erfüllen. Sie lassen sich in Reihen

$$f(x) = \sum_{n=-\infty}^{+\infty} c_n\, \tilde{\mathfrak{Q}}^\mu_{\nu+n}(x)$$

entwickeln, deren Koeffizienten mit (8) erhalten werden können. Wir verweisen wieder auf die allgemeinere Untersuchung dieser Fragen im Abschnitt **8.** Dort wird sich auch ergeben, daß die Konvergenzgebiete hier konfokale Ellipsenringe mit den Brennpunkten $+1$, -1 sind. Auch Aussagen über das Verhalten von $\tilde{\mathfrak{Q}}^\mu_\nu(x)$ für große ν hängen hiermit zusammen.

5.82. Umlaufsforderung um $+1$. Wir schreiben jetzt die Differentialgleichung der Kugelfunktionen in der Form

$$[(1-x^2)\,y']' + \left[\nu(\nu+1) - \frac{\lambda}{1-x^2}\right] y = 0, \tag{1}$$

fassen λ als Eigenwertparameter auf und fragen nach Lösungen $y(x) \not\equiv 0$ mit der Umlaufseigenschaft um $+1$

$$y\big(1 + (x-1)e^{2\pi i}\big) = e^{-\pi i \mu} y(x). \tag{2}$$

Dabei setzen wir μ als nicht ganzzahlig voraus. Offenbar sind hier

$$\lambda = (\mu+2n)^2 \qquad (n=0,\ \pm 1,\ \pm 2,\ \ldots) \tag{3}$$

Eigenwerte und

$$y(x) = \mathfrak{P}^{\mu+2n}_\nu(x) \tag{4}$$

zugehörige Eigenfunktionen.

Ganz analog zu **5.81.** zeigt man auch hier, daß dies sämtliche Eigenwerte und -funktionen sind, abgesehen von einem x-unabhängigen Faktor (± 0) bei (4).

Neben (2) wird man hier die adjungierte Bedingung

$$y\big(1 + (x-1)e^{2\pi i}\big) = e^{\pi i \mu} y(x) \tag{5}$$

heranziehen. (1) und (5) liefern die Eigenwerte (3) mit den Eigenfunktionen

$$y(x) = \mathfrak{P}^{-\mu-2n}_\nu(x). \tag{6}$$

Ganz analog zum Vorgehen in **5.81.** erhält man auch die Biorthogonalitäts- und Normierungsrelationen:

$$\frac{1}{2\pi i} \oint \mathfrak{P}_{\nu}^{\mu+2n}(x)\, \mathfrak{P}_{\nu}^{-\mu-2m}(x)\, \frac{1}{x^2-1}\, dx = \frac{\sin \pi\mu}{2\pi(\mu+2n)}\, \delta_{nm}. \tag{7}$$

Bezüglich des zugehörigen Entwicklungssatzes und der damit zusammenhängenden Frage des Verhaltens der Kugelfunktionen für große μ sei wieder auf Abschnitt **8.** verwiesen.

5.9. Die Polynome von Gegenbauer

Die Formeln **5.61.**, (1), **5.62.**, (9) zusammen mit **5.64.**, (26), (26*) zeigen, daß für

$$n = 0, 1, 2, \ldots$$

die Funktion

$$(x^2-1)^{-\frac{\mu}{2}}\, \widetilde{\mathfrak{Q}}_{-\mu-n-1}^{\mu}(x) = \cos(\mu+n)\pi \cdot \Gamma(2\mu+n+1)(x^2-1)^{-\frac{\mu}{2}}\, \mathfrak{P}_{\mu+n}^{-\mu}(x)$$

ein Polynom vom Grade n in x wird. So definiert man die *Gegenbauerschen Polynome*

$$C_n^{\mu+\frac{1}{2}}(x) = \frac{\sqrt{\pi}\, \Gamma(2\mu+n+1)}{2^\mu \Gamma(\mu+\frac{1}{2})\, n!}\, (x^2-1)^{-\frac{\mu}{2}}\, \mathfrak{P}_{\mu+n}^{-\mu}(x) \tag{1}$$

oder — mit Hilfe des Ergänzungssatzes der Γ-Funktion —

$$C_n^{\mu+\frac{1}{2}}(x) = \frac{(-1)^n \Gamma(\frac{1}{2}-\mu)}{\sqrt{\pi}\, 2^\mu n!}\, (x^2-1)^{-\frac{\mu}{2}}\, \widetilde{\mathfrak{Q}}_{-\mu-n-1}^{\mu}(x). \tag{2}$$

Mit Benutzung der Legendreschen Multiplikationsformel können (1) und **5.62.**, (9) auch in der Form $(\nu=\mu+\frac{1}{2})$

$$C_n^{\nu}(x) = \frac{\Gamma(2\nu+n)}{\Gamma(2\nu)\, n!}\, F\left(2\nu+n, -n; \nu+\tfrac{1}{2}; \frac{1-x}{2}\right) \tag{3}$$

notiert werden. Man entnimmt daraus speziell

$$C_n^{\nu}(1) = (-1)^n \binom{-2\nu}{n}. \tag{4}$$

Für $\mu=0$, also $\nu=\frac{1}{2}$ hat man offenbar die Legendreschen Polynome:

$$C_n^{\frac{1}{2}}(x) = P_n(x). \tag{5}$$

5.21., (2) legt daher die Frage nach einer erzeugenden Funktion für die $C_n^{\nu}(x)$ nahe. Das kann nun sehr einfach dadurch geschehen, daß man die Überlegung von **5.21.** verallgemeinert.

Wir betrachten wie dort kartesische Koordinaten ξ_1, ξ_2, ξ_3, Kugelkoordinaten r, $\eta=\cos\vartheta$, φ mit

$$\xi_1 = r(1-\eta^2)^{\frac{1}{2}}\cos\varphi, \quad \xi_2 = r(1-\eta^2)^{\frac{1}{2}}\sin\varphi, \quad \xi_3 = r\eta$$

und den Abstand ϱ von $(0, 0, 1)$, d. h.

$$\varrho^2 = \xi_1^2 + \xi_2^2 + (\xi_3 - 1)^2 = 1 - 2r\eta + r^2.$$

Offenbar ist nun

$$(\xi_1 + i\xi_2)^\mu = \varrho^\mu (1 - \eta_1^2)^{\mu/2} e^{i\mu\varphi},$$

wo ϱ, η_1, φ Kugelkoordinaten um $(0, 0, 1)$ sind, eine Potentialfunktion; damit aber auch

$$\varrho^{-2\mu-1} (\xi_1 + i\xi_2)^\mu;$$

denn hier wird nur ϱ^μ durch $\varrho^{-\mu-1}$ ersetzt, was bekanntlich erlaubt ist (vgl. **5.11.**). Diese Potentialfunktion wird in r, η, φ zu

$$r^\mu (1 - 2r\eta + r^2)^{-\mu-\frac{1}{2}} (1 - \eta^2)^{\mu/2} e^{i\mu\varphi}.$$

Damit kann nun

$$v(r, \eta) = r^\mu (\eta^2 - 1)^{\mu/2} (1 - 2r\eta + r^2)^{-\mu-\frac{1}{2}}$$

als Kern für Integraldarstellungen gemäß **5.11.**, Satz 2 dienen. So wird speziell

$$\frac{(x^2-1)^{\mu/2}}{2\pi i} \oint_{|r| = \varrho < |x \pm (x^2-1)^{\frac{1}{2}}|} (1 - 2rx + r^2)^{-\mu-\frac{1}{2}} r^{-n-1} dr = \mathfrak{K}^\mu_{\mu+n}(x)$$

eine Kugelfunktion zu den Indizes $\mu + n$, μ. Diese muß nun aber andererseits offenbar ein mit $(x^2-1)^{\mu/2}$ multipliziertes Polynom vom Grade n sein, und dies wieder muß für $x=1$ den Wert

$$\binom{-2\mu-1}{n}(-1)^n$$

haben. So zeigt der Vergleich mit (1), (2), (3), (4) sofort

$$(1 - 2rx + r^2)^{-\nu} = \sum_{n=0}^\infty C_n^\nu(x) r^n, \qquad |r| < |x \pm (x^2-1)^{\frac{1}{2}}|. \tag{6}$$

Das ist die gewünschte Verallgemeinerung von **5.21.**, (2). (Vgl. auch **7.2.**, (35).)

Auch die Orthogonalitätseigenschaft kann verallgemeinert werden. So beweist man wie in **5.23.** leicht die Orthogonalität der Funktionen

$$(1 - x^2)^{\mu/2} C_n^{\mu+\frac{1}{2}}(x) \qquad (n = 0, 1, 2, \ldots)$$

über $[-1, 1]$, falls nur $\mathfrak{Re}\,\mu > -1$ ist. So folgt für $\mathfrak{Re}\,\nu > -\frac{1}{2}$ leicht

$$\int_{-1}^1 (1 - x^2)^{\nu-\frac{1}{2}} C_n^\nu(x) C_m^\nu(x)\, dx = \begin{cases} 0 & (n \neq m) \\[2mm] \dfrac{\pi\,\Gamma(2\nu+n)}{2^{2\nu-1}(\nu+n)\,n!\,(\Gamma(\nu))^2} & (n = m). \end{cases} \tag{7}$$

Die Werte für $n = m$ können — ähnlich wie in **5.23.** — aus den Rekursionsformeln erhalten werden, die aus (6) leicht zu folgern sind, auf deren explizite Notierung wir hier jedoch verzichten.

Eine weitere Möglichkeit zum Beweise von (7) mit $m = n$ gibt

$$C_n^\nu(x) = \binom{-2\nu}{n} \frac{\Gamma(\nu + \frac{1}{2})}{\Gamma(\nu + n + \frac{1}{2})} \cdot \frac{(1 - x^2)^{\frac{1}{2} - \nu}}{2^n} \left(\frac{d}{dx}\right)^n [(1 - x^2)^{n + \nu - \frac{1}{2}}], \qquad (8)$$

was man leicht aus der für $n \neq m$ ja schon bewiesenen Orthogonalität
(7) zusammen mit (4) erhält — ganz analog zu **5.23.** Bezüglich eines
anderen Beweises vgl. **7.3.**, (40).

Integraldarstellungen der $C_n^\nu(x)$ können z. B. aus **5.63.** entnommen
werden. So gibt **5.63.**, (14) mit $\nu = -\mu - n - 1$ leicht

$$\sqrt{\frac{\pi}{2}} \; \frac{1}{2\pi i} \oint_{|t| = \varrho} e^{ixt} t^{\mu - \frac{1}{2}} J_{-\mu - n - \frac{1}{2}}(t)\, dt = \frac{i^n}{n!} (x^2 - 1)^{-\frac{\mu}{2}} \tilde{\mathfrak{Q}}_{-\mu - n - 1}^\mu(x),$$

also mit (2)

$$-\frac{1}{2\pi i} \oint_{|t| = \varrho} e^{ixt} t^{\nu - 1} J_{-\nu - n}(t)\, dt = \frac{2^\nu (-i)^n}{\Gamma(1 - \nu)} C_n^\nu(x). \qquad (9)$$

Wir notieren abschließend noch, daß für alle ν gemäß (6)

$$C_0^\nu(x) \equiv 1 \qquad (10)$$

gilt; ferner, daß nach (1) $\Gamma(\nu) C_n^\nu(x)$ auch für $\nu = 0$, $n = 1, 2, 3, \ldots$ sinnvoll ist:

$$\Gamma(\nu) C_n^\nu(x)\big|_{\nu = 0} = \sqrt{2\pi} \, \frac{1}{n} (x^2 - 1)^{\frac{1}{4}} \mathfrak{P}_{-\frac{1}{2} + n}^{\frac{1}{2}}(x).$$

Mit (2) und **5.61.**, (4) folgt hierfür die Darstellung

$$\left. \begin{aligned}
\Gamma(\nu) C_n^\nu(x)\big|_{\nu = 0} &= \frac{1}{n} \left\{ [x + (x^2 - 1)]^n + [x + (x^2 - 1)]^{-n} \right\} \\
&= \frac{2}{n} \cdot \cos(n \arccos x) = \frac{2}{n} T_n(x),
\end{aligned} \right\} \qquad (11)$$

wo $T_n(x)$ die Tschebyscheffschen Polynome sind. Unsere Formeln um-
fassen daher die entsprechenden Formeln für diese Polynome. Speziell
folgert man aus (6):

$$\left. \begin{aligned}
-\frac{1}{2} \log(1 - 2rx + r^2) &= \sum_{n=1}^{\infty} \frac{1}{n} T_n(x) r^n, \\
\frac{1 - r^2}{1 - 2rx + r^2} &= 1 + 2 \sum_{n=1}^{\infty} T_n(x) r^n.
\end{aligned} \right\} \qquad (12)$$

6. Konfluente hypergeometrische Funktionen

6.1. Kummersche Differentialgleichung und Reihe. Transformationsformeln

Wir gehen aus von der im Abschnitt **4.** betrachteten hypergeometrischen Differentialgleichung

$$z(1 - z)\, y''(z) + [c - (a + b + 1)z]\, y'(z) - ab\, y(z) = 0, \qquad (1)$$

die für

$$c \neq 0, -1, -2, \ldots$$

in $|z| < 1$ die hypergeometrische Reihe

$$F(a, b; c; z) = \sum_{n=0}^{\infty} \frac{(a)_n (b)_n}{(c)_n \, n!} \, z^n \tag{2}$$

als Lösung besitzt.

Für $b \neq 0$ kann in (1)

$$z = \frac{x}{b}, \qquad y(z) = u(x) \tag{3}$$

substituiert werden. Es entsteht

$$x\left(1 - \frac{1}{b} x\right) u''(x) + \left[c - \left(1 + (a+1)\frac{1}{b}\right) x\right] u'(x) - a u(x) = 0 \tag{4}$$

mit den Singularitäten 0, b, ∞. Nun soll der Grenzübergang $b \to \infty$ bzw. $\frac{1}{b} \to 0$ untersucht werden.

Zunächst kann man auf (4) die bekannten Sätze über die Parameterabhängigkeit von Lösungen anwenden (vgl. **1.2.**, Satz 10 und Zusatz). Danach gilt:

Sei $\mathfrak{G}$ ein einfach zusammenhängendes Gebiet innerhalb eines Kreisringes

$$0 < r_1 < |x| < r_2 < \infty$$

und $x_0 \in \mathfrak{G}$. Für

$$\left|\frac{1}{b}\right| < \frac{1}{r_2}$$

sei $u\left(x, \frac{1}{b}\right)$ die durch parameterunabhängige Anfangswerte in x_0

$$u(x_0) = u_0, \qquad u'(x_0) = u_0'$$

innerhalb $\mathfrak{G}$ eindeutig festgelegte Lösung von (4). Dann gilt (gleichmäßig in $\mathfrak{G}$)

$$u\left(x, \frac{1}{b}\right) \Rightarrow u(x, 0) \qquad \left(\frac{1}{b} \to 0\right).$$

Es ist danach $u(x, 0)$ eine Lösung von

$$x u'' + (c - x) u' - a u = 0. \tag{5}$$

Wir bezeichnen (5) (im Hinblick auf das *Zusammenfließen* der Singularitäten b, ∞) als konfluente hypergeometrische oder auch als *Kummersche* Differentialgleichung.

Natürlich gilt allgemeiner:

Ist für $0 < \left|\frac{1}{b}\right| \leq \beta$ mit $u\left(x, \frac{1}{b}\right)$ eine Schar von Lösungen von (4) gegeben, die in einem Gebiete $\mathfrak{G}$ für $\frac{1}{b} \to 0$ gleichmäßig gegen eine Grenzfunktion $u(x)$ konvergieren, so ist dort $u(x)$ Lösung von (5).

Dies Resultat können wir auf die hypergeometrische Reihe (2) anwenden, wenn wir sie mit (3) auf

$$F\left(a, b; c; \frac{x}{b}\right) = 1 + \frac{a}{c}\,\frac{x}{1} + \cdots + \left.\begin{array}{l} \\ + \frac{(a)_n x^n}{(c)_n n}\left(1 + \frac{1}{b}\right)\left(\frac{1}{2} + \frac{1}{b}\right)\cdots\left(\frac{1}{n-1} + \frac{1}{b}\right) + \cdots\end{array}\right\} \qquad (6)$$

transformieren. Ist hier

$$|x| \leqq \gamma, \qquad \left|\frac{1}{b}\right| \leqq \beta, \qquad \gamma\beta < 1,$$

und ist m die kleinste natürliche Zahl mit

$$\sup_{\nu \geqq m}\left|\frac{(a+\nu)}{(c+\nu)}\right| = \alpha_m, \qquad \alpha_m\left(\frac{1}{m} + \beta\right)\gamma < 1,$$

so kann für $k \geqq m$ der Reihenrest

$$\sum_{n \geqq k}\frac{(a)_n}{(c)_n}\,\frac{x^n}{n}\left(1 + \frac{1}{b}\right)\cdots\left(\frac{1}{n-1} + \frac{1}{b}\right)$$

durch

$$\frac{1}{k}\left|\frac{(a)_m}{(c)_m}\right|(1+\beta)\cdots\left(\frac{1}{m-1}+\beta\right)\gamma^m\sum_{n=k}^{\infty}\left[\alpha_m\left(\frac{1}{m}+\beta\right)\gamma\right]^{n-m}$$

abgeschätzt werden, was für $k \to \infty$ gegen 0 strebt. Damit aber gilt sicher in beschränkten Gebieten gleichmäßig

$$F\left(a, b; c; \frac{x}{b}\right) \Rightarrow \Phi(a, c; x) \qquad \left(\frac{1}{b} \to 0\right), \qquad (7)$$

$$\Phi(a, c; x) = \sum_{n=0}^{\infty}\frac{(a)_n}{(c)_n}\,\frac{x^n}{n!}. \qquad (8)$$

(8) wird als *Kummersche Reihe* bzw. *Funktion* bezeichnet. Unsere oben gemachte Bemerkung zeigt, daß (8) Lösung von (5) ist.

Nach **4.1.** ist neben (2)

$$y(z) = z^{1-c}F(a-c+1, b-c+1; 2-c; z) \qquad (9)$$

Lösung von (1), und zwar für $c \neq 2, 3, 4, \ldots$. Mit (3), Multiplikation mit b^{1-c} und Grenzübergang $\frac{1}{b} \to 0$ erhält man hier analog wie eben die Lösung

$$u(x) = x^{1-c}\Phi(a-c+1, 2-c; x) \qquad (10)$$

von (5).

Analog zu **4.1.** gilt hier:

1) Ist c nicht ganz, so bilden (8), (10) ein Fundamentalsystem von Lösungen von (5).

2) Ist $c \neq 0, -1, -2, \ldots$, so ist (8) bis auf konstanten Faktor die einzige um 0 holomorphe Lösung von (5).

3) (8) bricht genau dann ab, wenn a eine der Zahlen $-n$ $(n=0,1,2,\ldots)$ ist. Dann wird (8) ein Polynom vom Grade n.

Wir betrachten jetzt die Formel **4.3.**, (7) und schreiben

$$F(a,b;c;z) = (1-z)^{c-a-b} F(c-a,c-b;c;z). \tag{11}$$

Mit $z = \dfrac{x}{b}$ und $\dfrac{1}{b} \to 0$ wird hier

$$\left(1-\frac{x}{b}\right)^{c-a} \to 1, \quad \left(1-\frac{x}{b}\right)^{-b} \to e^x, \quad \frac{(c-b)_n}{b^n} \to (-1)^n$$

und so analog wie oben

$$\Phi(a,c;x) = e^x \Phi(c-a,c;-x). \tag{12}$$

Dies wird als *Kummersche Transformation* bezeichnet.

Die Kummersche Transformation kann auch auf (10) angewandt werden:

$$x^{1-c} \Phi(a-c+1, 2-c; x) = x^{1-c} e^x \Phi(1-a, 2-c; -x). \tag{13}$$

Man hat so mit (8), (10), (12), (13) vier Möglichkeiten, die konfluente hypergeometrische Differentialgleichung (5) mit Hilfe von Kummerschen Reihen zu lösen.

Aus diesen Reihen entnimmt man zugleich entsprechende Transformationseigenschaften der Kummerschen Differentialgleichung:

① Ist $u(x)$ Lösung von (5) und setzt man

$$u(x) = x^{1-c} v(x),$$

so genügt $v(x)$ der Kummerschen Differentialgleichung mit den Parametern $a-c+1$, $2-c$; und umgekehrt.

② Ist $u(x)$ Lösung von (5) und setzt man

$$u(x) = e^x w(\xi), \quad \xi = -x,$$

so genügt $w(\xi)$ der Kummerschen Differentialgleichung mit den Parametern $c-a$, c; und umgekehrt.

Unsere Reihen lassen nämlich unmittelbar für nicht ganzes c die entsprechende Transformationseigenschaft des Fundamentalsystems (8), (10) erkennen.

6.2. Die Whittakersche Differentialgleichung

Die Kummersche Differentialgleichung (5) wird durch die Transformation

$$u(x) = x^{-\frac{c}{2}} e^{\frac{x}{2}} w(x), \quad c = 1 + 2\mu, \quad a = \tfrac{1}{2} - \varkappa + \mu \tag{14}$$

zur Whittakerschen Differentialgleichung

$$w''(x) + \left[-\frac{1}{4} + \frac{\varkappa}{x} + \frac{\frac{1}{4} - \mu^2}{x^2}\right] w(x) = 0. \tag{15}$$

Diese hat gegenüber (5) neben dem Fehlen der ersten Ableitung den wesentlichen Vorzug, daß sie sofort die Invarianz gegenüber den beiden Substitutionen

$$\mu \to -\mu$$

und

$$\varkappa \to -\varkappa,\; x \to -x$$

erkennen läßt. Mit der Whittakerschen Funktion

$$M_{\varkappa,\,\mu}(x) = x^{\mu+\frac{1}{2}}\, e^{-\frac{x}{2}}\, \Phi\left(\tfrac{1}{2} - \varkappa + \mu,\, 1 + 2\mu;\, x\right) \tag{16}$$

sind also auch (es sei 2μ nicht ganz)

$$M_{\varkappa,\,-\mu}(x),\qquad M_{-\varkappa,\,\mu}(-x),\qquad M_{-\varkappa,\,-\mu}(-x) \tag{17}$$

Lösungen. Das entspricht natürlich (8), (10), (12), (13), bzw. den Transformationen ①, ②. Genauer entspricht die Kummersche Transformation (12) der Formel

$$M_{-\varkappa,\,\mu}(x e^{\pi i}) = e^{(\mu+\frac{1}{2})\pi i}\, M_{\varkappa,\,\mu}(x). \tag{18}$$

Mit Hilfe von (15) gelingt es leicht, die Zylinderfunktionen im wesentlichen als spezielle konfluente hypergeometrische Funktionen zu erkennen. Dazu wird man nur die Besselsche Differentialgleichung

$$z^2 y'' + z y' + (z^2 - \mu^2)\, y = 0$$

mit

$$y(z) = z^{-\frac{1}{2}} v(z)$$

in

$$z^2 v''(z) + (z^2 + \tfrac{1}{4} - \mu^2)\, v(z) = 0$$

und dies mit

$$z = \frac{1}{2i}\, x,\qquad v(z) = w(x)$$

in

$$w''(x) + \left[-\frac{1}{4} + \frac{\frac{1}{4} - \mu^2}{x^2}\right] w(x) = 0$$

umrechnen. So erkennt man speziell

$$J_\mu(z) = \frac{1}{\Gamma(\mu+1)}\, 2^{-2\mu-\frac{1}{2}}\, e^{-i(\mu+\frac{1}{2})\frac{\pi}{2}}\, z^{-\frac{1}{2}}\, M_{0,\mu}\!\left(2 z e^{i\frac{\pi}{2}}\right). \tag{19}$$

6.3. Integraldarstellungen

Wir substituieren in den Funktionen

$$\varphi(z, t) = t^a (1-t)^{c-a} (1-zt)^{-b-1}$$

$$\psi(z, t) = t^{a-1} (1-t)^{c-a-1} (1-zt)^{-b}$$

von **4.2.** (mit $b \leftrightarrow a$ und $x \to z$) sowie in der dortigen Relation (∗)

$$z = \frac{x}{b}$$

und machen den Grenzübergang $\frac{1}{b} \to 0$. Dann entstehen (gleichmäßig in kompakten (x, t)-Gebieten) die Grenzfunktionen

$$t^a (1-t)^{c-a} e^{xt},$$
$$t^{a-1} (1-t)^{c-a-1} e^{xt};$$

und (∗) wird zu

$$\left\{ x \frac{\partial^2}{\partial x^2} + (c-x) \frac{\partial}{\partial x} - a \right\} t^{a-1} (1-t)^{c-a-1} e^{xt} = -\frac{\partial}{\partial t} t^a (1-t)^{c-a} e^{xt}. \tag{20}$$

Das kann man natürlich auch direkt bestätigen oder durch Anwendung der Theorie der Laplace-Transformation auf die Kummersche Differentialgleichung erhalten.

(20) ergibt den

Satz 1. *$\mathfrak{C}$ sei ein Weg der t-Ebene, der 0 und 1 nicht durchlaufe. Für alle x im Gebiete $\mathfrak{G}$ gelte*

$$t^a (1-t)^{c-a} e^{xt} \big|_{\mathfrak{C}} = 0.$$

Dann ist

$$u(x) = \int_{\mathfrak{C}} e^{xt} t^{a-1} (1-t)^{c-a-1} \, dt,$$

falls dies bei uneigentlichem Integral für x in kompakten Teilmengen von $\mathfrak{G}$ gleichmäßig konvergiert, eine in $\mathfrak{G}$ holomorphe Lösung der Kummerschen Differentialgleichung (5).

Ist speziell

$$\mathfrak{Re}\, c > \mathfrak{Re}\, a > 0,$$

so kann als Weg die Strecke $(0, 1)$ gewählt werden. $u(x)$ wird dann eine ganze Funktion von x, also proportional zu $\Phi(a, c; x)$. So erhält man (auch aus **4.2.**, (5))

$$\Phi(a, c; x) = \frac{\Gamma(c)}{\Gamma(a)\,\Gamma(c-a)} \int_0^1 e^{xt} t^{a-1} (1-t)^{c-a-1} \, dt \qquad (\mathfrak{Re}\, c > \mathfrak{Re}\, a > 0). \tag{21}$$

Dabei sind im Integranden die Hauptwerte der Potenzen zu nehmen.

Analog kann **4.2.**, (6) übertragen werden:

$$\int^{(1+, 0+, 1-, 0-)} e^{xt} t^{a-1} (1-t)^{c-a-1} \, dt = \frac{-4\pi^2 e^{\pi i c}}{\Gamma(1-a)\,\Gamma(1+a-c)\,\Gamma(c)} \Phi(a, c; x). \tag{22}$$

Hieraus entnimmt man leicht, daß

$$\frac{1}{\Gamma(c)} \Phi(a, c; x) \qquad \textit{ganze Funktion von } a, c, x \tag{23}$$

ist. Dazu beachtet man nur, daß das Doppelumlaufsintegral ganze Funktion von a, c, x ist und sicher für

$$a = 1, 2, 3, \ldots$$

oder
$$c - a = 1, 2, 3, \ldots$$

verschwindet. Das sind aber gerade die einfachen Pole von $\Gamma(1-a)$, $\Gamma(1+a-c)$.

Neben (21), (22) kann man nun auch Integrationswege betrachten, die ins Unendliche laufen. So erhält man z. B. mit

$$\Psi(a,c;x) = \frac{1}{\Gamma(a)} \int\limits_0^\infty e^{-xt} t^{a-1} (1+t)^{c-a-1} dt \qquad (\Re a > 0, \ \Re x > 0) \qquad (24)$$

nach Satz 1 für $\Re a > 0$ in der Halbebene $\Re x > 0$ eine Lösung $\Psi(a, c; x)$ der Kummerschen Differentialgleichung (5). Wir fordern dabei im Integranden die Hauptwerte der Potenzen.

Wie bei entsprechenden Darstellungen von Zylinder- und Kugelfunktionen erhält man durch Drehung des Integrationsstrahls analytische Fortsetzung der dargestellten Funktion:

$$\left.\begin{aligned}
\Psi(a,c;x) &= \frac{1}{\Gamma(a)} \int\limits_0^{\infty e^{i\varphi}} e^{-xt} t^{a-1} (1+t)^{c-a-1} dt \\
&\left(\Re a > 0, \ -\pi < \varphi < \pi, \ |\arg x + \varphi| < \frac{\pi}{2}\right).
\end{aligned}\right\} \qquad (25)$$

Damit ist diese neue Funktion für $\Re a > 0$ auf den Stellen $-\tfrac{3}{2}\pi < \arg x < \tfrac{3}{2}\pi$ der Riemannschen Fläche von $\arg x$ eindeutig erklärt. Sie läßt sich natürlich auf die ganze Riemannsche Fläche analytisch fortsetzen. Das kann nur wegen der Singularität $t = -1$ des Integranden nicht mit (25) geschehen.

Die Erweiterung der Definition von $\Psi(a, c; x)$ *auch für* $\Re a \leq 0$ geschieht durch den bekannten Übergang zum Schleifenweg:

$$\left.\begin{aligned}
\Psi(a,c;x) &= \frac{\Gamma(1-a)}{2\pi i} \int\limits_{\infty e^{i(\varphi-\pi)}}^{(0+)} e^{xt} t^{a-1} (1-t)^{c-a-1} dt \\
&\left(-\pi < \varphi < \pi, \ |\arg x + \varphi| < \frac{\pi}{2}\right).
\end{aligned}\right\} \qquad (26)$$

Damit erweist sich unsere Funktion $\Psi(a, c; x)$ als *für alle* $x \neq 0$, a, c *holomorph*.

Für die Whittakersche Differentialgleichung (15) haben wir so als neue Lösungen die Whittakerschen Funktionen

$$W_{\varkappa, \mu}(x) = x^{\mu + \frac{1}{2}} e^{-\frac{x}{2}} \Psi(\tfrac{1}{2} - \varkappa + \mu, 1 + 2\mu; x) \qquad (27)$$

erhalten. Sie werden sich unten als Verallgemeinerungen der Hankel-Funktionen erweisen.

6.4. Einige Spezialfälle

Schon in **6.2.** haben wir die Zylinderfunktionen im wesentlichen als spezielle konfluente hypergeometrische Funktionen erkannt ($\varkappa = 0$). Wir sind nun, vor allem mit Hilfe der Integraldarstellungen, leicht in der Lage, einige andere bekannte Funktionen entsprechend einzuordnen.

Zunächst ist

$$e^x = \Phi(a, a; x) \tag{30}$$

natürlich mit (8) trivial.

Wir betrachten weiter die sog. unvollständigen Gammafunktionen ($\Re a > 0$)

$$\Gamma(a, x) = \int_x^\infty e^{-t} t^{a-1} dt \tag{31}$$

und

$$\gamma(a, x) = \Gamma(a) - \Gamma(a, x) = \int_0^x e^{-t} t^{a-1} dt. \tag{32}$$

Nach Substitution $t = x\tau$ kann man (32) mit (21) vergleichen:

$$\gamma(a, x) = a^{-1} x^a \Phi(a, a+1; -x). \tag{33}$$

In (31) substituiert man $t = x(1 + \tau)$ und erhält

$$x^a e^{-x} \int_0^\infty e^{-x\tau} (1 + \tau)^{a-1} d\tau,$$

also durch Vergleich mit (24)

$$\Gamma(a, x) = x^a e^{-x} \Psi(1; a+1; x). \tag{34}$$

Hierauf lassen sich leicht die Errorfunktionen zurückführen:

$$\mathrm{Erf}(x) \equiv \int_0^x e^{-t^2} dt = \tfrac{1}{2} \gamma(\tfrac{1}{2}, x^2) = x \Phi(\tfrac{1}{2}, \tfrac{3}{2}; -x^2), \tag{35}$$

$$\mathrm{Erfc}(x) \equiv \int_x^\infty e^{-t^2} dt = \tfrac{1}{2} \Gamma(\tfrac{1}{2}, x^2) = \tfrac{1}{2} x e^{-x^2} \Psi(1, \tfrac{3}{2}; x^2). \tag{36}$$

Ähnlich berechnet man für Exponentialintegralfunktion, Integrallogarithmus, Integralsinus und Integralcosinus leicht

$$-\mathrm{Ei}(-x) \equiv \int_x^\infty e^{-t} t^{-1} dt = e^{-x} \Psi(1, 1; x), \tag{37}$$

$$\mathrm{li}(x) \equiv \int_0^x \frac{dt}{\log t} = \mathrm{Ei}(\log x) = -x \Psi(1, 1; -\log x), \tag{38}$$

$$\left. \begin{aligned} \mathrm{Si}(x) &\equiv \int_0^x t^{-1} \sin t \, dt = \frac{\pi}{2} - \int_x^\infty t^{-1} \sin t \, dt \\ &= \frac{\pi}{2} - \frac{1}{2} i e^{-ix} \Psi(1, 1; ix) + \frac{1}{2} i e^{ix} \Psi(1, 1; -ix), \end{aligned} \right\} \tag{39}$$

$$\mathrm{Ci}(x) \equiv -\int_x^\infty t^{-1} \cos t \, dt = -\tfrac{1}{2} e^{-ix} \Psi(1, 1; ix) - \tfrac{1}{2} e^{ix} \Psi(1, 1; -ix). \tag{40}$$

Auch die Fresnelschen Integrale lassen sich analog ausdrücken:

$$
\begin{aligned}
C(x) &= (2\pi)^{-\frac{1}{2}} \int_0^x t^{-\frac{1}{2}} \cos t\, dt \\
&= \left(\frac{x}{2\pi}\right)^{\frac{1}{2}} \left[\Phi\left(\frac{1}{2}, \frac{3}{2}; ix\right) + \Phi\left(\frac{1}{2}, \frac{3}{2}; -ix\right)\right],
\end{aligned}
\qquad (41)
$$

$$
\begin{aligned}
S(x) &= (2\pi)^{-\frac{1}{2}} \int_0^x t^{-\frac{1}{2}} \sin t\, dt \\
&= \left(\frac{x}{2\pi}\right)^{\frac{1}{2}} \frac{1}{i} \left[\Phi\left(\frac{1}{2}, \frac{3}{2}; ix\right) - \Phi\left(\frac{1}{2}, \frac{3}{2}; -ix\right)\right].
\end{aligned}
\qquad (42)
$$

Als *Laguerre*-Funktionen werden oft

$$
L_\nu^{(a)}(x) = \frac{\Gamma(a+\nu+1)}{\Gamma(\nu+1)\,\Gamma(a+1)}\, \Phi(-\nu, a+1; x) \qquad (43)
$$

bezeichnet; es handelt sich hier also nur um eine Umbenennung der Parameter gegenüber den Kummerschen Funktionen. Für $\nu=n=0, 1, 2, \ldots$ erhält man mit (43) gemäß einer Bemerkung in **6.1.** Polynome vom Grade n. Es sind dies die verallgemeinerten Laguerre-Polynome:

$$
L_n^{(a)}(x) = \frac{(a+1)_n}{n!}\, \Phi(-n, a+1; x). \qquad (44)
$$

Die eigentlichen (speziellen) Laguerre-Polynome $L_n(x)$ entstehen für $a=0$.

Mit $a=\pm\frac{1}{2}$ gibt (44) die *Hermite*schen Polynome

$$
\begin{aligned}
He_{2n}(x) &= (-1)^n 2^n n!\, L_n^{(-\frac{1}{2})}\left(\frac{x^2}{2}\right), \\
He_{2n+1}(x) &= (-1)^n 2^n n!\, x L_n^{(\frac{1}{2})}\left(\frac{x^2}{2}\right).
\end{aligned}
\qquad (45)
$$

Diese stehen andererseits in engem Zusammenhang mit den „Funktionen des parabolischen Zylinders", Lösungen der Differentialgleichung

$$
y''(z) + \left(\nu + \tfrac{1}{2} - \tfrac{1}{4} z^2\right) y(z) = 0. \qquad (46)
$$

Sie läßt sich mit

$$
x = \frac{z^2}{2}, \quad y(z) = e^{-\frac{x}{2}} u(x)
$$

in die Kummersche Differentialgleichung

$$
x u'' + \left(\frac{1}{2} - x\right) u' + \frac{\nu}{2} u = 0 \qquad (47)
$$

umformen. Man definiert als spezielle Lösungen von (46) entsprechend

$$
D_\nu(z) = 2^{\frac{\nu}{2}} e^{-\frac{z^2}{4}} \Psi\left(-\frac{\nu}{2}, \frac{1}{2}; \frac{z^2}{2}\right). \qquad (48)
$$

Für $\nu=n=0, 1, 2, \ldots$ lassen sie sich durch die Hermiteschen Polynome (45) ausdrücken (vgl. **6.5.**).

(46) ist offenbar im wesentlichen die bei der Separation der Schwingungsgleichung in parabolischen Zylinderkoordinaten zweimal auftretende Differentialgleichung (vgl. **1.14.**, ③). Mit Hilfe von (48) kann man also leicht in diesen Koordinaten separierte Lösungen von $\Delta u + k^2 u = 0$ angeben.

Mit (48) sind offenbar auch

$$D_\nu(-z), \quad D_{-\nu-1}(iz), \quad D_{-\nu-1}(-iz)$$

Lösungen von (46).

Zum Schluß sei noch die bei der Separation der Schwingungsgleichung in rotationsparabolischen Koordinaten (vgl. **1.14.**, ④) zweimal auftretende Differentialgleichung

$$y''(z) + \frac{1}{z}\, y'(z) + \left(k^2 z^2 - \frac{\nu^2}{z^2} + \lambda\right) y(z) = 0 \tag{49}$$

betrachtet. Für $k=0$ wird sie offenbar durch die Zylinderfunktionen

$$y(z) = Z_\nu(\lambda^{\frac{1}{2}} z)$$

gelöst. Für $k \neq 0$ rechnet man mit

$$x = ikz^2, \quad y(z) = z^{-1} w(x)$$

auf die Whittakersche Differentialgleichung (15) mit den Parametern

$$\varkappa = \frac{\lambda}{4ik}, \quad \mu = \frac{\nu}{2}$$

um. So können mit Hilfe der Whittakerschen Funktionen leicht wieder in den genannten Koordinaten separierte Lösungen von $\Delta u + k^2 u = 0$ hingeschrieben werden.

Dies ist ein Ausgangspunkt für zahlreiche Produkte von Whittakerschen Funktionen betreffende Formeln bzw. für Integralrelationen zwischen Whittakerschen Funktionen. Hierauf kann allerdings im folgenden nicht mehr näher eingegangen werden.

6.5. Asymptotische Reihen (x groß). Zusammenhangsformeln

Aus (25) und (26) kann man mit Hilfe von **1.3.**, Satz 9 bzw. **2.4.**, Satz 2 sofort asymptotische Reihen für $\Psi(a, c; x)$ $(x \to \infty)$ gewinnen. Man hat nur z. B. in (26) die Potenzreihe

$$t^{a-1}(1-t)^{c-a-1} = \sum_{m=0}^{\infty} \binom{c-a-1}{m} (-1)^m\, t^{a+m-1}$$

gliedweise zu übersetzen. So folgt leicht mit kleiner Koeffizientenumrechnung

$$\left.\begin{aligned}
\Psi(a, c; x) &\sim x^{-a} \sum_{m=0}^{\infty} (-1)^m \frac{(a)_m (a-c+1)_m}{m!}\, x^{-m} \\
&\qquad \left(|\arg x| \leq \frac{3}{2}\,\pi - \delta,\ \delta > 0\right);
\end{aligned}\right\} \tag{50}$$

dies wieder in dem Sinne, daß bei Abbrechen mit dem Gliede $m = N$ der Fehler $O\left(|x|^{-\Re a - N - 1}\right)$ für $x \to \infty$ im angegebenen Winkelbereich ist.

Nach **6.1.**, ② ist

$$e^x \Psi(c - a, c; x e^{-\pi i}) = e^x x^{a-c} e^{\pi i (c-a)} \left(1 + O\left(\tfrac{1}{x}\right)\right) \quad \left(|\arg x| \leq \tfrac{\pi}{2} - \delta\right) \quad (51)$$

neben

$$\Psi(a, c; x) = x^{-a}\left(1 + O\left(\tfrac{1}{x}\right)\right) \quad \left(|\arg x| \leq \tfrac{\pi}{2} - \delta\right)$$

Lösung von (5). Damit ist klar:

Für alle Parameterwerte bilden

$$\Psi(a, c; x), \quad e^x \Psi(c - a, c; x e^{-\pi i})$$

ein Fundamentalsystem von Lösungen der Kummerschen Differentialgleichung (5).

Nun betrachten wir

$$x^{1-c} \Psi(a - c + 1, 2 - c; x).$$

Diese Funktion hat nach (50) in $|\arg x| \leq \tfrac{3}{2}\pi - \delta$ ebenfalls das Verhalten

$$x^{-a}\left(1 + O\left(\tfrac{1}{x}\right)\right);$$

sie ist andererseits Linearkombination der oben genannten Funktionen des Fundamentalsystems. Damit folgt die wichtige Relation:

$$x^{1-c} \Psi(a - c + 1, 2 - c; x) = \Psi(a, c; x). \quad (52)$$

Im folgenden soll nun $\Phi(a, c; x)$ als Linearkombination von $\Psi(a, c; x)$ und $e^x \Psi(c - a, c; x e^{-\pi i})$ dargestellt werden. Wir gehen dazu von der Formel (22) aus, die wir in der Form

$$\frac{1}{\Gamma(c)} \Phi(a, c; x) = \frac{\Gamma(1 - a)\, \Gamma(1 + a - c)}{4\pi^2} e^{-\pi i a} \int^{(1+, 0+, 1-, 0-)} e^{xt} t^{a-1} (t-1)^{c-a-1}\, dt$$

schreiben. Dabei ist am Ausgangspunkt des Integrationsweges $0 < t_0 < 1$ gesetzt: $\arg t_0 = 0$, $\arg(t_0 - 1) = -\pi$. Den Integrationsweg wählen wir gemäß folgender Figur:

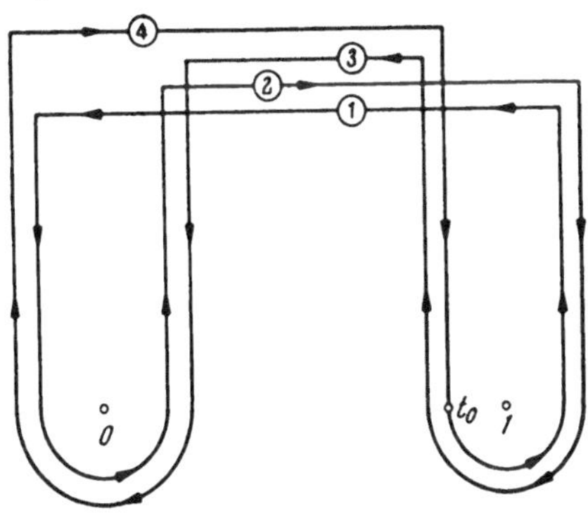

Dabei lassen wir die Strecken ①, ②, ③, ④ in Richtung der positiv-imaginären Achse ins Unendliche rücken. Die Grenzwerte der Argumente von t und $(t-1)$ auf diesen Strecken gibt dann folgende Tabelle:

	①	②	③	④
$\arg t$	$\dfrac{\pi}{2}$	$\dfrac{5}{2}\pi$	$\dfrac{5}{2}\pi$	$\dfrac{\pi}{2}$
$\arg(t-1)$	$\dfrac{\pi}{2}$	$\dfrac{\pi}{2}$	$-\dfrac{3}{2}\pi$	$-\dfrac{3}{2}\pi$

Wählt man nun ein x mit $\mathfrak{Im}\, x > 0$, so streben beim Grenzübergang die Beiträge der genannten Strecken gegen 0. Mit Hilfe der gegebenen Tabelle der Argumente liest man so ab:

$$\int\limits^{(1+,0+,1-,0-)} e^{xt}\, t^{a-1}(t-1)^{c-a-1}\, dt$$

$$= \int\limits_{\infty e^{-i\frac{3}{2}\pi}}^{(0+)} e^{xt}\, t^{a-1}(1-t)^{c-a-1}\, dt \cdot e^{2\pi i a} \cdot \left[e^{\pi i(c-a-1)} - e^{-\pi i(c-a-1)} \right] +$$

$$+ \int\limits_{\infty e^{-i\frac{3}{2}\pi}}^{(1+)} e^{xt}\, t^{a-1}(t-1)^{c-a-1}\, dt \cdot \left[1 - e^{2\pi i a} \right].$$

Dabei ist im ersten Integral rechts nahe 0 für $(1-t)^{c-a-1}$ der Hauptwert zu setzen, während die Integrationsgrenzen das Argument von t geben; im zweiten Integral ist nahe 1 für t^{a-1} der Hauptwert zu nehmen, während die Integrationsgrenzen das Argument von $(t-1)$ geben.

Mit (26) wird nun

$$\int\limits_{\infty e^{-i\frac{3}{2}\pi}}^{(0+)} e^{xt}\, t^{a-1}(1-t)^{c-a-1}\, dt = \frac{2\pi i}{\Gamma(1-a)}\, \Psi(a,c;x)$$

bei $\left| \arg x - \dfrac{\pi}{2} \right| < \dfrac{\pi}{2}$. Das andere Integral wird durch naheliegende Substitution umgerechnet $(t = 1 + \tau e^{-\pi i})$:

$$\int\limits_{\infty e^{-i\frac{3}{2}\pi}}^{(1+)} e^{xt}\, t^{a-1}(t-1)^{c-a-1}\, dt = e^{\pi i(a-c)} e^{x} \int\limits_{\infty e^{-i\frac{\pi}{2}}}^{(0+)} e^{-x\tau}\, \tau^{c-a-1}(1-\tau)^{a-1}\, d\tau$$

$$= e^{\pi i(a-c)} e^{x} \frac{2\pi i}{\Gamma(1-c+a)}\, \Psi(c-a,c;-x),$$

dabei ist gemäß (26) $\left| \arg(-x) + \dfrac{\pi}{2} \right| < \dfrac{\pi}{2}$ zu wählen, so daß $-x = x e^{-\pi i}$ gesetzt werden muß.

Insgesamt ist damit bewiesen:

$$\frac{1}{\Gamma(c)}\, \Phi(a,c;x) = \frac{e^{i a \pi}}{\Gamma(c-a)}\, \Psi(a,c;x) + \frac{e^{i(a-c)\pi}}{\Gamma(a)}\, e^{x}\Psi(c-a,c;x e^{-\pi i}). \tag{53}$$

Macht man hier die Substitutionen

$$a \to c - a, \quad x \to x e^{\pi i},$$

multipliziert danach mit e^x und benutzt (12), so entsteht die analoge Formel

$$\frac{1}{\Gamma(c)} \, \Phi(a, c; x) = \frac{e^{-i a \pi}}{\Gamma(c-a)} \, \Psi(a, c; x) + \frac{e^{-i(a-c)\pi}}{\Gamma(a)} \, e^x \Psi(c-a, c; x e^{\pi i}). \tag{54}$$

Sie kann übrigens auch aus (53) mit Hilfe des Spiegelungsprinzips der Funktionentheorie gewonnen werden.

Substituiert man in (53)

$$a \to a - c + 1, \quad c \to 2 - c,$$

multipliziert danach mit x^{1-c} und benutzt (52), so entsteht

$$\left.\begin{aligned}
&\frac{1}{\Gamma(2-c)} \, x^{1-c} \Phi(a-c+1, 2-c; x) \\
&\quad = \frac{e^{i(a-c+1)\pi}}{\Gamma(1-a)} \cdot \Psi(a, c; x) + \frac{e^{\pi i(a-c)}}{\Gamma(a-c+1)} \, e^x \Psi(c-a, c; x e^{-\pi i}).
\end{aligned}\right\} \tag{55}$$

(53), (54), (55) lassen sich umkehren:

$$\left.\begin{aligned}
\Psi(a, c; x) &= \frac{\Gamma(1-c)}{\Gamma(a-c+1)} \, \Phi(a, c; x) + \\
&\quad + \frac{\Gamma(c-1)}{\Gamma(a)} \cdot x^{1-c} \Phi(a-c+1, 2-c; x),
\end{aligned}\right\} \tag{56}$$

$$\left.\begin{aligned}
e^x \Psi(c-a, c; x e^{\mp \pi i}) &= \frac{\Gamma(1-c)}{\Gamma(1-a)} \, \Phi(a, c; x) + \\
&\quad + \frac{\Gamma(c-1)}{\Gamma(c-a)} \, e^{\pm \pi i(c-1)} x^{1-c} \Phi(a-c+1, 2-c; x).
\end{aligned}\right\} \tag{57}$$

Dabei kann man natürlich auch (57) aus (56) durch Substitution mit Hilfe von (12) erhalten.

Unsere Relationen können leicht auf die Whittakerschen Funktionen $M_{\varkappa, \mu}$ und $W_{\varkappa, \mu}$, die mit (16) und (27) definiert waren, umgeschrieben werden. Es entstehen unter anderem die Formeln:

$$W_{\varkappa, \mu}(x) = W_{\varkappa, -\mu}(x), \tag{58}$$

$$W_{\varkappa, \mu}(x) = \frac{\Gamma(-2\mu)}{\Gamma(\frac{1}{2}-\mu-\varkappa)} \, M_{\varkappa, \mu}(x) + \frac{\Gamma(2\mu)}{\Gamma(\frac{1}{2}+\mu-\varkappa)} \, M_{\varkappa, -\mu}(x), \tag{59}$$

$$\frac{1}{\Gamma(2\mu+1)} \, M_{\varkappa, \mu}(x) = \frac{e^{\pi i(\frac{1}{2}-\mu+\varkappa)}}{\Gamma(\frac{1}{2}+\mu+\varkappa)} \, W_{\varkappa, \mu}(x) + \frac{e^{-\pi i \varkappa}}{\Gamma(\frac{1}{2}-\varkappa+\mu)} \, W_{-\varkappa, \mu}(x e^{-i\pi}). \tag{60}$$

Wichtig ist der folgende Spezialfall von (54):

$$\frac{1}{\Gamma(c)} \, \Phi(-n, c; x) = \frac{(-1)^n}{\Gamma(c+n)} \, \Psi(-n, c; x) \quad (n = 0, 1, 2, \ldots). \tag{61}$$

Der Vergleich mit (44) zeigt damit

$$L_n^{(a)}(x) = \frac{(-1)^n}{n!}\,\Psi(-n, a+1; x).\tag{62}$$

Dies kann speziell auf die Funktionen des parabolischen Zylinders angewandt werden, wenn man dort $v = 0, 1, 2, \ldots$ wählt. So wird mit (48) und (62)

$$D_{2n}(z) = 2^n\, e^{-\frac{z^2}{4}}\,(-1)^n\, n!\, L_n^{(-\frac{1}{2})}\!\left(\frac{z^2}{2}\right),$$

also mit (45)

$$D_{2n}(z) = e^{-\frac{z^2}{4}}\, He_{2n}(z).$$

Ebenso wird mit (48) und (52)

$$D_{2n+1}(z) = 2^{n+\frac{1}{2}}\, e^{-\frac{z^2}{4}}\left(\frac{z^2}{2}\right)^{\frac{1}{2}}\,\Psi\!\left(-n;\,\frac{3}{2};\,\frac{z^2}{2}\right),$$

also mit (62) und (45)

$$D_{2n+1}(z) = e^{-\frac{z^2}{4}}\, He_{2n+1}(z).$$

So hat man zusammenfassend

$$D_n(z) = e^{-\frac{z^2}{4}}\, He_n(z).\tag{63}$$

Zum Schluß kommen wir noch einmal auf den Spezialfall der Zylinderfunktionen ($\varkappa = 0$) zurück. Wir kombinieren (59) und (19). So erhalten wir durch Vergleich mit **3.4.**, (19):

$$H_\mu^{(1)}(x) = \left(\frac{2}{\pi x}\right)^{\frac{1}{2}} e^{-i\left(\frac{\mu}{2}+\frac{1}{2}\right)\pi} W_{0,\,\mu}\!\left(2\,x\,e^{-i\frac{\pi}{2}}\right).\tag{64}$$

Natürlich kann zum Beweise auch der Vergleich des asymptotischen Verhaltens benutzt werden.

6.6. Rekursionsformeln

Durch Differentiation der Kummerschen Differentialgleichung (5), d.h. von

$$x u'' + (c - x)u' - au = 0$$

entsteht für $v = u'$

$$x v'' + (c+1 - x)v' - (a+1)v = 0,$$

also eine Kummersche Differentialgleichung mit den Parametern $a+1$, $c+1$. Vergleich des Verhaltens um $x = 0$ (oder direkt die Kummersche Reihe) zeigen so

$$\frac{d}{dx}\,\Phi(a, c; x) = \frac{a}{c}\,\Phi(a+1, c+1; x).\tag{65}$$

Nehmen wir oben $u = \Psi(a, c; x)$, so gilt nach (50) im Hauptzweig

$$u' \sim -a\,x^{-a-1}\left(1 + O\!\left(\frac{1}{x}\right)\right);$$

gliedweise Differenzierbarkeit von asymptotischen Reihen, die aus dem Lemma von WATSON entspringen, hatten wir ja gezeigt. Damit aber läßt sich u' als Lösung der Kummerschen Differentialgleichung zu $a+1, c+1$ identifizieren:

$$\frac{d}{dx}\Psi(a,c;x)=-a\,\Psi(a+1,c+1;x).\tag{66}$$

Auf (65) kann man die Kummersche Transformation anwenden: man differenziert

$$e^{-x}\Phi(a,c;x)=\Phi(c-a,c;-x).$$

So entsteht

$$\frac{d}{dx}e^{-x}\Phi(a,c;x)=-\frac{(c-a)}{c}e^{-x}\Phi(a,c+1;x).\tag{67}$$

Die analoge Formel

$$\frac{d}{dx}e^{-x}\Psi(a,c;x)=-e^{-x}\Psi(a,c+1;x)\tag{68}$$

erhält man wieder durch Vergleich des asymptotischen Verhaltens im Hauptzweig.

Wir setzen nun oben

$$u=x^{1-c}\Phi(a-c+1,2-c;x)$$

und identifizieren

$$u'=(1-c)\,x^{-c}\Phi(a-c+1,1-c;x)$$

als Lösung zu $a+1, c+1$. So entsteht

$$\frac{d}{dx}x^{c-1}\Phi(a,c;x)=-(1-c)\,x^{c-2}\Phi(a,c-1;x).\tag{69}$$

Das Gegenstück

$$\frac{d}{dx}x^{c-1}\Psi(a,c;x)=-(a-c+1)\,x^{c-2}\Psi(a,c-1;x)\tag{70}$$

erhält man natürlich aus (66) mit (52).

Um einen Übergang $a\to a+1$ allein zu bewirken, kann man (65) und (69) bzw. (66) und (70) zusammensetzen und anschließend die zweite Ableitung mit Hilfe der Differentialgleichung eliminieren. Am bequemsten bestätigt man jedoch direkt an der Kummerschen Reihe

$$\frac{d}{dx}x^{a}\Phi(a,c;x)=a\,x^{a-1}\Phi(a+1,c;x).\tag{71}$$

Das Gegenstück für die Funktion Ψ erhält man bequem aus (56): man multipliziert mit x^{a} und wendet zweimal (71) an:

$$\frac{d}{dx}x^{a}\Psi(a,c;x)=a(a-c+1)\,x^{a-1}\Psi(a+1,c;x).\tag{72}$$

Schließlich verbinden wir (71) mit der Kummerschen Transformation zu

$$\frac{d}{dx}\,e^{-x}\,x^{c-a}\,\Phi(a,c;x)=(c-a)\,e^{-x}\,x^{c-a-1}\,\Phi(a-1,c;x), \qquad (73)$$

während

$$\frac{d}{dx}\,e^{-x}\,x^{c-a}\,\Psi(a,c;x)=-\,e^{-x}\,x^{c-a-1}\,\Psi(a-1,c;x) \qquad (74)$$

wieder aus (56) entsteht, indem man mit $e^{-x}\,x^{c-a}$ multipliziert und (73) zweimal anwendet.

Unsere 10 Differentialrekursionen (65) bis (74) lassen sich bequem zusammenfassen und ergänzen:

Die beiden Funktionen

$$f(a,c;x)=\begin{cases}\dfrac{1}{\Gamma(c)}\,\Phi(a,c;x)\\[2ex]\dfrac{e^{i a\pi}}{\Gamma(c-a)}\,\Psi(a,c;x)\end{cases} \qquad (75)$$

genügen je den 6 Rekursionen

$$\left.\begin{aligned}\frac{d}{dx}\,f(a,c;x)&=af(a+1,c+1;x),\\[1ex]\frac{d}{dx}\,e^{-x}f(a,c;x)&=-(c-a)\,e^{-x}f(a,c+1;x),\\[1ex]\frac{d}{dx}\,x^{c-1}f(a,c;x)&=x^{c-2}f(a,c-1;x),\\[1ex]\frac{d}{dx}\,x^{a}f(a,c;x)&=a\,x^{a-1}f(a+1,c;x),\\[1ex]\frac{d}{dx}\,e^{-x}\,x^{c-a}f(a,c;x)&=(c-a)\,e^{-x}\,x^{c-a-1}f(a-1,c;x),\\[1ex]\frac{d}{dx}\,e^{-x}\,x^{c-1}f(a,c;x)&=e^{-x}\,x^{c-2}f(a-1,c-1;x).\end{aligned}\right\} \qquad (76)$$

Die letzte folgt aus der dritten durch die Kummersche Transformation.

Aus je zweien dieser Formeln kann man die Ableitung nach x eliminieren. So entstehen dreigliedrige Relationen zwischen benachbarten Funktionen. Wir notieren hier allein zwei dieser Formeln, die Rekursionen bezüglich a und c:

$$(c-a)f(a-1,c;x)+(2a-c+x)f(a,c;x)-af(a+1,c;x)=0, \qquad (77)$$

und

$$f(a,c-1;x)-(c-1+x)f(a,c;x)+(c-a)\,xf(a,c+1;x)=0. \qquad (78)$$

Alle unsere Rekursionen lassen sich umschreiben auf die Whittakerschen Funktionen und entsprechend formulieren für die Spezialfälle, insbesondere die Funktionen des parabolischen Zylinders, die Polynome von LAGUERRE und HERMITE. Hierzu kann auf die Formelsammlungen verwiesen werden.

Wir vermerken speziell nur

$$\frac{d}{dz} \, e^{-\frac{z^2}{4}} \, D_\nu(z) = - e^{-\frac{z^2}{4}} \, D_{\nu+1}(z), \tag{79}$$

$$\frac{d}{dz} \, e^{\frac{z^2}{4}} \, D_\nu(z) = \nu e^{\frac{z^2}{4}} \, D_{\nu-1}(z). \tag{80}$$

Zum Beweise verwendet man (48), (52) und (68) bzw. (66).

6.7. Whittakersche Differentialgleichung: Wronskische Determinanten und Orthogonalität

Wir betrachten zwei Lösungen $w_1(x)$, $w_2(x)$ derselben Whittakerschen Differentialgleichung (15)

$$w''(x) + \left[- \frac{1}{4} + \frac{\varkappa}{x} + \frac{\frac{1}{4} - \mu^2}{x^2} \right] w(x) = 0.$$

Durch wechselseitige Multiplikation der beiden Gleichungen mit w_2 bzw. w_1 und Subtraktion erkennt man leicht, daß für die Wronskische Determinante

$$W[w_1, w_2] = w_1 w_2' - w_1' w_2$$

gilt

$$W[w_1, w_2] = \text{const.}$$

Damit kann speziell die Wronskische Determinante von $M_{\varkappa, \mu}(x)$, $M_{\varkappa, -\mu}(x)$ bestimmt werden, indem man nur das Verhalten in $x = 0$ untersucht. Es ergibt sich nach leichter Rechnung

$$W[M_{\varkappa, \mu}, M_{\varkappa, -\mu}] = - 2\mu. \tag{81}$$

Dabei ist jedoch zu beachten, daß für

$$2\mu = \text{ganze Zahl} \neq 0$$

eine der beiden Funktionen nicht definiert ist. Man betrachtet daher besser die ganzen Funktionen

$$\frac{1}{\Gamma(1 + 2\mu)} \, M_{\varkappa, \mu}(x)$$

und erhält hier

$$W\left[\frac{1}{\Gamma(1 + 2\mu)} \, M_{\varkappa, \mu}, \frac{1}{\Gamma(1 - 2\mu)} \, M_{\varkappa, -\mu} \right] = - \frac{\sin 2\mu\pi}{\pi}. \tag{82}$$

Die Wronskische Determinante von $W_{\varkappa, \mu}(x)$ und $W_{-\varkappa, \mu}(x e^{-i\pi})$ kann hieraus mit Hilfe von (59), (60) erhalten werden. Man berechnet aber ebenso gut direkt mit Hilfe der Anfangsglieder der asymptotischen Reihen (die gliedweise differenziert werden können)

$$W[W_{\varkappa, \mu}(x), W_{-\varkappa, \mu}(x e^{-i\pi})] = e^{\pi i x}. \tag{83}$$

Mit (83) erhält man dann aus (60)

$$W\left[W_{\varkappa,\,\mu},\,\frac{1}{\Gamma(1+2\mu)}\,M_{\varkappa,\,\mu}\right]=\frac{1}{\Gamma(\frac{1}{2}-\varkappa+\mu)}\,. \tag{84}$$

Daraus entnimmt man noch einmal — entsprechend zu (61) — die Proportionalität der beiden Funktionen für

$$\tfrac{1}{2}-\varkappa+\mu=0,\,-1,\,-2,\,\dots\,.$$

Wir betrachten nunmehr zwei Lösungen $w_1(x)$, $w_2(x)$ der Whittakerschen Differentialgleichung zu gleichem μ, jedoch zu verschiedenen $\varkappa_1$, $\varkappa_2$. Durch das gleiche Verfahren wie oben entsteht hier

$$\frac{\varkappa_1-\varkappa_2}{x}\,w_1(x)\,w_2(x)=\frac{d}{dx}\left(w_1(x)\,w_2'(x)-w_2(x)\,w_1'(x)\right).$$

Wir wählen nun speziell

$$\mathfrak{Re}\,\mu>-\tfrac{1}{2},\quad \varkappa_1\neq\varkappa_2,\quad \tfrac{1}{2}-\varkappa_i+\mu=0,\,-1,\,-2,\dots \quad (i=1,2) \tag{85}$$

und

$$w_i(x)=M_{\varkappa_i,\,\mu}(x)\,.$$

Dann verschwindet $w_1 w_2'-w_1' w_2$ sowohl in $x=0$ als auch wegen der Proportionalität zu $W_{\varkappa_i,\,\mu}$ (vgl. (61) bzw. (84)) für $x\to+\infty$ bei $\arg x=0$. So hat man unter den Annahmen (85)

$$\int\limits_0^\infty M_{\varkappa_1,\,\mu}(x)\,M_{\varkappa_2,\,\mu}(x)\,\frac{1}{x}\,dx=0\,. \tag{86}$$

Das kann natürlich auf die Laguerreschen Polynome umgeschrieben werden:

$$\int\limits_0^\infty e^{-x}\,x^a\,L_n^{(a)}(x)\,L_m^{(a)}(x)\,dx=0 \quad \binom{n\neq m,}{\mathfrak{Re}\,a>-1}\,. \tag{87}$$

Die entsprechenden Normierungsintegrale sind

$$\int\limits_0^\infty e^{-x}\,x^a\left(L_n^{(a)}(x)\right)^2 dx=\frac{\Gamma(a+n+1)}{n!} \quad (\mathfrak{Re}\,a>-1)\,. \tag{88}$$

Der Beweis kann mit Hilfe der Rekursionsformeln geführt werden:

Aus (73) folgt

$$\frac{d}{dx}\,e^{-x}\,x^{a+n}\,L_{n-1}^{(a)}(x)=n\,e^{-x}\,x^{a+n-1}\,L_n^{(a)}(x)\,.$$

So wird

$$\int\limits_0^\infty e^{-x}\,x^a\left(L_n^{(a)}(x)\right)^2 dx=\frac{1}{n}\int\limits_0^\infty x^{-n+1}\,L_n^{(a)}(x)\,\frac{d}{dx}\,e^{-x}\,x^{a+n}\,L_{n-1}^{(a)}(x)\,dx\,.$$

Mit partieller Integration formt man nun um zu

$$-\frac{1}{n}\int\limits_0^\infty e^{-x}x^{a+n}L^{(a)}_{n-1}(x)\,\frac{d}{dx}\,x^{-n+1}L^{(a)}_n(x)\,dx$$

und dies mit Hilfe von (87) zu

$$-\frac{1}{n}\int\limits_0^\infty e^{-x}x^{a+n+1}L^{(a)}_{n-1}(x)\,\frac{d}{dx}\,x^{-n}L^{(a)}_n(x)\,dx\,.$$

Hier schließlich wendet man (71), d.h. also

$$\frac{d}{dx}\,x^{-n}L^{(a)}_n(x)=-(a+n)\,x^{-n-1}L^{(a)}_{n-1}(x)$$

an. So folgt

$$\int\limits_0^\infty e^{-x}x^a\,(L^{(a)}_n(x))^2\,dx=\frac{a+n}{n}\int\limits_0^\infty e^{-x}x^a\,(L^{(a)}_{n-1}(x))^2\,dx\,,$$

also auf Grund des bekannten Wertes für $n=0$ die Behauptung (88).

6.8. Whittakersche Funktionen als Eigenfunktionen

Im folgenden sei stets

$$2\mu\neq 0,\ +1,\ \pm 2,\ \ldots\,.$$

Wir suchen Lösungen der Whittakerschen Differentialgleichung

$$y''(x)+\left(-\frac{1}{4}+\frac{x}{x}+\frac{\frac{1}{4}-\lambda}{x^2}\right)y(x)=0 \tag{89}$$

mit der Umlaufseigenschaft

$$y(xe^{2\pi i})=e^{2\pi i(\mu+\frac{1}{2})}y(x)\not\equiv 0\,. \tag{90}$$

Offenbar sind

$$\lambda=(\mu+n)^2\qquad (n=0,\ \pm 1,\ \pm 2,\ \ldots) \tag{91}$$

und

$$y(x)=M_{\varkappa,\mu+n}(x) \tag{92}$$

Eigenwerte und — bis auf konstanten Faktor bestimmt — Eigenlösungen. Wie in **3.9.** bzw. **5.8.** zeigt man leicht, daß dies sämtliche sind. Betrachtet man die „adjungierte" Umlaufseigenschaft

$$y(xe^{2\pi i})=e^{2\pi i(-\mu+\frac{1}{2})}y(x)\not\equiv 0\,, \tag{93}$$

so erhält man wieder die Eigenwerte (91) mit den Eigenlösungen

$$y(x)=M_{\varkappa,-\mu-n}(x)\,. \tag{94}$$

Die Systeme (92) und (94) bilden, wie in **3.9.** bzw. **5.8.** ein Biorthogonalsystem. Man beweist in üblicher Weise

$$\frac{1}{2\pi i}\oint M_{\varkappa,\mu+n}(x)\,M_{\varkappa,-\mu-m}(x)\,\frac{1}{x^2}\,dx=\delta_{nm}\,. \tag{95}$$

Auch hierzu gehört wieder ein entsprechender Entwicklungssatz für in Kreisringen

$$0 \leqq r_1 < |x| < r_2 \leqq \infty$$

holomorphe Funktionen $f(x)$ mit

$$f(x e^{2\pi i}) = e^{2\pi i(\mu + \frac{1}{2})} f(x),$$

auf den wir in allgemeinerem Zusammenhang in **8.** zurückkommen.

7. Die „*F*-Gleichung"

7.1. Reduktion von Differentialrekursionsformeln auf die „*F*-Gleichung"

Für die Zylinderfunktionen (vgl. **3.5.**), die Kugelfunktionen (vgl. **5.7.**) und die konfluenten hypergeometrischen Funktionen (vgl. **6.6.**) haben wir eine große Zahl von Differentialrekursionsformeln bzw. Differenzen-differentialgleichungen hergeleitet. Sie waren sämtlich von der Form (oder ließen sich sofort so schreiben), daß für eine Funktion $y(x, \alpha)$ die Anwendung eines Differentialoperators erster Ordnung bezüglich x die Funktion $y(x, \alpha+1)$ erzeugte:

$$a(x, \alpha) \frac{d}{dx} y(x, \alpha) + b(x, \alpha) y(x, \alpha) = y(x, \alpha+1). \tag{1}$$

Es zeigt sich, daß zahlreiche Eigenschaften unserer Funktionen sich allein aus dem Bestehen solcher Gleichungen (1) herleiten lassen. Dazu nun liegt es nahe, solche Herleitungen für die genannten Funktionen-klassen möglichst einheitlich vorzunehmen. Das wird offenbar erreicht, wenn es gelingt die entsprechenden Gleichungen (1) auf *eine* Normalform zu bringen.

Wir nehmen nun an — das ist bei unseren Funktionen der Fall —, daß (1) sich auf ein einfach-zusammenhängendes Gebiet $\mathfrak{G}$ der kom-plexen x-Ebene und eine α-Menge $\mathfrak{M}$ bezieht, in denen $a(x, \alpha) \neq 0$ gilt und $a(x, \alpha)$, $b(x, \alpha)$ bezüglich x stetig sind. Dann kann eine Funktion $B(x, \alpha)$ so bestimmt werden, daß

$$\frac{d}{dx} B(x, \alpha) = \frac{b(x, \alpha)}{a(x, \alpha)} B(x, \alpha), \qquad B(x, \alpha) \neq 0 \tag{2}$$

gilt. Setzt man dann

$$\frac{a(x, \alpha)}{B(x, \alpha)} = A(x, \alpha), \quad y(x, \alpha) B(x, \alpha) = Y(x, \alpha), \tag{3}$$

so erhält man aus (1)

$$A(x, \alpha) B(x, \alpha+1) \frac{d}{dx} Y(x, \alpha) = Y(x, \alpha+1). \tag{4}$$

Wir nehmen nun weiter an — das gilt für unsere speziellen Funktionen —, daß

$$A(x, \alpha)\, B(x, \alpha+1) = \varphi(x)\,\psi(\alpha) \quad (\neq 0) \tag{5}$$

separierbar ist. Setzen wir jetzt

$$z = \int^{x} \frac{d\xi}{\varphi(\xi)}, \qquad Y(x, \alpha) = Z(z, \alpha), \tag{6}$$

so entsteht aus (4)

$$\psi(\alpha)\,\frac{d}{dz}\,Z(z, \alpha) = Z(z, \alpha+1). \tag{7}$$

Betrachten wir nun speziell die Werte

$$\alpha = \alpha_0,\ \alpha_0+1,\ \alpha_0+2,\ \dots$$

aus $\mathfrak{M}$, so setzen wir

$$Z(z, \alpha) = \psi(\alpha-1)\,\psi(\alpha-2)\,\dots\,\psi(\alpha_0)\,F(z, \alpha) \tag{8}$$

und erhalten schließlich

$$\frac{d}{dz}\,F(z, \alpha) = F(z, \alpha+1). \tag{9}$$

Dies ist die „F-Gleichung", die angestrebte Normalform unserer Differentialrekursionen aus **3.5.**, **5.7.** und **6.6.**

Im folgenden geben wir die speziellen Resultate der Transformation an. Wir notieren gewisse mit unseren speziellen Funktionen gebildete Lösungen $F(z, \alpha)$ der F-Gleichung und jeweils dazu die Formelnummern der Differentialrekursionen, aus denen sie durch die oben geschilderte Transformation entstanden.

$$e^{i\alpha\pi}\, z^{-\frac{\alpha}{2}}\, \mathfrak{Z}_{\alpha}(2z^{\frac12}) \qquad [\textbf{3.5.}, (2)], \tag{10}$$

$$z^{-\frac{\alpha}{2}}\, \mathfrak{Z}_{-\alpha}(2z^{\frac12}) \qquad [\textbf{3.5.}, (3)], \tag{11}$$

$$\Gamma(\alpha-\mu+1)\,(z^2+1)^{-\frac{\alpha+1}{2}}\, \mathfrak{R}_{\alpha}^{\mu}\!\left(-\frac{z}{(z^2+1)^{\frac12}}\right) \qquad [\textbf{5.7.}, (3),\ (4)], \tag{12}$$

$$\Gamma(\alpha-\mu)\,(z^2+1)^{-\frac{\alpha}{2}}\, \mathfrak{R}_{-\alpha}^{\mu}\!\left(-\frac{z}{(z^2+1)^{\frac12}}\right) \qquad [\textbf{5.7.}, (1),\ (2)], \tag{13}$$

$$(z^2-1)^{-\frac{\alpha}{2}}\, \mathfrak{R}_{\nu}^{\alpha}(z) \qquad [\textbf{5.7.}, (15)], \tag{14}$$

$$\frac{\Gamma(\alpha+\nu+1)}{\Gamma(-\alpha+\nu+1)}\,(z^2-1)^{-\frac{\alpha}{2}}\, \mathfrak{R}_{\nu}^{-\alpha}(z) \qquad [\textbf{5.7.}, (16)], \tag{15}$$

$$e^{\pi i\alpha}\,(2z)^{-\alpha-\frac{\nu}{2}-\frac12}\left(\frac{1}{2z}-1\right)^{-\frac{\alpha}{2}} \mathfrak{R}_{\nu+\alpha}^{\alpha}\!\left((2z)^{-\frac12}\right) \qquad [\textbf{5.7.}, (9),\ (10)], \tag{16}$$

$$\frac{e^{\pi i\alpha}}{\Gamma(\nu-2\alpha+1)}\,(2z)^{\frac{\nu}{2}-\alpha}\left(\frac{1}{2z}-1\right)^{-\frac{\alpha}{2}} \mathfrak{R}_{\nu-\alpha}^{-\alpha}\!\left((2z)^{-\frac12}\right) \qquad [\textbf{5.7.}, (11),\ (13)], \tag{17}$$

$$e^{\pi i \alpha}(2z)^{\frac{\nu}{2}-\alpha}\left(\frac{1}{2z}-1\right)^{-\frac{\alpha}{2}}\mathfrak{K}^{\alpha}_{\nu-\alpha}\left((2z)^{-\frac{1}{2}}\right) \qquad [\mathbf{5.7.},\ (7),\ (8)], \tag{18}$$

$$\frac{e^{\pi i \alpha}}{\Gamma(-\nu-2\alpha)}(2z)^{-\alpha-\frac{\nu}{2}-\frac{1}{2}}\left(\frac{1}{2z}-1\right)^{-\frac{\alpha}{2}}\mathfrak{K}^{-\alpha}_{\nu+\alpha}\left((2z)^{-\frac{1}{2}}\right) \left.\begin{array}{c}\ \\ \ \end{array}\right\} \tag{19}$$
$$[\mathbf{5.7.},\ (12),\ (14)],$$

$$\Gamma(a+\alpha)f(a+\alpha,\,c+\alpha;\,z) \qquad [\mathbf{6.6.},\ (76_1)], \tag{20}$$

$$e^{i\alpha\pi}\Gamma(\alpha-a)e^{-z}f(a,\,\alpha;\,z) \qquad [\mathbf{6.6.},\ (76_2)], \tag{21}$$

$$z^{-\alpha-1}f(a,\,-\alpha;\,z) \qquad [\mathbf{6.6.},\ (76_3)], \tag{22}$$

$$e^{i\alpha\pi}\Gamma(\alpha)z^{-\alpha}f\left(\alpha,\,c;\,\frac{1}{z}\right) \qquad [\mathbf{6.6.},\ (76_4)], \tag{23}$$

$$e^{i\alpha\pi}\Gamma(\alpha+c)z^{-\alpha-c}e^{-\frac{1}{z}}f\left(-\alpha,\,c;\,\frac{1}{z}\right) \qquad [\mathbf{6.6.},\ (76_5)], \tag{24}$$

$$e^{-z}z^{c-\alpha-1}f(a-\alpha,\,c-\alpha;\,z) \qquad [\mathbf{6.6.},\ (76_6)], \tag{25}$$

$$e^{i\alpha\pi}e^{-\frac{z^2}{4}}D_{\alpha}(z) \qquad [\mathbf{6.6.},\ (79)], \tag{26}$$

$$e^{i\alpha\pi}\Gamma(\alpha)e^{\frac{z^2}{4}}D_{-\alpha}(z) \qquad [\mathbf{6.6.},\ (80)]. \tag{27}$$

Anschließend sollen nun für diese Funktionen gemeinsam Folgerungen aus dem Bestehen der F-Gleichung gezogen werden.

7.2. Reihenentwicklungen

Wir stellen einen Existenz- und Eindeutigkeitssatz an die Spitze.

Satz 1. *Die Funktion $\Phi(\alpha)$ sei für $\alpha\in\mathfrak{M}$ erklärt.* $\mathfrak{M}$ *enthalte mit jeder Zahl α auch stets $\alpha+1$. Es gelte für $\alpha\in\mathfrak{M}$*

$$\limsup_{n\to+\infty}\sqrt[n]{\frac{1}{n!}\,|\Phi(\alpha+n)|}\leqq\frac{1}{\varrho} \qquad (\varrho>0). \tag{28}$$

Dann und genau dann ist

$$F(z,\alpha)=\sum_{n=0}^{\infty}\Phi(\alpha+n)\,\frac{(z-z_0)^n}{n!} \qquad (\alpha\in\mathfrak{M}) \tag{29}$$

für $|z-z_0|<\varrho$ holomorph. $F(z,\alpha)$ ist dort die einzige holomorphe Lösung der F-Gleichung mit den Anfangswerten

$$F(z_0,\alpha)=\Phi(\alpha). \tag{30}$$

Daß (29) die genannten Eigenschaften hat, ist klar. Die Eindeutigkeit ergibt sich daraus, daß $F(z_0,\alpha)=0$ für alle α zusammen mit der F-Gleichung $(d/dz)^n F(z_0,\alpha)=0$ für alle n nach sich zieht, also wegen der Holomorphie $F(z,\alpha)\equiv 0$.

(29), (30) können mit $z_0 \to z$, $z \to z+t$ umgeschrieben werden zu

$$F(z+t, \alpha) = \sum_{n=0}^{\infty} F(z, \alpha+n) \, \frac{t^n}{n!}. \tag{31}$$

Dies kann als ein „Additionstheorem" für Lösungen der F-Gleichung aufgefaßt werden. (31) wird speziell interessant, wenn $F(z, \alpha_0) = G(z)$ eine elementare Funktion ist. Dann kann $G(z+t)$ als „erzeugende Funktion" der Funktionen $F(z, \alpha_0+n)$ bezeichnet werden.

Wir setzen (31) speziell für (26) an, was wegen der Holomorphie für alle z, t möglich ist:

$$e^{-\frac{1}{4}(z-t)^2} D_\alpha(z-t) = e^{-\frac{z^2}{4}} \sum_{n=0}^{\infty} D_{\alpha+n}(z) \, \frac{t^n}{n!}. \tag{32}$$

Mit $\alpha=0$ und **6.5.**, (63) heißt das speziell

$$e^{zt-\frac{1}{2}t^2} = \sum_{n=0}^{\infty} He_n(z) \, \frac{t^n}{n!}. \tag{33}$$

Damit ist die erzeugende Funktion der Polynome von HERMITE gewonnen.

Auch für die Laguerre-Polynome kann man so vorgehen. Man schreibt (31) für (24) mit $|t| < |z|$ auf und setzt

$$\alpha=0, \; z=\frac{1}{x}, \; -\frac{t}{z} \to t.$$

Dann steht da

$$(1-t)^{-a-1} e^{-\frac{xt}{1-t}} = \sum_{n=0}^{\infty} L_n^{(a)}(x) t^n \qquad (|t|<1). \tag{34}$$

Auch die erzeugende Funktion der Legendreschen Polynome kann so erhalten werden. Man benutzt (12) und schreibt mit (31)

$$\Gamma(\alpha-\mu+1)\left[(z+t)^2+1\right]^{-\frac{\alpha+1}{2}} \mathfrak{R}_\alpha^\mu\left(-\frac{z+t}{[(z+t)^2+1]^{\frac{1}{2}}}\right)$$
$$= \sum_{n=0}^{\infty} \Gamma(\alpha+n-\mu+1)\left[z^2+1\right]^{-\frac{\alpha+n+1}{2}} \mathfrak{R}_{\alpha+n}^\mu\left(-\frac{z}{[z^2+1]^{\frac{1}{2}}}\right) \frac{t^n}{n!}.$$

Zur Vereinfachung wird man substituieren

$$x=-\frac{z}{(z^2+1)^{\frac{1}{2}}}, \; z=-\frac{x}{(1-x^2)^{\frac{1}{2}}}, \; t(z^2+1)^{-\frac{1}{2}} \to t.$$

Dann entsteht

$$\left.\begin{aligned}
(1-2xt+t^2)^{-\frac{\alpha+1}{2}} \, &\mathfrak{R}_\alpha^\mu\left(\frac{x-t}{(1-2xt+t^2)^{\frac{1}{2}}}\right) \\
&= \sum_{n=0}^{\infty} \frac{\Gamma(\alpha-\mu+n+1)}{\Gamma(\alpha-\mu+1)} \, \mathfrak{R}_{\alpha+n}^\mu(x) \, \frac{t^n}{n!}.
\end{aligned}\right\} \tag{35}$$

Für $\alpha=\mu$ und $\mathfrak{K}=\mathfrak{P}$ ist das die erzeugende Relation der Polynome von GEGENBAUER (vgl. **5.9.**, (6)); speziell ergibt $\alpha=\mu=0$ dabei **5.21.**, (2). Schreibt man im Falle $\alpha=\mu=0$ (35) für $\mathfrak{K}=\mathfrak{Q}$ auf, so erhält man nun auch eine erzeugende Funktion der Funktionen $Q_n(x)$:

$$(1-2xt+t^2)^{-\frac{1}{2}} \log \frac{(1-2xt+t^2)^{\frac{1}{2}}+x-t}{(1-x^2)^{\frac{1}{2}}} = \sum_{n=0}^{\infty} Q_n(x)\,t^n. \qquad (36)$$

Für die Zylinderfunktionen entsteht aus (10) und (31) eine Formel, die mehr in der Form eines Multiplikationstheorems bekannt ist. Man kann natürlich schon (31) so transformieren. Mit

$$t=z(\tau-1)$$

wird nämlich (31) zu

$$F(\tau z, \alpha) = \sum_{n=0}^{\infty} F(z, \alpha+n)\,(\tau-1)^n\,\frac{z^n}{n!}. \qquad (37)$$

Daraus entsteht mit (10), wenn man noch

$$\tau=\lambda^2, \quad z=\frac{x^2}{4}$$

setzt,

$$\mathfrak{Z}_\alpha(\lambda x) = \lambda^\alpha \sum_{n=0}^{\infty} \frac{x^n}{n!}\,\mathfrak{Z}_{\alpha+n}(x)\left(\frac{1-\lambda^2}{2}\right)^n. \qquad (38)$$

Man zeigt leicht, daß dies stets für $|1-\lambda^2|<1$ und speziell für $\mathfrak{Z}=J$ ohne Einschränkung gilt.

7.3. Differentialformeln

Hier wird als Folgerung der F-Gleichung

$$F(z, \alpha+n) = \left(\frac{d}{dz}\right)^n F(z, \alpha) \qquad (n=0, 1, 2, \ldots) \qquad (39)$$

angewandt.

Daraus folgt natürlich mit (14)

$$(z^2-1)^{-\frac{\alpha+n}{2}}\,\mathfrak{K}_\nu^{\alpha+n}(z) = \left(\frac{d}{dz}\right)^n (z^2-1)^{-\frac{\alpha}{2}}\,\mathfrak{K}_\nu^{\alpha}(z) \qquad (40)$$

und speziell für $\alpha=0$, $n=m$

$$\mathfrak{K}_\nu^m(z) = (z^2-1)^{m/2}\left(\frac{d}{dz}\right)^m \mathfrak{K}_\nu(z). \qquad (41)$$

Setzt man in (40)

$$\nu=\mu+n, \quad \alpha=-\mu-n, \quad \mathfrak{K}=\mathfrak{P}, \quad z=x,$$

so hat man wegen

$$\mathfrak{P}_{\mu+n}^{-\mu-n}(x) = \frac{2^{-\mu-n}}{\Gamma(1+\mu+n)}\,(x^2-1)^{\frac{\mu+n}{2}}$$

die Formel **5.9.**, (8), speziell für $\mu=0$ die Formel von RODRIGUES

$$P_n(x)=\frac{1}{2^n n!}\left(\frac{d}{dx}\right)^n(x^2-1)^n.\tag{42}$$

Als weitere Anwendung betrachten wir noch (39) für die Funktion (26). Das ergibt speziell bei $\alpha=0$ wegen **6.5.**, (63)

$$He_n(z)=e^{\frac{z^2}{2}}(-1)^n\left(\frac{d}{dz}\right)^n e^{-\frac{z^2}{2}}.\tag{43}$$

Die entsprechende Darstellung der Polynome von LAGUERRE erhält man aus (39) mit (25); d.h. mit

$$\begin{aligned}e^{-z}z^{c-\alpha-n-1}&f(a-\alpha-n,c-\alpha-n;z)\\&=\left(\frac{d}{dz}\right)^n e^{-z}z^{c-\alpha-1}f(a-\alpha,c-\alpha;z),\end{aligned}\right\}\tag{44}$$

wenn man dort $a=\alpha=0$, $c\to a+1+n$ substituiert. Dann steht mit **6.6.**, (75) und **6.4.**, (44) da

$$L_n^{(a)}(z)=\frac{1}{n!}e^z z^{-a}\left(\frac{d}{dz}\right)^n e^{-z}z^{n+a}.\tag{45}$$

7.4. Integralrelationen

Die folgenden Überlegungen stützen sich vor allem auf die Eindeutigkeitsaussage von **7.2.**, Satz 1. Es werden verschiedene Lösungen der F-Gleichung betrachtet. Aus gewissen Relationen zwischen den Anfangswerten $F(z_0,\alpha)$ der Lösungen läßt sich dann das Bestehen entsprechender Relationen zwischen den Lösungen $F(z,\alpha)$ selbst schließen.

Etwas deutlicher wird man dies Prinzip so beschreiben. Es sei eine Zahlenmenge $\mathfrak{N}$ gegeben. Y sei ein Funktional, das gewissen auf $\mathfrak{N}$ erklärten Funktionen $\varphi(y)$ Zahlen zuordnet. Ist dann für jedes $y\in\mathfrak{N}$ $F(z,\alpha;y)$ bezüglich z,α Lösung der F-Gleichung, ist stets

$$Y[F(z,\alpha;y)]=F_1(z,\alpha)\tag{46}$$

erklärt, ist schließlich die Differentiation nach z mit Y vertauschbar, so ist auch $F_1(z,\alpha)$ Lösung der F-Gleichung. Denn dann kann

$$\frac{d}{dz}F_1(z,\alpha)=Y\left[\frac{d}{dz}F(z,\alpha;y)\right]=Y[F(z,\alpha+1;y)]=F_1(z,\alpha+1)$$

gerechnet werden. Sind nun noch die Voraussetzungen von Satz 1 gegeben, so kann offenbar (46) schon aus

$$Y[F(z_0,\alpha;y)]=F_1(z_0,\alpha)\tag{47}$$

geschlossen werden.

Diese Überlegung wird man gelegentlich noch damit koppeln, daß bei beliebigen Konstanten $a \neq 0$, b, c mit $F(z, \alpha)$ offenbar auch

$$\hat{F}(z, \alpha) = a^{\alpha} F(az + b, \alpha + c) \tag{48}$$

die F-Gleichung löst. Man kann so z.B. geeignete Scharen bilden, indem man a und b von einem Parameter y abhängen läßt.

Ein einfaches nichttriviales Beispiel ist die Aufgabe, eine Relation zwischen den Lösungen

$$F(z, \alpha) = e^{i\alpha\pi} z^{-\frac{\alpha}{2}} J_{\alpha}(2z^{\frac{1}{2}})$$

und

$$F_1(z, \alpha) = e^{i\alpha\pi} c^{-z} L_{\nu}^{(\alpha)}(z)$$

(vgl. **7.1.**, (21) und **6.4.**, (43)) aufzustellen.

Es ist hier

$$F(0, \alpha) = e^{i\alpha\pi} \frac{1}{\Gamma(\alpha+1)},$$

$$F_1(0, \alpha) = e^{i\alpha\pi} \frac{\Gamma(\alpha+\nu+1)}{\Gamma(\nu+1)\,\Gamma(\alpha+1)}.$$

Nun gilt für $\Re e\,\nu > -1$, $\Re e\,\alpha > 0$

$$\Gamma(\alpha+\nu+1) = \int\limits_0^{\infty} e^{-y} y^{\nu}\, y^{\alpha}\, dy,$$

also mit

$$Y[\ ] = \frac{1}{\Gamma(\nu+1)} \int\limits_0^{\infty} e^{-y} y^{\nu}\, [\ ]\, dy$$

und

$$F(z, \alpha; y) = y^{\alpha} F(zy, \alpha)$$

(vgl. (48)) sicher

$$Y[F(0, \alpha; y)] = F_1(0, \alpha).$$

Damit aber hat man nach dem Eindeutigkeitssatz und wegen der Möglichkeit der Differentiation nach z unter dem Integralzeichen

$$Y[F(z, \alpha; y)] = F_1(z, \alpha).$$

Das kann schließlich ($\Re e\,\nu > -1$, $\Re e\,\alpha > 0$)

$$e^{-z} z^{\frac{\alpha}{2}} L_{\nu}^{(\alpha)}(z) = \frac{1}{\Gamma(\nu+1)} \int\limits_0^{\infty} e^{-y} y^{\nu+\frac{\alpha}{2}} J_{\alpha}(2(zy)^{\frac{1}{2}})\, dy \tag{49}$$

geschrieben werden.

8. Biorthogonalentwicklungen analytischer Funktionen

8.1. Ein allgemeines Prinzip zur Gewinnung von Entwicklungssätzen und asymptotischen Aussagen

8.11. Grundvoraussetzungen. Im folgenden seien $\mathfrak{U}$ und $\mathfrak{U}^*$ komplexe lineare Räume. Wir notieren ihre Elemente mit $a, b, \ldots, f, g, \ldots, x,$ y, z, dagegen Zahlen mit $\alpha, \beta, \gamma, \ldots, \lambda, \mu, \ldots$; nur n, m, k, l, p, s verwenden wir, wie üblich, für die Bezeichnung ganzer Zahlen.

Für $u \in \mathfrak{U}$, $v \in \mathfrak{U}^*$ sei (u, v) ein bilineares Funktional. (u, v) ist also eine komplexe Zahl; es gilt

$$(\alpha_1 u_1 + \alpha_2 u_2, v) = \alpha_1 (u_1, v) + \alpha_2 (u_2, v),$$

$$(u, \beta_1 v_1 + \beta_2 v_2) = \beta_1 (u, v_1) + \beta_2 (u, v_2).$$

F, G, H, G_k $(k = 1, 2, 3, \ldots)$ seien lineare Operatoren innerhalb $\mathfrak{U}$, F^*, G^*, H^*, G_k^* lineare Operatoren innerhalb $\mathfrak{U}^*$. Sie seien in folgender Weise zueinander „adjungiert": für $u \in \mathfrak{U}$, $v \in \mathfrak{U}^*$ gelte stets

$$\left. \begin{aligned} (F u, v) &= (u, F^* v), \\ (G u, v) &= (u, G^* v), \\ (H u, v) &= (u, H^* v), \\ (G_k u, v) &= (u, G_k^* v). \end{aligned} \right\} \tag{1}$$

Im folgenden durchlaufen n, m sämtliche ganzen Zahlen. Es seien für diese n nun λ_n verschiedene Zahlen ohne endlichen Häufungspunkt, x_n, y_n Elemente aus $\mathfrak{U}$ und x_n^*, y_n^* Elemente aus $\mathfrak{U}^*$ mit

$$F x_n + \lambda_n H x_n = 0, \tag{2}$$

$$F^* x_n^* + \lambda_n H^* x_n^* = 0, \tag{3}$$

$$F y_n + \lambda_n H y_n = G y_n, \tag{4}$$

$$F^* y_n^* + \lambda_n H^* y_n^* = G^* y_n^*. \tag{5}$$

Wir denken uns (5) für m statt n aufgeschrieben und nehmen $m \neq n$, also $\lambda_m \neq \lambda_n$ an. Dann entsteht mit Hilfe des bilinearen Funktionals leicht aus (4) und (5)

$$(F y_n, y_m^*) + \lambda_n (H y_n, y_m^*) = (G y_n, y_m^*),$$

$$(y_n, F^* y_m^*) + \lambda_m (y_n, H^* y_m^*) = (y_n, G^* y_m^*);$$

und durch Subtraktion folgt mit Hilfe von (1) $(H y_n, y_m^*) = 0$ $(n \neq m)$. Analog gilt natürlich auch $(H x_n, x_m^*) = 0$ $(n \neq m)$.

Wir betrachten nun die Größen $(H y_n, y_n^*)$, $(H x_n, x_n^*)$. Sind sie von 0 verschieden, so kann man etwa x_n durch $\alpha_n x_n$ ersetzen und so die Werte 1 erreichen. In diesem Sinne nehmen wir im folgenden an, daß für alle n, m

$$(H x_n, x_m^*) = \delta_{nm}, \tag{6}$$

$$(H y_n, y_m^*) = \delta_{nm} \tag{7}$$

gilt.

Für alle ganzen Zahlen n und für $k = 1, 2, 3, \ldots$ seien μ_{nk} Zahlen, derart, daß für alle n und alle $f \in \mathfrak{U}$

$$(f, G^* x_n^*) = \sum_{k=1}^{\infty} \mu_{nk} (f, G_k^* H^* x_n^*) \tag{8}$$

gilt.

Weiter sei nun in $\mathfrak{U}$ eine Norm, $\| \ \|$, erklärt. Wir fordern also die drei Eigenschaften

$$\|u\| \geq 0, \quad \|u\| = 0 \frown u = 0,$$

$$\|\alpha u\| = |\alpha| \, \|u\|,$$

$$\|u_1 + u_2\| \leq \|u_1\| + \|u_2\|.$$

Mit $\|u_1 - u_2\|$ als Abstand von u_1, u_2 wird dann $\mathfrak{U}$ ein metrischer Raum. So sind in $\mathfrak{U}$ Begriffe wie „konvergent" und „Grenzwert" erklärt.

Bezüglich dieser Norm seien die Operatoren G_k beschränkt:

$$\|G_k u\| \leq \gamma_k \|u\| \qquad (u \in \mathfrak{U}, k = 1, 2, 3, \ldots) \tag{9}$$

mit geeigneten Konstanten $\gamma_k \geq 0$.

Jedes $f \in \mathfrak{U}$ sei — Konvergenz im obigen Sinne — entwickelbar

$$f = \sum_{n=-\infty}^{+\infty} (H f, x_n^*) x_n \equiv \lim_{m \to \infty} \sum_{|n| \leq m} (H f, x_n^*) x_n. \tag{10}$$

Dabei gelte mit einer Konstanten $\alpha > 0$ für alle $f \in \mathfrak{U}$

$$\sum_{n=-\infty}^{+\infty} |(H f, x_n^*)|^2 \|x_n\|^2 \leq \alpha^2 \|f\|^2. \tag{11}$$

Unser Ziel ist im folgenden — unter geeigneten Annahmen — der Beweis einer entsprechenden Entwicklungsaussage für die y_n, y_n^*. Wir stützen uns dabei vor allem auf Voraussetzungen über die den Gleichungen (2), (4) entsprechenden inhomogenen Gleichungen.

Für $\lambda \neq \lambda_n$, $f \in \mathfrak{U}$ seien

$$F z_0 + \lambda H z_0 = f, \tag{12}$$

$$F z_1 + \lambda H z_1 = G z_1 + f \tag{13}$$

durch $z_0 \in \mathfrak{U}$, $z_1 \in \mathfrak{U}$ eindeutig lösbar. Diese Lösungen hängen dann natürlich linear von f ab. Wir schreiben

$$z_0 = z_0(\lambda) = R_0(\lambda) f,$$

$$z_1 = z_1(\lambda) = R_1(\lambda) f.$$

Der lineare normierte Raum $\mathfrak{U}$ läßt sich bis auf Isomorphie eindeutig zu einem Banach-Raum erweitern (Abschließung), in dem $\mathfrak{U}$ dicht ist. Man kann nun analytische Funktionen von komplexen Variablen mit Werten in diesem Banach-Raum betrachten, mit Definitionen, Sätzen und Beweisen, die der normalen Funktionentheorie weitgehend analog sind.

In diesem Sinne fordern wir:

$$z_0(\lambda) \quad \text{und} \quad z_1(\lambda) \quad \text{sind für} \quad \lambda \neq \lambda_n$$

analytisch und haben in λ_n jeweils einfache Pole mit den Residuen $(f, x_n^*)\, x_n$ bzw. $(f, y_n^*)\, y_n$.

8.12. Erste Folgerungen. Multipliziert man im Sinne des bilinearen Funktionals (12) von hinten mit x_n^*, (3) von vorn mit z_0 und benutzt (1), so folgt durch Subtraktion

$$(H z_0, x_n^*) = \frac{(f, x_n^*)}{\lambda - \lambda_n} .$$

Wendet man nun (10) auf z_0 statt f an, so hat man

$$R_0(\lambda) f = \sum_{n=-\infty}^{+\infty} \frac{(f, x_n^*)}{\lambda - \lambda_n}\, x_n . \tag{14}$$

Daraus ließen sich übrigens die oben geforderten analytischen Eigenschaften von $z_0(\lambda)$ ablesen, falls nur für (14) noch die gleichmäßige Konvergenz in kompakten λ-Gebieten bekannt ist.

(14) wenden wir auf Hf statt f an. Dann gilt sicher

$$\|R_0(\lambda) H f\| \leq \sum_{n=-\infty}^{+\infty} \frac{|(Hf, x_n^*)|\,\|x_n\|}{|\lambda - \lambda_n|} .$$

Hier wenden wir rechts die Schwarzsche Ungleichung an und benutzen (11). So entsteht

$$\|R_0(\lambda) H f\| \leq \alpha \left(\sum_{n=-\infty}^{+\infty} |\lambda - \lambda_n|^{-2} \right)^{\frac{1}{2}} \|f\| . \tag{15}$$

Unter der Annahme

$$\sigma_0(\lambda) = \sum_{n=-\infty}^{+\infty} |\lambda - \lambda_n|^{-2} < \infty \tag{I}$$

ist also sicher $R_0(\lambda) H$ als linearer Operator in $\mathfrak{U}$ beschränkt.

Zur Abschätzung von

$$R_0(\lambda) G f = \sum_{n=-\infty}^{+\infty} \frac{(Gf, x_n^*)}{\lambda - \lambda_n}\, x_n$$

rechnen wir mit (1) und (8)

$$(Gf, x_n^*) = (f, G^* x_n^*) = \sum_{k=1}^{\infty} \mu_{nk} (H G_k f, x_n^*)$$

wegen

$$(f, G_k^* \, H^* \, x_n^*) = (G_k f, \, H^* \, x_n^*) = (H G_k f, \, x_n^*).$$

Damit wird

$$R_0(\lambda) G f = \sum_{n=-\infty}^{+\infty} \Big(\sum_{k=1}^{\infty} \frac{\mu_{nk}}{\lambda - \lambda_n} \, (H G_k f, \, x_n^*) \, x_n \Big),$$

also natürlich

$$\|R_0(\lambda) G f\| \le \sum_{k=1}^{\infty} \Big(\sum_{n=-\infty}^{+\infty} \Big| \frac{\mu_{nk}}{\lambda - \lambda_n} \Big| \, |(H G_k f, \, x_n^*)| \, \|x_n\| \Big).$$

Für die inneren Summen wird nun wieder die Schwarzsche Ungleichung angewandt, anschließend (11) (für $G_k f$ statt f) und schließlich (9) benutzt. So folgt

$$\|R_0(\lambda) G f\| \le \alpha \sum_{k=1}^{\infty} \gamma_k \Big(\sum_{n=-\infty}^{+\infty} \Big| \frac{\mu_{nk}}{\lambda - \lambda_n} \Big|^2 \Big)^{\frac{1}{2}} \cdot \|f\|. \tag{16}$$

Unter der Annahme

$$\left.
\begin{aligned}
\sigma_k(\lambda) &= \sum_{n=-\infty}^{+\infty} \Big| \frac{\mu_{nk}}{\lambda - \lambda_n} \Big|^2 < \infty \quad (k=1, 2, 3, \ldots), \\
&\sum_{k=1}^{\infty} \gamma_k \sigma_k^{\frac{1}{2}}(\lambda) < \infty
\end{aligned}
\right\} \tag{II}$$

ist also sicher $R_0(\lambda) G$ als linearer Operator in $\mathfrak{U}$ beschränkt.

Wir betrachten nun die Lösung von (13). Offenbar hat man

$$R_1(\lambda) f = (R_0(\lambda) G) R_1(\lambda) f + R_0(\lambda) f. \tag{17}$$

Wir nehmen nun zusätzlich zu (II) noch

$$\sigma(\lambda) = \alpha \sum_{k=1}^{\infty} \gamma_k \sigma_k^{\frac{1}{2}}(\lambda) < 1 \tag{III}$$

an. Dann ist nach (16) sicher

$$\|R_0(\lambda) G\| \le \sigma(\lambda) < 1.$$

Aus (17) folgt in diesem Falle

$$R_1(\lambda) f - R_0(\lambda) f = \sum_{p=1}^{\infty} (R_0(\lambda) G)^p R_0(\lambda) f. \tag{18}$$

Nun schreiben wir (18) für $H f$ statt f auf und beachten (15). Dann ist bewiesen:

Satz 1. *Sei* $\lambda \neq \lambda_n$ *($n = \cdots, -1, 0, 1, \ldots$); es mögen ferner* (I), (II), (III) *erfüllt sein. Dann gilt*

$$\|(R_1(\lambda) - R_0(\lambda)) H\| \le \alpha \sigma_0^{\frac{1}{2}}(\lambda) \sum_{p=1}^{\infty} (\sigma(\lambda))^p = \Sigma(\lambda) < \infty. \tag{19}$$

8.13. Entwicklungssatz. Wir setzen jetzt voraus:

(IV) *Für alle natürlichen Zahlen* $m \ge m_0$ *existieren positiv-orientierte einfach-geschlossene rektifizierbare Kurven* $\mathfrak{C}_m$ *der* λ*-Ebene, die kein* λ_n

*treffen und je genau die λ_n mit $-m'-m \leqq n \leqq m$ umschließen; $m'=0$
oder 1, fest. Für $\lambda \in \mathfrak{C}_m$ seien (I), (II), (III) gegeben. Man habe für die
Funktion $\Sigma(\lambda)$ von (19)*

$$\oint_{\mathfrak{C}_m} \Sigma(\lambda)\,|d\lambda| \to 0 \qquad (m \to \infty).$$

Wir beweisen dann

Satz 2. *Für alle $f \in \mathfrak{U}$ gilt*

$$f = \sum_{n=-\infty}^{+\infty} (Hf, y_n^*)\, y_n = \lim_{m \to \infty} \sum_{n=-m-m'}^{m} (Hf, y_n^*)\, y_n. \tag{20}$$

Zum Beweise beachten wir, daß einerseits wegen des Residuensatzes

$$\frac{1}{2\pi i} \oint_{\mathfrak{C}_m} (R_1(\lambda) - R_0(\lambda))\, Hf\, d\lambda = \sum_{n=-m-m'}^{m} [(Hf, y_n^*)\, y_n - (Hf, x_n^*)\, x_n]$$

und andererseits wegen Satz 1, (19)

$$\left\| \frac{1}{2\pi i} \oint_{\mathfrak{C}_m} (R_1(\lambda) - R_0(\lambda))\, Hf\, d\lambda \right\| \leqq \frac{1}{2\pi} \oint_{\mathfrak{C}_m} \Sigma(\lambda)\,|d\lambda| \cdot \|f\|$$

gilt. Damit hat man zunächst

$$\sum_{n=-m-m'}^{m} [(Hf, y_n^*)\, y_n - (Hf, x_n^*)\, x_n] \to 0 \qquad (m \to \infty).$$

Das aber gibt mit (10), (11) die Behauptung von Satz 2.

8.14. Asymptotische Aussagen. Wir nehmen an:

(V) *Für alle ganzen Zahlen n mit $|n| \geqq m_1$ möge es positiv-orientierte
einfach-geschlossene rektifizierbare Kurven $\Re_n$ geben, die genau λ_n umschließen. Auf $\Re_n$ mögen (I), (II), (III) gelten. Man habe dort ferner*

$$\frac{1}{2\pi} \oint_{\Re_n} \Sigma(\lambda)\,|d\lambda| = \varepsilon_n \leqq \varepsilon < 1. \tag{21}$$

Man hat dann wie in **8.13.** mit Hilfe des Residuensatzes und von
Satz 1, (19):

$$\|(Hf, y_n^*)\, y_n - (Hf, x_n^*)\, x_n\| \leqq \varepsilon_n \|f\| \leqq \varepsilon \|f\|. \tag{22}$$

Speziell für $f = y_n$ folgt

$$\|y_n - (Hy_n, x_n^*)\, x_n\| \leqq \varepsilon_n \|y_n\| \leqq \varepsilon \|y_n\| \tag{23}$$

und daher

$$\frac{1}{1+\varepsilon}\, |(Hy_n, x_n^*)|\, \|x_n\| \leqq \|y_n\| \leqq \frac{1}{1-\varepsilon}\, |(Hy_n, x_n^*)|\, \|x_n\|. \tag{24}$$

8.15. Verschärfung des Entwicklungssatzes. Wir nehmen jetzt an:

(VI) *Neben $\|\ \|$ sei in $\mathfrak{U}$ eine zweite Norm $\|\ \|_2$ gegeben, für die ebenfalls
die Voraussetzungen von **8.11.** gelten, und zwar mit denselben Konstanten*

α und γ_k. Die Größen $\sigma_0(\lambda)$, $\sigma_k(\lambda)$, $\sigma(\lambda)$ und $\Sigma(\lambda)$ sind dann für beide Normen gleich. Diesbezüglich seien (IV) und (V) erfüllt. Weiter seien ϱ_n positive Zahlen mit

$$\|x_n\| \leqq \varrho_n \|x_n\|_2 \tag{25}$$

und

$$\sum_{n=-\infty}^{+\infty} \varrho_n < \infty. \tag{26}$$

Wir beweisen dann

Satz 3. *Für alle $f \in \mathfrak{U}$ gelten*

$$\sum_{n=-\infty}^{+\infty} |(Hf, x_n^*)| \|x_n\| < \infty \tag{27}$$

und

$$\sum_{n=-\infty}^{+\infty} |(Hf, y_n^*)| \|y_n\| < \infty. \tag{28}$$

Damit hat man

$$f = \sum_n (Hf, x_n^*)\, x_n = \sum_n (Hf, y_n^*)\, y_n$$

unabhängig von der Anordnung der Glieder.

Zum Beweise gehen wir davon aus, daß nach (11) mit $\| \|_2$ sicher

$$|(Hf, x_n^*)| \|x_n\|_2 \leqq \alpha \|f\|_2 \quad (n = \ldots, -1, 0, 1, \ldots)$$

gilt. Mit (22) — für $\| \|_2$ — hat man dann

$$|(Hf, y_n^*)| \|y_n\|_2 \leqq (\alpha + \varepsilon) \|f\|_2 \quad (|n| \geqq m_1). \tag{$*$}$$

Schreibt man nun (24) für beide Normen auf und dividiert, so entsteht

$$\frac{\|y_n\|}{\|y_n\|_2} \leqq \frac{1+\varepsilon}{1-\varepsilon} \frac{\|x_n\|}{\|x_n\|_2},$$

was mit Hilfe von (25)

$$\|y_n\| \leqq \frac{1+\varepsilon}{1-\varepsilon} \varrho_n \|y_n\|_2$$

ergibt. So wird mit ($*$) und (26)

$$\sum_{\substack{n=-\infty \\ |n| \geqq m_1}}^{+\infty} |(Hf, y_n^*)| \|y_n\| \leqq (\alpha + \varepsilon) \|f\|_2 \frac{1+\varepsilon}{1-\varepsilon} \sum_{n=-\infty}^{+\infty} \varrho_n < \infty.$$

Erst recht gilt natürlich

$$\sum_{n=-\infty}^{+\infty} |(Hf, x_n^*)| \|x_n\| \leqq \alpha \|f\|_2 \sum_{n=-\infty}^{+\infty} \varrho_n < \infty.$$

8.16. Bemerkung zu den Voraussetzungen über z_0, z_1. Die Forderung über die Residuen von $z_0(\lambda)$, $z_1(\lambda)$ an den Stellen $\lambda = \lambda_n$ (vgl. **8.11.**) ist beweisbar unter den folgenden Annahmen.

① Neben $\| \| = \| \|_1$ seien abzählbar viele weitere Normen $\| \|_s$ ($s = 2$, $3, 4, \ldots$) in $\mathfrak{U}$ gegeben. Man habe für $u \in \mathfrak{U}$ stets

$$\|u\|_s \leq \|u\|_{s+1} \quad (s = 1, 2, 3, \ldots). \tag{29}$$

Sind $\mathfrak{R}_s$ ($s = 1, 2, 3, \ldots$) die entsprechenden perfekten Erweiterungen von $\mathfrak{U}$ zu Banach-Räumen, so gilt (Konvergenz nach $\| \|_{s+1}$ zieht Konvergenz nach $\| \|_s$ nach sich)

$$\mathfrak{R}_1 \geqq \mathfrak{R}_2 \geqq \mathfrak{R}_3 \geqq \cdots \geqq \mathfrak{U}. \tag{30}$$

Es sei nun gerade

$$\mathfrak{U} = \bigcap_{s=1}^{\infty} \mathfrak{R}_s. \tag{31}$$

② F, G, H seien „in $\mathfrak{U}$ stetig": Gilt bezüglich jeder Norm $u_n \to u_0$, so gelten auch bezüglich jeder Norm $F u_n \to F u_0$, $G u_n \to G u_0$, $H u_n \to H u_0$.

③ $\varDelta(\lambda)$ sei eine ganze analytische Funktion, die genau $\lambda = \lambda_n$ ($n = \ldots$, $-1, 0, 1, \ldots$) zu Nullstellen besitzt, und zwar zu einfachen Nullstellen.

④ Mit den für $\lambda \neq \lambda_n$ eindeutig bestimmten Lösungen (12), (13) seien $\varDelta(\lambda) z_0(\lambda)$, $\varDelta(\lambda) z_1(\lambda)$ ganze analytische Funktionen in jedem $\mathfrak{R}_s$ ($s = 1, 2, 3, \ldots$).

⑤ Die Gleichungen

$$\begin{aligned} F x + \lambda_n H x &= 0, \\ F y + \lambda_n H y &= G y \end{aligned} \qquad (n = \ldots, -1, 0, 1, \ldots)$$

besitzen nur die Lösungen

$$x = \xi x_n, \quad y = \eta y_n.$$

Dann haben nach ③ und ④ die Funktionen $z_0(\lambda)$, $z_1(\lambda)$ in $\lambda = \lambda_n$ je nur höchstens einfache Pole. Es besteht also z.B. eine Laurent-Entwicklung um λ_n

$$z_1(\lambda) = (\lambda - \lambda_n)^{-1} a_{-1} + a_0 + (\lambda - \lambda_n) a_1 + \cdots.$$

Hier gehören wegen (31) die Koeffizienten $a_{-1}, a_0, a_1, \ldots$ zu $\mathfrak{U}$. Wegen ② können F, G, H gliedweise angewendet werden. So folgt durch Koeffizientenvergleich

$$F a_{-1} + \lambda_n H a_{-1} = G a_{-1},$$

$$F a_0 + \lambda_n H a_0 = G a_0 + f - H a_{-1}.$$

Aus der ersten Zeile folgt mit ⑤

$$a_{-1} = \eta y_n;$$

die zweite verbinden wir mit (5) und erhalten in üblicher Weise durch Multiplikation mit y_n^* bzw. a_0 und Subtraktion

$$(f, y_n^*) = \eta (H y_n, y_n^*). \tag{$\times$}$$

Mit (7) hat man so

$$a_{-1} = (f, y_n^*)\, y_n,$$

was zu zeigen war. Analog für $z_0(\lambda)$.

Übrigens zeigt $(\times)$: gibt es überhaupt $f_n \in \mathfrak{U}$ mit $(f_n, y_n^*) \neq 0$, so ist sicher $(H y_n, y_n^*) \neq 0$. Dann ist also, wie in **8.11.** bemerkt, (7) beweisbar.

8.17. Bemerkungen zu den Annahmen (I) bis (V). Im folgenden betrachten wir spezielle Systeme von Zahlen λ_n und μ_{nk} und zeigen, daß in diesen Fällen (I) bis (V) erfüllbar sind.

A. Es sei ϑ eine komplexe Zahl mit

$$0 \leq \Re\vartheta \leq \tfrac{1}{2}, \quad \vartheta \neq 0, \quad \vartheta \neq \tfrac{1}{2}. \tag{32}$$

Unsere Eigenwerte seien

$$\lambda_n = (\vartheta + n)^2 \qquad (n = \ldots, -1, 0, 1, \ldots). \tag{33}$$

Für jedes $k = 1, 2, 3, \ldots$ seien die Zahlen

$$\mu_{nk} \qquad (n = \ldots, -1, 0, 1, \ldots)$$

beschränkt: für jedes $k = 1, 2, 3, \ldots$ gelte

$$|\mu_{nk}| \leq \mu_k \qquad (n = \ldots, -1, 0, 1, \ldots). \tag{34}$$

Es sei dann

$$\sum_{k=1}^{\infty} \gamma_k \mu_k = \gamma < \infty. \tag{35}$$

Wir erhalten

$$\sigma_k(\lambda) \leq \mu_k^2 \sigma_0(\lambda),$$

$$\sigma(\lambda) \leq \alpha \gamma \sigma_0^{\frac{1}{2}}(\lambda) \tag{36}$$

und

$$\Sigma(\lambda) \leq \alpha^2 \gamma \sigma_0(\lambda) \sum_{p=0}^{\infty} (\alpha \gamma \sigma_0^{\frac{1}{2}}(\lambda))^p. \tag{37}$$

So läuft in diesem Falle alles auf ein Studium von $\sigma_0(\lambda)$ hinaus.

Zunächst sieht man, daß für alle $\lambda \neq \lambda_n$ $(n = \ldots, -1, 0, 1, \ldots)$ $\sigma_0(\lambda)$ endlich und stetig ist. Die Reihenglieder sind — in kompakten λ-Gebieten ohne die λ_n gleichmäßig — $O(n^{-4})$.

Sei nun

$$\varkappa \neq \Re\lambda_n \qquad (n = \ldots, -1, 0, 1, \ldots). \tag{38}$$

Wir wollen dann $\sigma_0(\lambda)$ über die Gerade $\Re\lambda = \varkappa$ integrieren. Dazu berechnen wir mit $\Im\lambda - \Im\lambda_n = \sigma$

$$\int\limits_{\Re\lambda = \varkappa} |\lambda - \lambda_n|^{-2}\, |d\lambda| = \int\limits_{-\infty}^{+\infty} \frac{d\sigma}{\sigma^2 + (\varkappa - \Re\lambda_n)^2} = \frac{\pi}{|\varkappa - \Re\lambda_n|}.$$

Die mit diesen Gliedern $(O(n^{-2}))$ gebildete Reihe ist konvergent. Daher gilt

$$\int\limits_{\Re\lambda=\varkappa}\sigma_0(\lambda)\,|d\lambda|=\pi\sum_{n=-\infty}^{+\infty}|\varkappa-\Re\lambda_n|^{-1}. \tag{39}$$

Für die Wahl spezieller Werte $\varkappa$ gehen wir von (32) aus. Danach gilt

$$\Re\lambda_n\leqq\Re\lambda_{-n-1}\leqq\Re\lambda_{n+1}\qquad(n=0,1,2,\ldots), \tag{40}$$

genauer

$$\Re\lambda_{-n-1}-\Re\lambda_n=(1-2\,\Re\vartheta)\,(2n+1) \tag{41}$$

und

$$\Re\lambda_{n+1}-\Re\lambda_{-n-1}=4\,\Re\vartheta\,(n+1). \tag{42}$$

Demgemäß setzen wir nun für $m\geqq0$

$$\varkappa_m=\begin{cases}\Re\lambda_m+\tfrac12\,(1-2\,\Re\vartheta)\,(2m+1) & (\Re\vartheta\leqq\tfrac14),\\[4pt]\Re\lambda_{m+1}-2\,\Re\vartheta\,(m+1) & (\Re\vartheta>\tfrac14).\end{cases} \tag{43}$$

Wir betrachten dann (39) mit $\varkappa=\varkappa_m$ und schätzen ab:

$$\sum_{n=-\infty}^{+\infty}|\varkappa_m-\Re\lambda_n|^{-1}\leqq5\xi_m+\sum_{n=0}^{m-1}|\Re\lambda_n-\Re\lambda_m|^{-1}+$$

$$+\sum_{n=-1}^{-m+1}|\Re\lambda_n-\Re\lambda_{-m}|^{-1}+$$

$$+\sum_{n=m+2}^{\infty}{}'|\Re\lambda_n-\Re\lambda_{m+1}|^{-1}+$$

$$+\sum_{n=-m-3}^{-\infty}|\Re\lambda_n-\Re\lambda_{-m-2}|^{-1}.$$

Dabei ist

$$\xi_m=\begin{cases}[\tfrac12\,(1-2\,\Re\vartheta)\,(2m+1)]^{-1} & (\Re\vartheta\leqq\tfrac14),\\[4pt][2\,\Re\vartheta\,(m+1)]^{-1} & (\Re\vartheta>\tfrac14),\end{cases}$$

also jedenfalls

$$\xi_m\leqq\frac{4}{2m+1}.$$

Weiter ist

$$\Re\lambda_{n_1}-\Re\lambda_{n_2}=(n_1-n_2)\,(n_1+n_2+2\,\Re\vartheta).$$

Damit kann man weiter abschätzen

$$\sum_{n=0}^{m-1}|\Re\lambda_n-\Re\lambda_m|^{-1}\leqq\frac1m\sum_{k=1}^{m}\frac1k=O\!\left(\frac1m\log m\right),$$

$$\sum_{n=-1}^{-m+1}|\Re\lambda_n-\Re\lambda_{-m}|^{-1}\leqq\frac1m\sum_{k=1}^{m-1}\frac1k=O\!\left(\frac1m\log m\right),$$

$$\sum_{n=m+2}^{\infty}|\Re\lambda_n-\Re\lambda_{m+1}|^{-1}\leqq\sum_{k=1}^{\infty}\frac{1}{k\,(k+2m+2)}=O\!\left(\frac1m\log m\right),$$

$$\sum_{n=-m-3}^{-\infty}|\Re\lambda_n-\Re\lambda_{-m-2}|^{-1}\leqq\sum_{k=1}^{\infty}\frac{1}{k\,(k+2m+3)}=O\!\left(\frac1m\log m\right).$$

Insgesamt wird also

$$\int\limits_{\Re\lambda=\varkappa_m} \sigma_0(\lambda)\,|d\lambda| = O\left(\frac{1}{m}\log m\right). \tag{44}$$

Wir bemerken nun weiter, daß wegen (39) sicher

$$\int\limits_{\Re\lambda=\varkappa} \sigma_0(\lambda)\,|d\lambda| \to 0 \qquad (\varkappa\to-\infty) \tag{45}$$

gilt, und daß gleichmäßig bezüglich $\Re\lambda$

$$\sigma_0(\lambda)\to 0 \qquad (\Im\lambda\to\pm\infty) \tag{46}$$

gilt, wenn nur $\Re\lambda$ beschränkt bleibt.

Daneben betrachten wir jetzt $\sigma_0(\lambda)$ selbst auf den Geraden $\Re\lambda=\varkappa_m$ bzw. $\Re\lambda=\varkappa$, $\varkappa\to-\infty$. Man schätzt sofort ab

$$\sigma_0(\lambda)\leq \sum_{n=-\infty}^{+\infty} |\varkappa-\Re\lambda_n|^{-2} \qquad (\Re\lambda=\varkappa) \tag{47}$$

und zeigt so durch fast wörtliche Wiederholung der eben für (39), (44) gegebenen Überlegung

$$\max_{\Re\lambda=\varkappa_m} \sigma_0(\lambda) = O\left(\frac{1}{m^2}\right), \tag{48}$$

$$\max_{\Re\lambda=\varkappa} \sigma_0(\lambda) \to 0 \qquad (\varkappa\to-\infty). \tag{49}$$

(44), (45), (46), (48), (49) und (36), (37) zeigen nun, daß man aus Strecken

$$\Re\lambda=\varkappa_m,$$
$$\Im\lambda=\iota_m,$$
$$\Re\lambda=\varkappa'_m,$$
$$\Im\lambda=-\iota_m$$

für alle hinreichend großen m,

$$m\geqq m_0$$

ein Rechteck $\mathfrak{C}_m$ bilden kann, derart, daß

1) $\mathfrak{C}_m$ genau alle λ_n mit $\Re\lambda_n<\varkappa_m$ im Innern enthält,

2) für alle $\lambda\in\mathfrak{C}_m$ mit festem η

$$\sigma(\lambda)\leqq\eta<1 \tag{50}$$

gilt,

3) das Integral

$$\oint\limits_{\mathfrak{C}_m} \Sigma(\lambda)\,|d\lambda| = O\left(\frac{1}{m}\log m\right) \tag{51}$$

wird.

Nach (41), (42), (43) umschließt nun im Falle $\Re\vartheta\leqq\frac{1}{4}$ das Rechteck $\mathfrak{C}_m$ genau die λ_n mit $|n|\leqq m$. In diesem Falle setzt man also $m'=0$. Für $\Re\vartheta>\frac{1}{4}$ dagegen wird neben den λ_n $\left(|n|\leqq m\right)$ genau noch λ_{-n-1} umschlossen. Hier ist also $m'=1$ zu wählen. In jedem Falle ist so (IV) erfüllt.

Nun zur Gewinnung der Kurven $\mathfrak{K}_n$ für (V).

Wir setzen

$$\delta_n = \min_{m\neq n} |\lambda_m - \lambda_n|. \tag{52}$$

Da nach (32) 2ϑ nicht ganz ist, gilt

$$\lambda_m - \lambda_n = (m-n)(m+n+2\vartheta)\neq 0 \qquad (m\neq n),$$

also

$$\delta_n > 0. \tag{53}$$

Weiter betrachten wir

$$\sum_{m\neq n} |\lambda_m - \lambda_n|^{-2},$$

und zwar zerlegen wir für $n\neq 0$

$$n^2 \sum_{m\neq n} |\lambda_m - \lambda_n|^{-2} = \sum_{|m-n|\geqq |n|} \left|\frac{n}{m-n}\right|^2 |m+n+2\vartheta|^{-2} +$$
$$+ \sum_{0<|m-n|<|n|} |m-n|^{-2} \left|1+\frac{m}{n}+\frac{2\vartheta}{n}\right|^{-2}.$$

Hier ist im ersten Teil $\left|\frac{n}{m-n}\right|\leqq 1$ und im zweiten $0<\frac{m}{n}<2$, also

$$\left|1+\frac{m}{n}+\frac{2\vartheta}{n}\right|\geqq 1+\frac{m}{n}+\frac{2\Re\vartheta}{n}\geqq 1.$$

Daher kann grob abgeschätzt werden:

$$\delta_n^{-2} \leqq \sum_{m\neq n} |\lambda_m - \lambda_n|^{-2}\leqq n^{-2}\left\{\sum_{k=-\infty}^{+\infty} |k+2\vartheta|^{-2}+2\sum_{k=1}^{\infty} k^{-2}\right\}. \tag{54}$$

Speziell hat man also

$$\hat{\delta}\left(|n|+1\right)\geqq \delta_n \geqq \delta |n| \qquad (n=\cdots,-1,0,1,\ldots) \tag{55}$$

mit allein von ϑ abhängenden Konstanten $\delta>0$, $\hat{\delta}>0$.

Wir betrachten nun $\sigma_0(\lambda)$ für

$$|\lambda - \lambda_n| = \tfrac{1}{2}\delta_n. \tag{56}$$

Man kann dann abschätzen

$$|\lambda - \lambda_m| \geqq \tfrac{1}{2}|\lambda_m - \lambda_n| \qquad (m\neq n);$$

so folgt

$$\sum_{m=-\infty}^{+\infty} |\lambda - \lambda_m|^{-2}\leqq 4\left(\delta_n^{-2}+\sum_{m\neq n} |\lambda_m - \lambda_n|^{-2}\right),$$

also wegen (54)

$$\sigma_0(\lambda) \leq 8 n^{-2}\left\{\sum_{k=-\infty}^{+\infty} |k+2\vartheta|^{-2} + 2\sum_{k=1}^{\infty} k^{-2}\right\}. \tag{57}$$

Danach setzen wir nun

$$\Re_n = \left\{\lambda \,\big|\, |\lambda - \lambda_n| = \tfrac{1}{2}\delta_n\right\}. \tag{58}$$

Dann gilt mit geeigneten $m_1, \eta < 1, \delta'$:

1) $\Re_n$ umschließt genau λ_n;

2) für $|n| \geq m_1$ gilt auf $\Re_n$

$$\sigma(\lambda) \leq \eta < 1;$$

3) es wird für $|n| \geq m_1$

$$\frac{1}{2\pi} \oint_{\Re_n} \Sigma(\lambda)|d\lambda| = \varepsilon_n \leq \frac{\delta'}{|n|} < 1. \tag{59}$$

So ist also (V) erfüllt.

B. Es seien jetzt

$$\lambda_n = n \qquad (n = \cdots, -1, 0, 1, \ldots). \tag{60}$$

Für jedes $k = 1, 2, 3, \ldots$ gelte

$$(|n|+1)|\mu_{nk}| \leq \mu_k < \infty \qquad (n = \cdots, -1, 0, 1, \ldots). \tag{61}$$

Es sei wieder

$$\sum_{k=1}^{\infty} \gamma_k \mu_k = \gamma < \infty. \tag{62}$$

Wir haben dann

$$\sigma_k(\lambda) \leq \mu_k^2 \sum_{n=-\infty}^{+\infty} (|n|+1)^{-2} |\lambda - n|^{-2}$$

und

$$\sigma(\lambda) \leq \alpha \gamma \tau^{\frac{1}{2}}(\lambda) \tag{63}$$

mit

$$\tau(\lambda) = \sum_{n=-\infty}^{+\infty} (|n|+1)^{-2} |\lambda - n|^{-2}. \tag{64}$$

So wird

$$\Sigma(\lambda) \leq \alpha^2 \gamma \,\sigma_0^{\frac{1}{2}}(\lambda)\, \tau^{\frac{1}{2}}(\lambda) \sum_{p=0}^{\infty} (\alpha \gamma \tau^{\frac{1}{2}}(\lambda))^p. \tag{65}$$

Alles kommt also hier auf die Untersuchung von $\sigma_0(\lambda)$ und $\tau(\lambda)$ an.

Zuerst sieht man wieder sofort, daß beide Funktionen für $\lambda \neq n$ endlich und stetig sind.

Wir schätzen nun $\tau(\lambda)$ auf den Geraden

$$\Re\lambda = \pm(m+\tfrac{1}{2}) \qquad (m = 0, 1, 2, \ldots)$$

ab. Dort wird

$$\tau(\lambda) \leqq \sum_{n=-\infty}^{+\infty} (|n|+1)^{-2}\,(m-n+\tfrac{1}{2})^{-2}.$$

Die rechte Seite zerlegen wir z. B.

$$\sum_{n=-\infty}^{+\infty} = \sum_{n=-\infty}^{-1} + \sum_{n=0}^{2m+1} + \sum_{n=2m+2}^{\infty}.$$

Für die Teilsummen erhalten wir

$$\sum_{n=-\infty}^{-1} (|n|+1)^{-2}\Big(m-n+\tfrac{1}{2}\Big)^{-2} \leqq \Big(m+\tfrac{3}{2}\Big)^{-2} \sum_{k=2}^{\infty} k^{-2}=O\Big(\tfrac{1}{m^2}\Big),$$

$$\sum_{n=0}^{2m+1} (|n|+1)^{-2}\Big(m-n+\tfrac{1}{2}\Big)^{-2}$$

$$= \Big(m+\tfrac{3}{2}\Big)^{-2}\Big\{ \sum_{n=0}^{2m+1}(n+1)^{-2} + \sum_{n=0}^{2m+1}\Big(m+\tfrac{1}{2}-n\Big)^{-2}\Big\} +$$

$$+ \Big(m+\tfrac{3}{2}\Big)^{-3} 2\Big\{ \sum_{n=0}^{2m+1}\frac{1}{n+1} + \sum_{n=0}^{2m+1}\frac{1}{m+\tfrac{1}{2}-n}\Big\} =O\Big(\tfrac{1}{m^2}\Big),$$

$$\sum_{n=2m+2}^{\infty} (|n|+1)^{-2}\Big(m-n+\tfrac{1}{2}\Big)^{-2} \leqq \Big(m+\tfrac{3}{2}\Big)^{-2} \sum_{k=2m+3}^{\infty} k^{-2}=O\Big(\tfrac{1}{m^3}\Big).$$

So hat man also

$$\max_{\Re\lambda=\pm(m+\frac{1}{2})} \tau(\lambda) = O\Big(\tfrac{1}{m^2}\Big). \tag{66}$$

Weiter soll für

$$\Re\lambda = \pm(m+\tfrac{1}{2}), \qquad \Im\lambda=\xi$$

die Funktion $\sigma_0(\lambda)$ betrachtet werden. Man erhält — unabhängig von m — durch Umnumerierung

$$\sigma_0(\lambda)=\sum_{n=-\infty}^{+\infty}\Big(\xi^2+\Big(n+\tfrac{1}{2}\Big)^2\Big)^{-1} = 2\sum_{n=0}^{\infty}\Big(\xi^2+\Big(n+\tfrac{1}{2}\Big)^2\Big)^{-1} = \frac{\pi}{\xi}\,\mathfrak{Tg}\,\pi\xi.$$

Damit kann jetzt für $m=0, 1, 2, \ldots$

$$\left.\begin{aligned}
&\int_{\Re\lambda=\pm(m+\frac{1}{2})} \sigma_0^{\frac{1}{2}}(\lambda)\,\tau^{\frac{1}{2}}(\lambda)\,|d\lambda|\\[4pt]
&\leqq \sqrt{\pi}\int_{-\infty}^{+\infty}\Big[\sum_{n=-\infty}^{+\infty}(|n|+1)^{-2}\Big(\xi^2+\Big(m-n+\tfrac{1}{2}\Big)^2\Big)^{-1}\Big]^{\frac{1}{2}} \frac{\mathfrak{Tg}^{\frac{1}{2}}\pi|\xi|}{|\xi|^{\frac{1}{2}}}\,d\xi
\end{aligned}\right\} \quad (*)$$

abgeschätzt werden. Wir wählen

$$\tfrac{1}{2} < \delta_1 < 1, \quad \delta_1 + \delta_2 = 1$$

und beachten

$$\big(\xi^2+(m-n+\tfrac{1}{2})^2\big)^{-1} \leqq |m-n+\tfrac{1}{2}|^{-2\delta_2}\cdot(\xi^2+\tfrac{1}{4})^{-\delta_1}.$$

So haben wir für (∗) sicher die Schranke

$$\left| \pi \left[\sum_{n=-\infty}^{+\infty} (|n|+1)^{-2} \left| m-n+\tfrac{1}{2} \right|^{-2\delta_1} \right]^{\frac{1}{2}} \cdot \int_{-\infty}^{+\infty} \frac{\mathfrak{Tg}^{\frac{1}{2}} \pi |\xi|}{|\xi|^{\frac{1}{2}} (\xi^2+\tfrac{1}{4})^{\frac{1}{2}\delta_1}} \, d\xi \right. .$$

Hier ist das Integral konvergent und von m unabhängig, so daß jetzt nur mehr eine Abschätzung der Reihe in der eckigen Klammer notwendig ist.

Dazu setzen wir

$$m_1 = \left[\frac{m}{2} \right], \qquad m_1 + m_2 = m$$

und zerlegen

$$\sum_{n=-\infty}^{+\infty} = \sum_{n=-\infty}^{m_1} + \sum_{n=m_1+1}^{\infty} .$$

Die Summen rechts werden dann einfach durch

$$\sum_{n=-\infty}^{m_1} (|n|+1)^{-2} \left| m-n+\tfrac{1}{2} \right|^{-2\delta_1} \leq (m_2+\tfrac{1}{2})^{-2\delta_1} \, 2 \sum_{k=1}^{\infty} k^{-2}$$

und

$$\sum_{n=m_1+1}^{\infty} (|n|+1)^{-2} \left| m-n+\tfrac{1}{2} \right|^{-2\delta_1} \leq 2^{2\delta_1} \sum_{k=m_1+2}^{\infty} k^{-2}$$

majorisiert. So ist insgesamt für jedes $\varepsilon > 0$ bewiesen:

$$\int_{\mathfrak{Re}\,\lambda = \pm(m+\frac{1}{2})} \sigma_0^{\frac{1}{2}}(\lambda) \, \tau^{\frac{1}{2}}(\lambda) \, |d\lambda| = O\left(m^{-\frac{1}{2}+\varepsilon}\right). \tag{67}$$

Schließlich benötigen wir noch die Tatsache, daß gleichmäßig bezüglich $\mathfrak{Re}\,\lambda$

$$\sigma_0(\lambda) \to 0, \quad \tau(\lambda) \to 0 \quad (\mathfrak{Im}\,\lambda \to \pm \infty) \tag{68}$$

gilt, was sofort zu sehen ist..

Damit nun läßt sich (IV) als erfüllt nachweisen. Man wählt als $\mathfrak{C}_m$ das von

$$\mathfrak{Re}\,\lambda = \pm (m+\tfrac{1}{2})$$

$$\mathfrak{Im}\,\lambda = \pm \iota_m$$

mit genügend großem ι_m gebildete Rechteck. Dann gilt:

1) Für $m = 0, 1, 2, \ldots$ werden genau die λ_n mit $|n| \leq m$ umschlossen.

2) Bei gegebenem $0 < \eta < 1$ ist auf $\mathfrak{C}_m$ für alle hinreichend großen m, $m \geq m_0$,

$$\sigma(\lambda) \leq \eta .$$

3) $\qquad \int_{\mathfrak{C}_m} \Sigma(\lambda) \, |d\lambda| = O\left(m^{-\frac{1}{2}+\varepsilon}\right) \quad (\varepsilon > 0).$

Dabei ist 1) nach Konstruktion klar. 2) folgt aus (66), (68). 3) ist dann mit (67) gegeben [1].

---

[1] Bemerkt sei, daß etwas komplizierter auch $O\left(m^{-\frac{1}{2}}\right)$ erreicht werden kann.

Ähnliche Abschätzungen geben auch die Bestätigung von (V). Man wählt als $\Re_n$ den Kreis

$$|\lambda - n| = \tfrac{1}{2}.$$

Es ist dort (analog zum Beweise von (66)) wieder

$$\max_{|\lambda - n| = \frac{1}{2}} \tau(\lambda) = O(n^{-2});$$

daher gilt für genügend große n

$$\sigma(\lambda) \leqq \eta < 1$$

und wegen der Beschränktheit von $\sigma_0(\lambda)$

$$\oint_{\Re_n} \Sigma(\lambda) |d\lambda| = O\left(\frac{1}{n}\right).$$

8.2. Reihen nach Bessel-Funktionen

8.21. Entwicklungen nach den Funktionen $J_{\nu+n}(x)$. (Neumannsche Reihen erster Art.) Sei im folgenden ν eine nicht ganze, sonst beliebig komplexe Zahl.

Wir betrachten einen Kreisring um 0

$$0 \leqq r_1 < |x| < r_2 \leqq \infty$$

und bezeichnen mit $\mathfrak{U}$ die Gesamtheit der im Kreisring holomorphen Funktionen mit der Halbumlaufseigenschaft

$$u(x e^{\pi i}) = e^{\pi i \nu} u(x),$$

mit $\mathfrak{U}^*$ analog die mit

$$v(x e^{\pi i}) = e^{-\pi i \nu} v(x).$$

Für $u \in \mathfrak{U}$, $v \in \mathfrak{U}^*$ bezeichnen wir

$$(u, v) = \frac{1}{\pi i} \int_{x_0}^{x_0 e^{\pi i}} u(x) v(x) \frac{1}{x} dx,$$

was offenbar von x_0 unabhängig ist. Für $u(x) \in \mathfrak{U}$, $v(x) \in \mathfrak{U}^*$ werde ferner gesetzt:

$$\begin{aligned}
Fu &= -x(x u')', & F^*v &= -x(x v')', \\
Gu &= x^2 u, & G^*v &= x^2 v, \\
Hu &= u, & H^*v &= v, \\
G_1 &= G, & G_1^* &= G^*, \\
G_k &= G_k^* = 0 & & (k = 2, 3, 4, \ldots).
\end{aligned}$$

Mit

$$\begin{aligned}
\lambda_n &= (\nu + 2n)^2 & (n = \ldots, -1, 0, 1, \ldots), \\
x_n &= x^{\nu+2n}, & x_n^* &= x^{-\nu-2n}, \\
y_n &= 2^{\nu+2n} \Gamma(\nu + 2n + 1) J_{\nu+2n}(x), \\
y_n^* &= 2^{-\nu-2n} \Gamma(-\nu - 2n + 1) J_{\nu-2n}(x)
\end{aligned}$$

sind dann — man vergleiche **3.9.** — die Voraussetzungen von **8.11.** bis einschließlich (7) gegeben. **8.11.**, (8) gilt mit $\mu_{n1}=1$.

Zur Definition einer Norm in $\mathfrak{U}$ (oder $\mathfrak{U}^*$) wählen wir

$$0 \leqq r_1 < \varrho_1 < \varrho_2 < r_2 \leqq \infty$$

und setzen

$$\mathfrak{R} = \{x \mid \varrho_1 \leqq |x| \leqq \varrho_2,\ |\arg x| \leqq \pi\},$$
$$\|u\| = \max\{|u(x)| \mid x \in \mathfrak{R}\}.$$

Dies ist offenbar eine Norm; es gilt ferner **8.11.**, (9) mit geeignetem $\gamma_1 = \gamma$. **8.11.**, (10) ist im wesentlichen der Satz über Entwickelbarkeit in Laurent-Reihen. **8.11.**, (11) ist eine Folgerung des Gutzmerschen Koeffizientensatzes:

Aus

$$x^{-\nu} f(x) = \sum_{n=-\infty}^{+\infty} a_n x^{2n}$$

folgt für $r_1 < \varrho < r_2$ mit $x = \varrho e^{i\varphi}$

$$\sum_{n=-\infty}^{+\infty} |a_n|^2 \varrho^{4n} = \frac{1}{2\pi} \int_{-\pi}^{\pi} |x^{-\nu} f(x)|^2 \, d\varphi.$$

Dies schreibt man für $\varrho = \varrho_1$ und $\varrho = \varrho_2$ auf und erhält **8.11.**, (11) mit

$$\alpha^2 = 2 \|x^\nu\|^2 \|x^{-\nu}\|^2.$$

Es bleibt nun der Nachweis der in **8.11.** geforderten Eigenschaften der Lösungen von **8.11.**, (12), (13).

Dazu sei λ verschieden von allen λ_n. $w_1(x), w_2(x)$ sei ein Fundamentalsystem von Lösungen von

$$x(xy')' + (x^2 - \lambda)y = 0$$

und mit $f(x) \in \mathfrak{U}$ sei $w_3(x)$ eine Lösung von

$$x(xy')' + (x^2 - \lambda)y = -f. \tag{+}$$

Dann ist mit

$$y(x) = w_3(x) + \beta_1 w_1(x) + \beta_2 w_2(x)$$

die allgemeine Lösung von (+) gegeben. Sei nun x_0 eine Stelle unseres Kreisringes. Wir können dann $w_3(x)$ durch

$$w_3(x_0) = w_3'(x_0) = 0$$

festlegen. Es gilt ferner $y(x) \in \mathfrak{U}$ genau dann, wenn

$$y(x_0 e^{\pi i}) = e^{\pi i \nu} y(x_0),$$
$$y'(x_0 e^{\pi i}) = -e^{\pi i \nu} y'(x_0).$$

Das gibt die beiden Gleichungen

$$-w_3(x_0 e^{\pi i}) = \beta_1\big(w_1(x_0 e^{\pi i}) - e^{\pi i \nu} w_1(x_0)\big) + \beta_2\big(w_2(x_0 e^{\pi i}) - e^{\pi i \nu} w_2(x_0)\big)$$

$$-w_3'(x_0 e^{\pi i}) = \beta_1\big(w_1'(x_0 e^{\pi i}) + e^{\pi i \nu} w_1'(x_0)\big) + \beta_2\big(w_2'(x_0 e^{\pi i}) + e^{\pi i \nu} w_2'(x_0)\big).$$

für β_1, β_2. Sie sind eindeutig lösbar, weil λ kein Eigenwert ist, also das homogene System nur trivial lösbar ist.

Daß $y(x)$ von λ analytisch abhängt, ergibt sich ebenfalls sofort aus unseren Gleichungen, da neben $w_3(x)$ auch $w_1(x)$, $w_2(x)$ so gewählt werden können, daß sie für $x \neq 0$ und alle λ holomorph in (x, λ) sind.

Für den Nachweis, daß die $\lambda_n = (\nu + 2n)^2$ einfache Pole mit den gewünschten Residuen sind, stützen wir uns auf **8.16.**

In der Umgebung von λ_n setzen wir $\lambda = \mu^2$ mit nicht ganzem μ und wählen

$$w_1(x) = J_\mu(x), \quad w_2(x) = J_{-\mu}(x).$$

Dann wird in den oben aufgeschriebenen linearen Gleichungen die Determinante zu

$$-\begin{vmatrix} J_\mu(x) & J_{-\mu}(x) \\ J_\mu'(x) & J_{-\mu}'(x) \end{vmatrix} (e^{\pi i \mu} - e^{\pi i \nu})(e^{-\pi i \mu} - e^{\pi i \nu})$$

$$= \frac{2 \sin \pi \mu}{\pi x} \cdot e^{\pi i \nu} 2(\cos \pi \mu - \cos \pi \nu);$$

und dies hat für $\lambda = \lambda_n$ eine einfache Nullstelle.

Damit nun lassen sich offenbar alle Voraussetzungen von **8.16.** erfüllen, wenn man nur

$$\mathfrak{K}_s = \{x \mid \varrho_{1s} \leq |x| \leq \varrho_{2s}, \ |\arg x| \leq s\pi\}$$

mit

$$\varrho_{1s} \searrow r_1, \quad \varrho_{2s} \nearrow r_2 \quad \text{für} \quad s \to +\infty$$

wählt und

$$\|u\|_s = \max\{|u(x)| \mid x \in \mathfrak{K}_s\}$$

setzt.

So sind alle Eigenschaften von $z_1(\lambda)$ aufgewiesen. Für $z_0(\lambda)$ zeigt man sie analog, d.h. natürlich noch einfacher.

Weiter zeigen wir nun die Gültigkeit von (I) bis (V) mit Hilfe von **8.17., A.** Dazu hat man nur $\nu = 2\vartheta$ zu setzen und

$$\tfrac{1}{4}\lambda_n \to \lambda_n$$

zu substituieren, sowie durch geeignete Substitution

$$n \to n + k, \quad \vartheta \to \vartheta - k$$

die Forderung für ϑ zu erreichen.

Schließlich ist auch entsprechend **8.15.** die Verschärfung des Entwicklungssatzes möglich. Man setzt z.B.

$$0 \leqq r_1 < \varrho_{12} < \varrho_{11} < \varrho_{21} < \varrho_{22} < r_2 \leqq \infty$$

und für $s=1, 2$

$$\Re_s = \{x \mid \varrho_{1s} \leqq |x| \leqq \varrho_{2s}, \ |\arg x| \leqq \pi\}$$

und entsprechend

$$\|u\|_s = \max \{|u(x)| \mid x \in \Re_s\}.$$

Dann können α und γ für beide Normen gleich gewählt werden. Man hat ferner

$$\|x^{\nu+2n}\|_1 \leqq \|x^\nu\|_1 \|x^{2n}\|_1$$
$$\|x^{\nu+2n}\|_2 \geqq \|x^{-\nu}\|_2^{-1} \|x^{2n}\|_2$$

und

$$\|x^{2n}\|_s = \begin{cases} \varrho_{2s}^{2n} & (n \geqq 0), \\ \varrho_{1s}^{2n} & (n \leqq 0). \end{cases}$$

Daher gilt

$$\|x^{\nu+2n}\|_1 \leqq \|x^\nu\|_1 \|x^{-\nu}\|_2 \left(\frac{\varrho_{21}}{\varrho_{22}}\right)^{2n} \|x^{\nu+2n}\|_2 \quad (n \geqq 0),$$

$$\|x^{\nu+2n}\|_1 \leqq \|x^\nu\|_1 \|x^{-\nu}\|_2 \left(\frac{\varrho_{11}}{\varrho_{12}}\right)^{2n} \|x^{\nu+2n}\|_2 \quad (n < 0).$$

Damit aber ist (VI) erfüllt, also **8.15.** anwendbar.

So ist bewiesen, wenn wir nunmehr sogleich eine Zusammenfassung der Aussagen für ν und für $\nu+1$ statt ν formulieren:

Satz 1. *Sei ν nicht ganz. Dann läßt sich jede Funktion $f(x)$, die für*

$$0 \leqq r_1 < |x| < r_2 \leqq \infty$$

holomorph ist und die Umlaufseigenschaft

$$f(xe^{2\pi i}) = e^{2\pi i \nu} f(x)$$

hat, eindeutig in eine in kompakten Teilgebieten absolut gleichmäßig konvergente Reihe

$$f(x) = \sum_{n=-\infty}^{+\infty} c_n J_{\nu+n}(x)$$

entwickeln. Die Koeffizienten sind

$$c_n = \frac{1}{2\pi i} \frac{\pi(\nu+n)}{\sin \pi(\nu+n)} \oint f(x) J_{-\nu-n}(x) \frac{1}{x} dx.$$

Aus diesem Satz können zahlreiche spezielle Entwicklungen sofort erhalten werden. So folgt aus

$$\frac{1}{2\pi i} \frac{\pi(\nu+2m)}{\sin \pi \nu} \oint \left(\frac{x}{2}\right)^\nu J_{-\nu-2m}(x) \frac{1}{x} dx = \frac{(\nu+2m)\Gamma(\nu+m)}{m!}$$

$$(m = 0, 1, 2, \ldots)$$

sofort

$$\left(\frac{x}{2}\right)^{\nu} = \sum_{m=0}^{\infty} \frac{(\nu+2m)\,\Gamma(\nu+m)}{m!}\, J_{\nu+2m}(x). \tag{1}$$

Ganz ebenso folgt die allgemeinere Formel

$$\left.\begin{aligned}
\left(\frac{x}{2}\right)^{\nu-\mu} J_{\mu}(\alpha x) &= \frac{\alpha^{\mu}}{\Gamma(\mu+1)} \sum_{m=0}^{\infty} \frac{(\nu+2m)\,\Gamma(\nu+m)}{m!} \times \\
&\quad \times F(-m,\,\nu+m;\,\mu+1;\,\alpha^2)\, J_{\nu+2m}(x),
\end{aligned}\right\} \tag{2}$$

wegen

$$J_{\nu_1}(\alpha x)\,J_{\nu_2}(x) = \frac{\alpha^{\nu_1}}{\Gamma(\nu_1+1)} \sum_{n=0}^{\infty} \frac{(-1)^n F(-n,\,-\nu_2-n;\,\nu_1+1;\,\alpha^2)}{n!\,\Gamma(\nu_2+n+1)} \left(\frac{x}{2}\right)^{\nu_1+\nu_2+2n}, \tag{2'}$$

was durch Multiplikation der Potenzreihen und kleine Umformung entsteht, oder — mit der Abkürzung

$$F_4(a,\,b;\,c,\,d;\,x,\,y) = \sum_{m,\,n=0}^{\infty} \frac{(a)_{m+n}\,(b)_{m+n}}{(c)_m\,(d)_n\,m!\,n!}\, x^m y^n$$

— noch allgemeiner

$$\left.\begin{aligned}
\left(\frac{x}{2}\right)^{\lambda-\mu-\nu} J_{\mu}(\alpha x)\,J_{\nu}(\beta x) &= \frac{\alpha^{\mu}\beta^{\nu}}{\Gamma(\mu+1)\,\Gamma(\nu+1)} \sum_{r=0}^{\infty} \frac{(\lambda+2r)\,\Gamma(\lambda+r)}{r!} \times \\
&\quad \times F_4(-r,\,\lambda+r;\,\mu+1,\,\nu+1;\,\alpha^2,\,\beta^2)\, J_{\lambda+2r}(x).
\end{aligned}\right\} \tag{3}$$

Von besonderem — vor allem auch historischem — Interesse ist die Entwicklung

$$\frac{x^{\nu}}{t-x} = \sum_{n=0}^{\infty} A_{n,\nu}(t)\, J_{\nu+n}(x) \qquad (|x|<|t|) \tag{4}$$

mit

$$A_{n,\nu}(t) = \frac{1}{2\pi i}\,\frac{\pi(\nu+n)}{\sin\pi(\nu+n)} = \oint \frac{x^{\nu} J_{-\nu-n}(x)}{t-x}\,\frac{1}{x}\,dx,$$

also mit

$$A_{n,\nu}(t) = \frac{\pi(\nu+n)}{\sin\pi(\nu+n)}\, Ph\{t^{\nu-1} J_{-\nu-n}(t)\}, \tag{5}$$

wenn Ph den Polhauptteil bei 0, also

$$Ph\left\{\sum_{n=-m}^{\infty} a_n t^n\right\} = \sum_{n=-m}^{-1} a_n t^n,$$

bezeichnet. Die Potenzreihe für $J_{-\nu-n}(t)$ zeigt so sofort explizit

$$A_{n,\nu}(t) = \frac{2^{\nu+n}(\nu+n)}{t^{n+1}} \sum_{m=0}^{\le \frac{1}{2}n} \frac{\Gamma(\nu+n-m)}{m!} \left(\frac{t}{2}\right)^{2m}. \tag{6}$$

Aus (5) lassen sich für diese Polynome in t^{-1} ziemlich einfach Rekursionsformeln und Differentialgleichungen herleiten. So ergibt sich z. B. mit

$$\frac{2(-\nu-n)}{t}\, J_{-\nu-n}(t) = J_{-\nu-n-1}(t) + J_{-\nu-n+1}(t)$$

durch Anwendung von (5)

$$A_{n,\nu}(t) = \frac{-\pi}{2\sin\pi(\nu+n)}\, Ph\{t^\nu(J_{-\nu-n-1}(t)+J_{-\nu-n+1}(t))\},$$

also

$$A_{n,\nu}(t) = \frac{1}{2(\nu+n+1)}\, A_{n,\nu+1}(t) + \frac{1}{2(\nu+n-1)}\, A_{n-2,\nu+1}(t). \tag{7}$$

Wegen

$$Ph\Big\{t\sum_{n=-m}^{\infty} a_n t^n\Big\} = t\, Ph\Big\{\sum_{n=-m}^{\infty} a_n t^n\Big\} - a_{-1}$$

ist dabei

$$A_{n-1,\nu+1}(t) = t A_{n,\nu}(t) - a_{n,\nu} \tag{8}$$

mit

$$a_{n,\nu} = \begin{cases} 0 & (n\ \text{ungerade}) \\[2ex] \dfrac{2^\nu(\nu+n)\,\Gamma\!\left(\nu+\dfrac{n}{2}\right)}{\left(\dfrac{n}{2}\right)!} & (n\ \text{gerade}). \end{cases} \tag{9}$$

Offenbar wird (7) durch zweimalige Anwendung von (8), (9) zu einer Rekursionsformel für die $A_{n,\nu}(t)$ ($n=0, 1, 2, \ldots$). Auf die entsprechende Herleitung weiterer Formeln für die $A_{n,\nu}(t)$ soll hier verzichtet werden.

Als eine weitere Entwicklung gemäß Satz 1 notieren wir noch

$$\left(\frac{x}{2}\right)^\nu e^{ixt} = \Gamma(\nu)\sum_{n=0}^{\infty} i^n\,(\nu+n)\, C_n^\nu(t)\, J_{\nu+n}(x). \tag{10}$$

Dies ist mit Satz 1 unmittelbare Folge von 5.9., (9).

Indem man unsere Abschätzungen zurückverfolgt, erkennt man, daß sie gleichmäßig für ν auf $|\nu|=\frac{1}{2}$ oder auf $|\nu-1|=\frac{1}{2}$ gelten. Betrachtet man also etwa eine feste für $|x|<r$ holomorphe Funktion $g(x)$ und die Entwicklung von

$$f(x) = x^\nu g(x)$$

gemäß Satz 1, d.h.

$$x^\nu g(x) = \sum_{n=0}^{\infty} c_n J_{\nu+n}(x),$$

$$c_n = \frac{1}{2\pi i}\, \frac{\pi(\nu+n)}{\sin\pi(\nu+n)}\, \oint g(x)\, x^{\nu-1} J_{-\nu-n}(x)\, dx,$$

so kann gliedweise die Operation

$$\frac{1}{2\pi i}\oint_\nu \cdots\, d\nu$$

angewendet werden. Nach kleiner Umrechnung entsteht so der

Satz 2. *Ist $g(x)$ in $|x|<r$ holomorph, so ist $g(x)$ dort eindeutig in eine in kompakten Teilmengen absolut gleichmäßig konvergente Reihe*

$$g(x) = \sum_{n=0}^{\infty} c_n J_n(x)$$

entwickelbar. Die Koeffizienten sind

$$c_n = \frac{\varepsilon_n}{2\pi i} \oint g(x)\, O_n(x)\, dx \qquad (\varepsilon_0 = 1,\ \varepsilon_1 = \varepsilon_2 = \cdots = 2)$$

mit den Neumannschen Polynomen in $1/x$:

$$\left. \begin{aligned} O_0(x) &= \frac{1}{x}, \\ O_n(x) &= (-1)^n \frac{n}{2}\, Ph\left\{ \frac{1}{x}\, \frac{\partial}{\partial \nu} \left(\frac{x}{2}\right)^\nu J_{-\nu-n}(x) \Big|_{\nu=0} \right\} \quad (n=1,2,3,\ldots). \end{aligned} \right\} \tag{11}$$

Natürlich gilt auch

$$\varepsilon_n O_n(x) = A_{n,\nu}(x)\big|_{\nu=0} \qquad (n = 0, 1, 2, \ldots). \tag{12}$$

Andererseits zeigt ein Vergleich von (11) mit **3.4.**, (22) und (23)

$$O_n(x) = -\frac{\pi n}{2}\, Ph\left\{ \frac{1}{x}\, Y_n(x) \right\} \qquad (n = 1, 2, 3, \ldots), \tag{13}$$

wenn Ph hier den Polhauptteil bei 0 des log-freien Teils bedeutet. Nach allem wird explizit

$$O_n(x) = \frac{n}{4} \sum_{m=0}^{\leq \frac{n}{2}} \frac{(n-m-1)!}{m!} \left(\frac{x}{2}\right)^{2m-n-1}. \tag{14}$$

Unsere Überlegungen zeigen speziell, daß (1) und (2) auch für $\nu = 0$, 1, 2, ... gelten, (3) auch für $\lambda = 0, 1, 2, \ldots$. (4) wird mit $\nu = 0$ zu

$$\frac{1}{t-x} = \sum_{n=0}^{\infty} \varepsilon_n O_n(t)\, J_n(x) \qquad (|x| < |t|), \tag{15}$$

was historisch als Ausgangspunkt für Satz 1 diente.

Auf die Analoga zu den Formeln (7), (8), (9) und ähnliche Relationen wollen wir hier verzichten.

Wir notieren nur noch (10) mit $\nu = 0$. Dies wird mit **5.9.**, (11) zu

$$e^{ix\cos\varphi} = J_0(x) + 2 \sum_{n=1}^{\infty} i^n \cos n\varphi\, J_n(x), \tag{16}$$

was natürlich nichts anderes als **3.2.**, (9) ist.

8.22. Entwicklungen nach den Funktionen $J_{\nu+n}((\nu+n)x)$. (Kapteynsche Reihen.)

Wir gehen davon aus, daß offenbar

$$u(x) = J_\mu(\mu x)$$

der Differentialgleichung

$$x(xu')' + \mu^2(x^2 - 1)u = 0 \tag{1}$$

genügt. Daraus ist ersichtlich (vgl. **3.9.**), daß für nicht ganzes v — dies nehmen wir im folgenden stets an — das Eigenwertproblem

$$x(xy')' + \lambda(x^2 - 1)y = 0,\tag{2}$$

$$y(xe^{\pi i}) = e^{\pi i v}y(x) \not\equiv 0\tag{3}$$

genau die Eigenwerte

$$\lambda_n = (v + 2n)^2 \qquad (n = \ldots, -1, 0, 1, \ldots)$$

und die (bis auf konstanten Faktor bestimmten) Eigenlösungen

$$y_n = J_{v+2n}\big((v+2n)\,x\big)$$

besitzt. Als Eigenlösungen mit der „adjungierten" Bedingung

$$y^*(xe^{\pi i}) = e^{-\pi i v}y^*(x) \not\equiv 0\tag{3*}$$

wählen wir im folgenden

$$y_n^* = J_{-v-2n}\big((v+2n)\,x\big).$$

Man bestätigt leicht in üblicher Weise die Biorthogonalitäts- und Normierungsrelationen

$$\frac{1}{2\pi i} \oint J_{v+n}\big((v+n)\,x\big) J_{-v-m}\big((v+m)\,x\big) \frac{1-x^2}{x}\,dx = \frac{\sin \pi(v+n)}{\pi(v+n)}\,\delta_{nm}.\tag{4}$$

Zum Zwecke der Gewinnung eines bekannten Vergleichsproblems und zur Anwendung der Theorie von **8.1.** transformiert man zweckmäßig z. B. in folgender Weise.

Wir betrachten zunächst (1) und rechnen mit

$$\frac{dt}{dx} = b(x), \quad u(x) = a(x)\,v(t)$$

um. Indem wir mit $'$ bzw. $\cdot$ die Differentiationen nach x bzw. t notieren, erhalten wir

$$u' = a'v + ab\dot{v},$$

$$(xu')' + \mu^2 \frac{x^2-1}{x}\,u = xab^2\ddot{v} + [xa'b + (xab)']\dot{v} + (xa')'v + \mu^2 a\,\frac{x^2-1}{x}\,v.$$

Wir wollen nun Transformation von (1) in die Form

$$\ddot{v} + (\mu^2 + g(t))v = 0\tag{5}$$

erreichen. Dazu muß

$$(xb)^2 = x^2 - 1, \quad a'\,2xb + a(xb)' = 0$$

gelten. Wir erklären nun die Potenzen von $(1 - x^2)$ mit Hilfe der Schnitte $(-\infty, -1]$ und $[1, \infty)$ eindeutig durch Verabredung des Hauptwertes auf $(-1, 1)$. So setzen wir

$$t = -i \int_1^x (1-\xi^2)^{\frac{1}{2}} \frac{1}{\xi} \, d\xi, \qquad v(t) = (1-x^2)^{\frac{1}{4}} u(x).$$

Es wird offenbar

$$it = \log x + (1-x^2)^{\frac{1}{2}} - \log\left(1 + (1-x^2)^{\frac{1}{2}}\right);$$

t nimmt bei halbem positivem Umlauf um $x=0$ um π zu. Man erhält

$$g(t) = \frac{x(xa')'}{a(x^2-1)}, \quad a(x) = (1-x^2)^{-\frac{1}{4}}.$$

g ist eine gerade Funktion von x; also gilt

$$g(t+\pi) = g(t). \tag{6}$$

Dementsprechend wird man nun versuchen, einen möglichst großen zur reellen Achse parallelen Streifen der t-Ebene abzubilden. Man erkennt, daß hier nur die Halbebene

$$\Im t > 0$$

in Frage kommt; denn $t=0$ entspricht der Singularität $x=1$ und für $0<x<1$ hat man $-\infty < it < 0$. Diese Halbebene $\Im t > 0$ wird mit

$$w(x) = e^{it} = \frac{x\, e^{(1-x^2)^{\frac{1}{2}}}}{1 + (1-x^2)^{\frac{1}{2}}} \tag{7}$$

auf das entsprechend dem Umlauf um 0 unendlich oft überdeckte Gebiet

$$0 < |w(x)| < 1 \tag{8}$$

abgebildet. Man zeigt leicht, daß

$$\mathfrak{L} = \{x \, | \, |w(x)| < 1\}$$

eine echte Teilmenge von $|x| < 1$ ist.

Nach allem sind auf diese Weise (2), (3), (3*) in

$$\ddot{v} + (\lambda + g(t)) v = 0, \tag{9}$$

$$v(t+\pi) = e^{\pi i \nu} v(t) \not\equiv 0, \tag{10}$$

$$v^*(t+\pi) = e^{-\pi i \nu} v^*(t) \not\equiv 0 \tag{10*}$$

transformiert, also auf ein entsprechendes Problem für eine Hillsche Differentialgleichung. Als naheliegendes Vergleichsproblem wird man

$$\ddot{v} + \lambda v = 0 \tag{11}$$

mit (10) bzw. (10*) wählen. Als ,,ungestörte" Eigenfunktionen treten also

$$e^{i(\nu+2n)t} = \left(w(x)\right)^{\nu+2n}$$

bzw.

$$e^{-i(\nu+2n)t}=\big(w(x)\big)^{-\nu-2n}$$

auf.

Damit ist die für die Anwendung von **8.1.** notwendige Identifizierung sehr naheliegend. Die Bestätigung der dort benötigten Voraussetzungen verläuft fast voll analog zum Vorgehen in **8.21.** Wichtig ist nur die Einschränkung auf (8). So ergibt sich schließlich wieder der

Satz 3. *Jede in einem Gebiet (vom Ringtypus um 0)*

$$0\leqq r_1<|w(x)|<r_2\leqq 1$$

holomorphe Funktion mit der Umlaufsrelation

$$f(x e^{2\pi i})=e^{2\pi i\nu}f(x)\qquad (\nu \text{ nicht ganz})$$

läßt sich eindeutig in eine in kompakten Teilmengen absolut gleichmäßig konvergente Reihe

$$f(x)=\sum_{n=-\infty}^{+\infty} c_n J_{\nu+n}\big((\nu+n)\,x\big)$$

entwickeln. Die Koeffizienten sind

$$c_n=\frac{1}{2\pi i}\,\frac{\pi(\nu+n)}{\sin\pi(\nu+n)}\oint f(x)\,J_{-\nu-n}\big((\nu+n)\,x\big)\,\frac{1-x^2}{x}\,dx.$$

Als Anwendung leiten wir zunächst die Entwicklung von $(x/2)^\nu$ her. Man rechnet dazu für $m=0,\,1,\,2,\,\ldots$

$$c_{2m}=\frac{1}{2\pi i}\,\frac{\pi(\nu+2m)}{\sin\pi\nu}\oint\left(\frac{x}{2}\right)^\nu J_{-\nu-2m}\big((\nu+2m)\,x\big)\,\frac{1-x^2}{x}\,dx$$

$$=(\nu+2m)^{-\nu+1}\,\frac{\pi}{\sin\pi\nu}\,\frac{1}{2\pi i}\oint\left(\frac{\xi}{2}\right)^\nu J_{-\nu-2m}(\xi)\,\frac{1}{\xi}\,d\xi-$$

$$-4(\nu+2m)^{-\nu-1}\,\frac{\pi}{\sin\pi\nu}\,\frac{1}{2\pi i}\oint\left(\frac{\xi}{2}\right)^{\nu+2} J_{-\nu-2m}(\xi)\,\frac{1}{\xi}\,d\xi$$

$$=\frac{\Gamma(\nu+m)}{m!\,(\nu+2m)^{\nu-1}}-4\,\frac{\Gamma(\nu+m+1)\,m}{m!\,(\nu+2m)^{\nu+1}}=\frac{\nu^2\,\Gamma(\nu+m)}{(\nu+2m)^{\nu+1}\,m!}\,.$$

So steht da:

$$\left(\frac{x}{2}\right)^\nu=\nu^2\sum_{m=0}^{\infty}\frac{\Gamma(\nu+m)}{(\nu+2m)^{\nu+1}\,m!}\,J_{\nu+2m}\big((\nu+2m)\,x\big),\qquad(12)$$

natürlich für $0<|w(x)|<1$. Wesentlich allgemeiner ist das Analogon zu **8.21.**, (3), das man auch leicht im Anschluß an die Herleitung dieser Entwicklung beweist:

$$\left.\begin{aligned}\left(\frac{x}{2}\right)^{\lambda-\mu-\nu}(1-x^2)^{-1}J_\mu(\alpha x)\,J_\nu(\beta x)&=\sum_{m=0}^{\infty}\frac{\alpha^\mu\beta^\nu(\lambda+2m)^{1-\lambda}\Gamma(\lambda+m)}{\Gamma(\mu+1)\,\Gamma(\nu+1)\,m!}\times\\ &\times F_4(-m,\lambda+m;\mu+1,\nu+1;\alpha_m^2,\beta_m^2)\,J_{\lambda+2m}\big((\lambda+2m)\,x\big),\\ \alpha_m&=\alpha(\lambda+2m)^{-1},\qquad \beta_m=\beta(\lambda+2m)^{-1}.\end{aligned}\right\}\quad(13)$$

Zahlreiche speziellere Entwicklungen lassen sich hieraus herleiten.

Von besonderem Interesse ist wieder die Entwicklung

$$\frac{x^\nu}{t-x} = \sum_{n=0}^\infty \mathfrak{A}_{n,\nu}(t) J_{\nu+n}\big((\nu+n)\,x\big), \tag{14}$$

die für

$$0 < |w(x)| < \min\big(1, |w(t)|\big)$$

gilt, mit

$$\mathfrak{A}_{n,\nu}(t) = \frac{1}{2\pi i}\;\frac{\pi(\nu+n)}{\sin\pi(\nu+n)}\oint \frac{x^\nu J_{-\nu-n}\big((\nu+n)\,x\big)}{t-x}\;\frac{1-x^2}{x}\,dx. \tag{15}$$

Wir erhalten wie in **8.21.** sofort

$$\mathfrak{A}_{n,\nu}(t) = \frac{\pi(\nu+n)}{\sin\pi(\nu+n)}\,Ph\big\{t^{\nu-1}(1-t^2) J_{-\nu-n}\big((\nu+n)t\big)\big\}. \tag{16}$$

Der Vergleich mit **8.21.**, (5) zeigt damit leicht

$$\mathfrak{A}_{n,\nu}(t) = (\nu+n)^{-\nu+1} A_{n,\nu}\big((\nu+n)t\big) - (\nu+n)^{-\nu-1} A_{n-2,\nu+2}\big((\nu+n)t\big) \tag{17}$$

bzw. mit **8.21.**, (6) die explizite Darstellung

$$\mathfrak{A}_{n,\nu}(t) = \frac{1}{2}\sum_{m=0}^{\leq\frac{1}{2}n} \frac{(\nu+n-2m)^2\,\Gamma(\nu+n-m)}{\left(\frac{\nu+n}{2}\right)^{\nu+n-2m+1}\,m!\,t^{n-2m+1}}. \tag{18}$$

Beachtet man

$$Ph\left\{(1-t^2)\sum_{n=-m}^\infty a_n t^n\right\} = (1-t^2)\,Ph\left\{\sum_{n=-m}^\infty a_n t^n\right\} + a_{-1}t + a_{-2},$$

so folgt mit (16) und **8.21.**, (5) noch

$$\left.\begin{aligned}
\mathfrak{A}_{n,\nu}(t) &= (\nu+n)^{1-\nu}(1-t^2) A_{n,\nu}\big((\nu+n)t\big) + \\
&\quad + \cos^2 n\,\frac{\pi}{2}\cdot 2^\nu (\nu+n)^{1-\nu}\,\frac{\Gamma\!\left(\nu+\frac{n}{2}\right)}{\Gamma\!\left(1+\frac{n}{2}\right)}\,t + \\
&\quad + \sin^2 n\,\frac{\pi}{2}\cdot 2^{\nu+1}(\nu+n)^{-\nu}\,\frac{\Gamma\!\left(\nu+\frac{1}{2}+\frac{n}{2}\right)}{\Gamma\!\left(\frac{1}{2}+\frac{n}{2}\right)}\,.
\end{aligned}\right\} \tag{19}$$

Auf die Notierung von Rekursionsformeln und Differentialgleichungen soll verzichtet werden. Sie sind mit (16) leicht zu erhalten.

Schließlich kann das Analogon zu **8.21.**, Satz 2 wie dort bewiesen werden:

Satz 4. *Ist* $g(x)$ *in* $|w(x)| < r \leq 1$ *holomorph, so kann* $g(x)$ *dort eindeutig in eine in kompakten Teilmengen absolut gleichmäßig konvergente Reihe*

$$g(x) = \sum_{n=0}^\infty c_n J_n(n\,x)$$

entwickelt werden. Die Koeffizienten sind

$$c_n = \frac{\varepsilon_n}{2\pi i} \oint g(x)\,\mathfrak{O}_n(x)\,dx$$

$$(\varepsilon_0 = 1,\ \varepsilon_1 = \varepsilon_2 = \cdots = 2)$$

mit

$$\mathfrak{O}_0(x) = \frac{1}{x}$$

und

$$\mathfrak{O}_n(x) = (-1)^n \frac{n}{2}\, Ph\left\{\frac{1-x^2}{x}\,\frac{\partial}{\partial \nu}\left(\frac{nx}{2}\right)^{\nu} J_{-\nu-n}(nx)\big|_{\nu=0}\right\} \tag{20}$$
$$(n=1,2,3,\ldots).$$

Man erhält damit sofort auch den Zusammenhang dieser *Kapteynschen Polynome* mit den Neumannschen Funktionen und den Neumannschen Polynomen:

$$\mathfrak{O}_n(x) = -\frac{n\pi}{2}\, Ph\left\{\frac{1-x^2}{x}\, Y_n(nx)\right\}\ (n=1,2,3,\ldots), \tag{21}$$

$$\mathfrak{O}_n(x) = n(1-x^2)O_n(nx) + \sin^2 n\,\frac{\pi}{2} + \cos^2 n\,\frac{\pi}{2}\cdot x \tag{22}$$
$$(n=1,2,3,\ldots).$$

Ebenso gilt nun natürlich

$$\varepsilon_n \mathfrak{O}_n(x) = \lim_{\nu \to 0} \mathfrak{A}_{n,\nu}(x) \tag{23}$$

und — für $|w(x)| < \min(1, |w(t)|)$ —

$$\frac{1}{t-x} = \sum_{n=0}^{\infty} \varepsilon_n \mathfrak{O}_n(t)\, J_n(nx). \tag{24}$$

Weitere spezielle Entwicklungen gemäß Satz 4 entnimmt man aus (12) für $\nu = 1, 2, 3, \ldots$ bzw. (13) für $\lambda = 0, 1, 2, \ldots$, wobei in (13) noch spezialisiert werden kann, z.B. mit $\alpha \to 0,\ \beta \to 0$.

So erhält man unter anderem

$$\frac{1}{1-x} = 1 + 2\sum_{n=1}^{\infty} J_n(nx),$$
$$\frac{\frac{1}{2}x^2}{1-x^2} = \sum_{m=1}^{\infty} J_{2m}(2mx). \tag{25}$$

8.23. Entwicklungen nach den Funktionen $x^{\nu+n} J_{\nu+n}(x)$.

Bildet man mit einer Zylinderfunktion zum Index λ, $\mathfrak{Z}_\lambda(x)$, die Funktion

$$y(x) = x^\lambda \mathfrak{Z}_\lambda(x),$$

so genügt diese (vgl. **3.1.**, (5), (6)) der Differentialgleichung

$$(xy')' + xy - 2\lambda y' = 0. \tag{1}$$

Stets ist hier $x^\lambda J_{-\lambda}(x)$ eine Lösung, die eine ganze Funktion von x^2 ist. Setzt man daher

$$\nu \neq \text{ganz}$$

voraus und fordert für $y(x) \not\equiv 0$

$$y(x e^{\pi i}) = e^{2\pi i \nu} y(x), \tag{2}$$

so hat das Eigenwertproblem (1), (2) genau die Eigenwerte

$$\lambda_n = \nu + n \quad (n = \ldots, -1, 0, 1, \ldots)$$

und die zugehörigen, bis auf konstanten Faktor bestimmten, Eigenlösungen

$$y_n = x^{\nu+n} J_{\nu+n}(x).$$

Wir wollen nun auch hier die Theorie von **8.1.** anwenden. Dazu betrachten wir wie in **8.21.** einen Kreisring um 0

$$0 \leq r_1 < |x| < r_2 \leq \infty$$

und wählen $\mathfrak{U}$ bzw. $\mathfrak{U}^*$ als die Gesamtheit der dort holomorphen Funktionen mit

$$u(x e^{\pi i}) = e^{2\pi i \nu} u(x)$$

bzw.

$$v(x e^{\pi i}) = e^{-2\pi i \nu} v(x).$$

Für $u \in \mathfrak{U}$, $v \in \mathfrak{U}^*$ wird wieder

$$(u, v) = \frac{1}{\pi i} \int_{x_0}^{x_0 e^{\pi i}} u(x) v(x) \frac{1}{x}\, dx$$

gesetzt. Weiter wählen wir hier F und F^* als den Operator $-x \frac{d}{dx}\left(x \frac{d}{dx}\right)$, G und G^* als die Multiplikation mit x^2, H als $2x \frac{d}{dx}$ und nun natürlich H^* als $-2x \frac{d}{dx}$.

Dann ist **8.11.**, (1) erfüllt. **8.11.**, (4) ist gerade das Problem (1), (2), während **8.11.**, (2) die Vergleichsdifferentialgleichung

$$(x y')' - 2\lambda y' = 0 \tag{3}$$

ergibt, die mit (2) die gleichen Eigenwerte und die Eigenlösungen $x^{2\nu+2n}$ gibt.

(5) und (3) entsprechen offenbar den Differentialgleichungen

$$(x y')' + x y + 2\lambda y' = 0 \tag{4}$$

bzw.

$$(x y')' + 2\lambda y' = 0 \tag{5}$$

und der Forderung

$$y(x e^{\pi i}) = e^{-2\pi i \nu} y(x) \not\equiv 0. \tag{6}$$

Dies liefert natürlich die gleichen Eigenwerte

$$\lambda_n = \nu + n \quad (n = \ldots, -1, 0, 1, \ldots),$$

nur jetzt mit den Eigenlösungen

$$x^{-\nu-n} J_{-\nu-n}(x)$$

bzw.

$$x^{-2\nu-2n}.$$

Damit ist die Wahl der x_n, x_n^*, y_n, y_n^* in **8.11.**, (2) bis (7) klar. Die dortige Formel (7) entspricht dabei

$$\frac{1}{\pi i} \int\limits_{x_0}^{x_0 e^{\pi i}} \left(x^{\nu+n} J_{\nu+n}(x) \right)' x^{-\nu-m} J_{-\nu-m}(x) \, dx = \delta_{nm} \frac{2}{\pi} \sin \pi (\nu + n). \tag{7}$$

Wir bemerken dabei, daß mit Benutzung der Adjungiertheit von H, H^* bzw. der Rekursionsformeln der Zylinderfunktionen die linke Seite auch

$$= \frac{1}{\pi i} \int\limits_{x_0}^{x_0 e^{\pi i}} x^{\nu+n} J_{\nu+n-1}(x) \, x^{-\nu-m} J_{-\nu-m}(x) \, dx$$

$$= - \frac{1}{\pi i} \int\limits_{x_0}^{x_0 e^{\pi i}} x^{\nu+n} J_{\nu+n}(x) \left(x^{-\nu-m} J_{-\nu-m}(x) \right)' dx$$

$$= - \frac{1}{\pi i} \int\limits_{x_0}^{x_0 e^{\pi i}} x^{\nu+n} J_{\nu+n}(x) \, x^{-\nu-m} J_{-\nu-m-1}(x) \, dx$$

geschrieben werden kann.

Für **8.11.**, (8) hat man

$$x^2 \, x^{-2\nu-2n} = \mu_{n1} \varphi(x) \left(-2x \frac{d}{dx} \right) x^{-2\nu-2n}$$

zu betrachten, was mit

$$\varphi(x) = x^2, \qquad \mu_{n1} = \frac{1}{4(\nu+n)}$$

erfüllt ist. **8.11.**, (8) ist also mit $G_1 = G$, $G_k = O$ $(k = 2, 3, 4, \ldots)$,

$$\mu_{n1} = [4(\nu+n)]^{-1}$$

gegeben.

Die Bestätigung aller weiteren Voraussetzungen geschieht nun wieder voll analog zu **8.21.** Nur wird jetzt **8.17.**, **B.** benutzt. So erhält man schließlich den

Satz 5. *Ist* $f(x)$ *in*

$$0 \leq r_1 < |x| < r_2 \leq \infty$$

holomorph und erfüllt die Umlaufsbedingung

$$f(x e^{\pi i}) = e^{2\pi i \nu} f(x) \qquad (\nu \neq \text{ganz}),$$

so ist $f(x)$ *dort eindeutig in eine in kompakten Teilmengen absolut gleichmäßig konvergente Reihe*

$$f(x) = \sum_{n=-\infty}^{+\infty} c_n x^{\nu+n} J_{\nu+n}(x)$$

entwickelbar. Die Koeffizienten sind

$$c_n = \frac{\pi}{2 \sin \pi(\nu+n)} \; \frac{1}{2\pi i} \oint f'(x) \, x^{-\nu-n} J_{-\nu-n}(x) \, dx$$

$$= \frac{-\pi}{2 \sin \pi(\nu+n)} \; \frac{1}{2\pi i} \oint f(x) \, x^{-\nu-n} J_{-\nu-n-1}(x) \, dx.$$

An diesen Satz kann man natürlich wie in **8.21.**, **8.22.** weiterführende Überlegungen anknüpfen bzw. die Notierung spezieller Entwicklungen anschließen. Wir begnügen uns damit, einen zweiten Beweis des Multiplikationstheorems der Bessel-Funktion (vgl. **7.2.**, (38)) aufzuschreiben.

Dazu entwickeln wir also gemäß Satz 5 $x^\nu J_\nu(\lambda x)$ mit

$$c_n = \frac{-\pi}{2 \sin \pi(\nu+n)} \; \frac{1}{2\pi i} \oint J_\nu(\lambda x) J_{-\nu-n-1}(x) \, x^{-n} \, dx.$$

Hier benötigt man offenbar den Koeffizienten von x^{n-1} in

$$J_\nu(\lambda x) J_{-\nu-n-1}(x).$$

Er wird auf Grund der Potenzreihen der Bessel-Funktionen zu

$$\lambda^\nu 2^{-n+1} (-1)^n \sum_{p+q=n} \frac{\lambda^{2p}}{p! \, q! \, \Gamma(\nu+p+1) \, \Gamma(-\nu-n+q)} \cdot$$

Dabei ist nun

$$\frac{1}{\Gamma(\nu+p+1) \, \Gamma(-\nu-n+q)} = -\frac{\sin \pi(\nu+p)}{\pi},$$

so daß nach Multiplikation mit

$$-\frac{\pi}{2 \sin \pi(\nu+n)}$$

entsteht

$$c_n = \frac{\lambda^\nu 2^{-n}}{n!} \sum_{p=0}^{n} \binom{n}{p} (-1)^p \lambda^{2p},$$

also schließlich

$$J_\nu(\lambda x) = \lambda^\nu \sum_{n=0}^\infty \frac{1}{n!} \left[\frac{1-\lambda^2}{2} x\right]^n J_{\nu+n}(x). \qquad (8)$$

Hieraus kann man natürlich mit $\lambda \to 0$ die Entwicklung von $x^{2\nu}$ gemäß Satz 5 entnehmen.

8.24. Entwicklungen nach den Funktionen $J_{\nu+n}(x)\, J_{\mu+n}(x)$. (Neumannsche Reihen zweiter Art.)

8.241. Zur Gewinnung der Differentialgleichungen.

a) Wir führen die folgenden Überlegungen zum Zwecke anderer späterer Anwendungen etwas allgemeiner durch. Dabei kürzen wir mit fester holomorpher Funktion $b(x)$ und beliebiger holomorpher Funktion $f(x)$ für $k = 0, 1, 2, \ldots$ stets ab:

$$\left(b(x)\,\frac{d}{dx}\right)^k f(x) = f^{[k]}(x). \qquad (1)$$

Gegeben seien nun mit holomorphen $a_j(x)$, $y_j(x)$ zwei Differentialgleichungen

$$y_j^{[2]}(x) = a_j(x)\, y_j(x) \qquad (j = 1, 2). \qquad (2)$$

Gesucht werde die Differentialgleichung für alle Produkte

$$w(x) = y_1(x)\, y_2(x). \qquad (3)$$

Dazu wird man berechnen

$$w = y_1 y_2,$$
$$w^{[1]} = y_1^{[1]} y_2 + y_1 y_2^{[1]},$$

weiter mit Hilfe von (2)

$$w^{[2]} = (a_1 + a_2)\, y_1 y_2 + 2\, y_1^{[1]} y_2^{[1]},$$
$$w^{[3]} = (a_1 + a_2)^{[1]} y_1 y_2 + (a_1 + 3 a_2)\, y_1^{[1]} y_2 + (a_2 + 3 a_1)\, y_1 y_2^{[1]},$$

und schließlich

$$w^{[4]} = \left[(a_1 + a_2)^{[2]} + (a_1 + a_2)^2 + 4 a_1 a_2\right] y_1 y_2 + 2\,(a_1 + 2 a_2)^{[1]} y_1^{[1]} y_2 +$$
$$+ 2\,(a_2 + 2 a_1)^{[1]} y_1 y_2^{[1]} + 4\,(a_1 + a_2)\, y_1^{[1]} y_2^{[1]}.$$

Für

$$a_1 = a_2 = a \qquad (4)$$

liest man sofort ab

$$w^{[3]} = 4\, a\, w^{[1]} + 2\, a^{[1]} w. \qquad (5)$$

Wir betrachten daneben nun nur noch den Fall, daß $a_1(x) - a_2(x)$ konstant, jedoch $\neq 0$ ist:

$$a_1 \neq a_2, \qquad a_1^{[1]} = a_2^{[1]} = a^{[1]}. \qquad (6)$$

Man berechnet z. B. zunächst die Determinante

$$\begin{vmatrix} 2a^{[1]} & a_1+a_2 & 0 & 1 \\ a_1+3a_2 & 0 & 1 & 0 \\ a_2+3a_1 & 0 & 1 & 0 \\ 0 & 2 & 0 & 0 \end{vmatrix} = 4(a_2-a_1).$$

Danach existieren eindeutig $\alpha_1,\ \alpha_2,\ \alpha_3,\ \alpha_4$ mit

$$w^{[4]} = \alpha_1 w^{[3]} + \alpha_2 w^{[2]} + \alpha_3 w^{[1]} + \alpha_4 w.$$

Sie werden mit Hilfe der sog. Cramerschen Regel erhalten:

$$\alpha_1 = \frac{1}{4(a_2-a_1)} \begin{vmatrix} 2a^{[2]}+(a_1+a_2)^2+4a_1a_2 & a_1+a_2 & 0 & 1 \\ 6a^{[1]} & 0 & 1 & 0 \\ 6a^{[1]} & 0 & 1 & 0 \\ 4(a_1+a_2) & 2 & 0 & 0 \end{vmatrix} = 0,$$

$$\alpha_2 = \frac{1}{4(a_2-a_1)} \begin{vmatrix} 2a^{[1]} & 2a^{[2]}+(a_1+a_2)^2+4a_1a_2 & 0 & 1 \\ a_1+3a_2 & 6a^{[1]} & 1 & 0 \\ a_2+3a_1 & 6a^{[1]} & 1 & 0 \\ 0 & 4(a_1+a_2) & 0 & 0 \end{vmatrix} = 2(a_1+a_2),$$

$$\alpha_3 = \frac{1}{4(a_2-a_1)} \begin{vmatrix} \cdot & \cdot & \cdot & 1 \\ a_1+3a_2 & 0 & 6a^{[1]} & 0 \\ a_2+3a_1 & 0 & 6a^{[1]} & 0 \\ \cdot & 2 & \cdot & 0 \end{vmatrix} = 6a^{[1]},$$

$$\alpha_4 = \frac{1}{4(a_2-a_1)} \begin{vmatrix} 2a^{[1]} & a_1+a_2 & 0 & 2a^{[2]}+(a_1+a_2)^2+4a_1a_2 \\ a_1+3a_2 & 0 & 1 & 6a^{[1]} \\ a_2+3a_1 & 0 & 1 & 6a^{[1]} \\ 0 & 2 & 0 & 4(a_1+a_2) \end{vmatrix}$$

$$= \frac{1}{4(a_2-a_1)} \begin{vmatrix} \cdot & \cdot & \cdot & 2a^{[2]}-(a_1-a_2)^2 \\ a_1+3a_2 & 0 & 1 & 0 \\ a_2+3a_1 & 0 & 1 & 0 \\ 0 & 2 & 0 & 0 \end{vmatrix} = 2a^{[2]}-(a_1-a_2)^2.$$

So hat man hier die Differentialgleichung

$$w^{[4]} = 2(a_1+a_2)w^{[2]} + 6a^{[1]}w^{[1]} + [2a^{[2]}-(a_1-a_2)^2]w. \tag{7}$$

b) Sei der lineare Differentialoperator L durch

$$Lu = \sum_{k=0}^{n} f_k(x)u^{[k]}(x) \tag{8}$$

gegeben, wobei $f_k(x)$ holomorphe Funktionen sind. Dann wird mit L^* der eindeutig bestimmte Differentialoperator der Ordnung n bezeichnet, für den

$$L u \cdot v - u \cdot L^* v = [L(u, v)]^{[1]} \qquad (9)$$

gilt, wo $L(u, v)$ in u, v bilinear ist und nur Ableitungen der Ordnung $\leq n - 1$ enthält. Es ist

$$L^* v = \sum_{k=0}^{n} (-1)^k \left(f_k(x)\, v(x)\right)^{[k]}. \qquad (10)$$

Speziell gelten die Zuordnungen folgender Tabelle

Lu	fu	$fu^{[1]}$	$(fu^{[1]})^{[1]}$	$u^{[3]}$	$u^{[4]}$
L^*v	fv	$-(fv)^{[1]}$	$(fv^{[1]})^{[1]}$	$-v^{[3]}$	$v^{[4]}$

Es gilt ferner

$$L^{**} = L, \qquad (L_1 + L_2)^* = L_1^* + L_2^*, \qquad (L_1 L_2)^* = L_2^* L_1^*.$$

Die Differentialoperatoren L, L^* heißen zueinander „adjungiert", entsprechend auch die Differentialgleichungen $Lw = 0$ und $L^* z = 0$.

Wir schreiben nun (5) in der Form

$$w^{[3]} = 2 \left[a w^{[1]} + (a w)^{[1]} \right] \qquad (5')$$

und erhalten nach dem Vorangehenden als dazu adjungiert:

$$- z^{[3]} = - 2 \left[(a z)^{[1]} + a z^{[1]} \right]. \qquad (5^*)$$

Das ist bis auf das allen Gliedern gemeinsame andere Vorzeichen wieder (5) bzw. (5').

Zur Gewinnung der adjungierten Differentialgleichung zu (7) schreiben wir diese in der Form

$$w^{[4]} = \left[(a_1 + a_2) w^{[1]} + ((a_1 + a_2) w)^{[1]} \right]^{[1]} - (a_1 - a_2)^2 w. \qquad (7')$$

Als adjungierte Differentialgleichung entsteht dann nach dem Vorangehenden sofort

$$z^{[4]} = \left((a_1 + a_2) z^{[1]} \right)^{[1]} + (a_1 + a_2) z^{[2]} - (a_1 - a_2)^2 z. \qquad (7^*)$$

Es interessiert nun die Gesamtheit der Lösungen von (7^*). Hier gilt offenbar der

Hilfssatz. *Ist z Lösung von (7^*), so $w = z^{[1]}$ Lösung von (7'). Ist umgekehrt w Lösung von (7'), so ist genau*

$$z = \frac{1}{(a_1 - a_2)^2} \left[- w^{[3]} + (a_1 + a_2) w^{[1]} + ((a_1 + a_2) w)^{[1]} \right] \qquad (*)$$

Lösung von (7^*) mit $z^{[1]} = w$.

Wir schreiben im folgenden (*) in der Form

$$z = S w. \tag{$\overset{*}{*}$}$$

Dies gibt also zusammen mit $z^{[1]} = w$ eine eineindeutige lineare Abbildung der Lösungsgesamtheiten von (7') und (7*) aufeinander.

c) Im speziellen, hier zu untersuchenden Falle der Differential-gleichung für alle Produkte $\mathfrak{Z}_{\nu_1}(x)\,\mathfrak{Z}_{\nu_2}(x)$ ist oben zu setzen

$$\begin{aligned} a_j(x) &= \nu_j^2 - x^2, & b(x) &= x, \\ a_j^{[1]} &= -2x^2, & a_j^{[2]} &= -4x^2. \end{aligned} \right\} \tag{11}$$

Im Falle $\nu_1 = \nu_2 = \nu$ wird damit (5) zu

$$w^{[3]} = 4(\nu^2 - x^2)\,w^{[1]} - 4x^2\,w. \tag{12}$$

Für $\nu_1 \neq \nu_2$ setzen wir

$$\begin{aligned} \tfrac{1}{2}(\nu_1 + \nu_2) &= \hat{\nu}, & \tfrac{1}{2}(\nu_1 - \nu_2) &= \alpha, \\ \nu_1 &= \hat{\nu} + \alpha, & \nu_2 &= \hat{\nu} - \alpha. \end{aligned} \right\} \tag{13}$$

Dann hat man

$$\nu_1^2 + \nu_2^2 = 2\hat{\nu}^2 + 2\alpha^2,$$

$$a_1 - a_2 = \nu_1^2 - \nu_2^2 = 4\hat{\nu}\alpha.$$

So wird (7) zu

$$w^{[4]} = 4(\hat{\nu}^2 + \alpha^2 - x^2)\,w^{[2]} - 12x^2 w^{[1]} - (8x^2 + 16\hat{\nu}^2\alpha^2)\,w. \tag{14}$$

8.242. Eigenwertprobleme für Produkte von Zylinderfunktionen.

a) Wir setzen zunächst in (12) $\hat{\nu}^2 = \lambda$, $w = y$ und erhalten

$$-y^{[3]} + 4\lambda y^{[1]} = 4x^2(y^{[1]} + y). \tag{15}$$

Wir nehmen nun

$$2\nu \neq \text{ganz}$$

an und fordern die Existenz von Lösungen $y(x) \not\equiv 0$ von (15) mit

$$y(x e^{\pi i}) = e^{2\pi i \nu} y(x). \tag{16}$$

Offenbar sind

$$\lambda = (\nu + n)^2 \quad (n = \ldots, -1, 0, 1, \ldots)$$

Eigenwerte und

$$y = J_{\nu+n}^2(x)$$

zugehörige Eigenlösungen.

Wir behaupten, daß dies sämtliche Eigenwerte und bis auf kon-stanten Faktor sämtliche Eigenlösungen sind. Dazu ist nämlich zu-nächst klar, daß zu $\lambda = (\nu + n)^2$ die Lösungen

$$J_{\nu+n}(x)J_{-\nu-n}(x), \quad J_{-\nu-n}^2(x)$$

von (15) und ihre Linearkombinationen (16) nicht erfüllen. Ist ferner $\lambda = \hat{\nu}^2$ mit nicht ganzem $\hat{\nu} \neq \pm (\nu + n)$, so zeigen die Umlaufseigenschaften von

$$J_{\hat{\nu}}^2(x), \quad J_{-\hat{\nu}}^2(x), \quad J_{\hat{\nu}}(x) J_{-\hat{\nu}}(x),$$

daß keine nicht-triviale Lösung (16) erfüllt. Ist schließlich $\lambda = m^2$ mit $m = 0, 1, 2, \ldots$, so sieht man, daß keine nicht-triviale Linearkombination von

$$J_m^2(x), \quad J_m(x) Y_m(x), \quad Y_m^2(x)$$

(16) erfüllt.

b) Wir knüpfen jetzt an (13), (14) an. Wir setzen in (14) $\hat{\nu}^2 = \lambda$ und $w = y$ und erhalten

$$-(y^{[4]} - 4\alpha^2 y^{[2]}) + 4\lambda(y^{[2]} - 4\alpha^2 y) = 4 x^2 y^{[2]} + 12 x^2 y^{[1]} + 8 x^2 y. \quad (17)$$

Wir nehmen jetzt die drei Zahlen

$$\nu + \mu, \nu, \mu \text{ nicht ganz}, \quad \nu \neq \mu$$

an und fordern neben

$$4\alpha^2 = (\nu - \mu)^2$$

für eine Lösung $y(x) \not\equiv 0$ von (17)

$$y(x e^{\pi i}) = e^{\pi i (\nu + \mu)} y(x). \quad (18)$$

Hier sind offenbar

$$\lambda = \tfrac{1}{4}(\nu + \mu + 2n)^2$$

Eigenwerte und

$$y = J_{\nu + n}(x) J_{\mu + n}(x)$$

zugehörige Eigenlösungen.

Wieder sind dies sämtliche Eigenwerte und bis auf konstanten Faktor alle Eigenlösungen. Denn zunächst zeigen die Umlaufseigenschaften von

$$J_{\nu + n}(x) J_{-\mu - n}(x), \quad J_{-\nu - n}(x) J_{\mu + n}(x), \quad J_{-\nu - n}(x) J_{-\mu - n}(x),$$

daß zu den genannten Eigenwerten keine von den angegebenen linear unabhängigen Eigenlösungen vorhanden sind. Entsprechend zeigt man, daß zu anderen λ keine Eigenlösungen existieren. Ist z. B.

$$\lambda \neq \tfrac{1}{4}(\nu + \mu + 2n)^2, \quad \lambda = \tfrac{1}{4}(\nu_1 + \nu_2)^2,$$

$$\alpha^2 = \tfrac{1}{4}(\nu_1 - \nu_2)^2, \quad \nu_1, \nu_2 \text{ nicht ganz},$$

so erfüllt keine nicht-triviale Linearkombination von

$$J_{\nu_1}(x) J_{\nu_2}(x), \quad J_{-\nu_1}(x) J_{\nu_2}(x), \quad J_{\nu_1}(x) J_{-\nu_2}(x), \quad J_{-\nu_1}(x) J_{-\nu_2}(x)$$

die Forderung (18). Analoges gilt, falls ν_1 oder bzw. und ν_2 ganz sind.

Wir betrachten jetzt ebenso das adjungierte Eigenwertproblem mit der aus (7*) entspringenden Differentialgleichung

$$-(y^{*\,[4]}-4\alpha^2 y^{*\,[2]})+4\lambda(y^{*\,[2]}-4\alpha^2 y^*) \left. \right\} \\ =4(x^2 y^*)^{[2]}-12(x^2 y^*)^{[1]}+8x^2 y^* \right\} \tag{19}$$

und der Bedingung

$$y^*(x e^{\pi i})=e^{-\pi i(\nu+\mu)}y^*(x). \tag{20}$$

Wir erhalten nach dem oben Gesagten die gleichen Eigenwerte

$$\lambda=\tfrac{1}{4}(\nu+\mu+2n)^2$$

mit den Eigenlösungen

$$y^*=S J_{-\nu-n}(x) J_{-\mu-n}(x).$$

Denn für eine Lösung

$$y(x)=\sum_{\substack{m=-\infty \\ \varkappa+m\neq 0}}^{+\infty} a_m x^{\varkappa+m}$$

von (17) ist hier offenbar

$$y^*(x)=S y(x)=\sum_{\substack{m=-\infty \\ \varkappa+m\neq 0}}^{+\infty} a_m \frac{1}{\varkappa+m} x^{\varkappa+m}$$

die zugeordnete Lösung von (19). Einander derart zugeordnete Lösungen y, y^* von (17) und (19) haben also gleiches Umlaufsverhalten um 0.

8.243. Zürückführung auf 8.1. Wir nehmen im folgenden, wie eben,

$$\nu+\mu,\nu,\mu \text{ nicht ganz}$$

an. Ferner sollen zunächst ν, μ verschieden sein. Wir wollen dann auf (17), (18) die Überlegungen von **8.1.** anwenden.

Dabei wird man zunächst wieder einen Kreisring

$$0\leq r_1<|x|<r_2\leq\infty$$

betrachten und $\mathfrak{U}$ bzw. $\mathfrak{U}^*$ als die Gesamtheit der dort holomorphen Funktionen mit den Umlaufsbedingungen

$$u(x e^{\pi i})=e^{\pi i(\nu+\mu)}u(x)$$

bzw.

$$v(x e^{\pi i})=e^{-\pi i(\nu+\mu)}v(x)$$

wählen. Wie in **8.21.** ist

$$(u,v)=\frac{1}{\pi i}\int_{x_0}^{x_0 e^{\pi i}} u(x)v(x)\,\frac{1}{x}\,dx=\frac{1}{2\pi i}\oint u(x)v(x)\,\frac{1}{x}\,dx.$$

Entsprechend (17), (19) werden mit $\alpha = \frac{1}{2}(\nu - \mu)$

$$Fu = -u^{[4]} + 4\alpha^2 u^{[2]}, \quad F^*v = -v^{[4]} + 4\alpha^2 v^{[2]},$$

$$Hu = 4u^{[2]} - 16\alpha^2 u, \quad H^*v = 4v^{[2]} - 16\alpha^2 v,$$

$$Gu = 4x^2 u^{[2]} + 12 x^2 u^{[1]} + 8 x^2 u,$$

$$G^*v = 4(x^2 v)^{[2]} - 12 (x^2 v)^{[1]} + 8 x^2 v.$$

Damit sind die entsprechenden Gleichungen **8.11.**, (1) erfüllt. Mit

$$\lambda_n = \tfrac{1}{4}(\nu + \mu + 2n)^2,$$

$$x_n = x^{\nu + \mu + 2n}, \quad x_n^* = x^{-\nu - \mu - 2n},$$

$$y_n = 2^{\nu + \mu + 2n} \Gamma(\nu + n + 1)\, \Gamma(\mu + n + 1)\, J_{\nu + n}(x)\, J_{\mu + n}(x),$$

$$y_n^* = 2^{-\nu - \mu - 2n} \Gamma(-\nu - n + 1)\, \Gamma(-\mu - n + 1)\, (-\nu - \mu - 2n)\ \times$$
$$\times\ S J_{-\nu - n}(x)\, J_{-\mu - n}(x)$$

bestehen dann die Gleichungen **8.11.**, (2) bis (5). Auch (6) und (7) lassen sich sofort bestätigen. Wir notieren (7) mit der Abkürzung

$$Df = f^{[1]}(x)$$

in der Form

$$\left.\begin{array}{l} \dfrac{1}{2\pi i} \oint J_{\nu + n}(x)\, J_{\mu + n}(x)\, \{[-D + (\nu - \mu)^2 S]\, J_{-\nu - m}(x)\, J_{-\mu - m}(x)\}\, \dfrac{1}{x}\, dx \\[2mm] \quad = \delta_{nm}\, \dfrac{4}{\pi^2}\, \dfrac{\sin \pi\nu \cdot \sin \pi\mu}{\nu + \mu + 2n}. \end{array}\right\} \quad (21)$$

(Hier kann man offenbar auch $\mu = \nu$ zulassen und hat dann die entsprechende Relation für das Problem (15), (16).)

Wir kommen nun zur Gewinnung von **8.11.**, (8). Dazu rechnet man

$$G^* x_n^* = \{4(\nu + \mu + 2n - 2)^2 + 12(\nu + \mu + 2n - 2) + 8\}\, x^{-\nu - \mu - 2n + 2},$$

$$H^* x_n^* = \{4(\nu + \mu + 2n)^2 - 16\alpha^2\}\, x^{-\nu - \mu - 2n}.$$

Danach gilt **8.11.**, (8) mit $G_k = 0$ ($k = 2, 3, 4, \ldots$),

$$G_1 u = x^2 u(x), \quad G_1^* v = x^2 v(x),$$

$$\mu_{n1} = \frac{(\nu + \mu + 2n - 2)^2 + 3(\nu + \mu + 2n - 2) + 2}{4(\nu + n)(\mu + n)}.$$

Diese μ_{n1} sind offenbar beschränkt. Man kann sich daher bezüglich der λ_n und μ_{nk} wieder auf **8.17.**, **A.** stützen.

Normen in $\mathfrak{U}$ sowie **8.11.**, (9), (10), (11) erhält man wie in **8.21.**

Ganz analog zu **8.21.** zeigt man, gestützt auf **8.16.**, auch die Eigenschaften von $z_0(\lambda)$, $z_1(\lambda)$ in **8.11.**:

$w_1(x), w_2(x), w_3(x), w_4(x)$ sei ein Fundamentalsystem von Lösungen von (17). Für $f \in \mathfrak{U}$, sei $w_5(x)$ die Lösung von

$$- (y^{[4]} - 4\alpha^2 y^{[2]}) + 4\lambda (y^{[2]} - 4\alpha^2 y) = 4 x^2 y^{[2]} + 12 x^2 y^{[1]} + 8 x^2 y + f$$

mit

$$w_5(x_0) = w_5'(x_0) = w_5''(x_0) = w_5'''(x_0) = 0.$$

Die allgemeine Lösung von (22) ist dann

$$y(x) = w_5(x) + \sum_{\varkappa=1}^{4} \beta_\varkappa w_\varkappa(x).$$

Nun ist (18) — wegen $f \in \mathfrak{U}$ — äquivalent zu

$$y(x_0 e^{\pi i}) = e^{\pi i (\nu + \mu)} y(x_0), \qquad - y'(x_0 e^{\pi i}) = e^{\pi i (\nu + \mu)} y'(x_0),$$

$$y''(x_0 e^{\pi i}) = e^{\pi i (\nu + \mu)} y''(x_0), \qquad - y'''(x_0 e^{\pi i}) = e^{\pi i (\nu + \mu)} y'''(x_0).$$

Wir erhalten also für die $\beta_\varkappa$ die vier linearen Gleichungen

$$- w_5(x_0 e^{\pi i}) = \sum_{\varkappa=1}^{4} \beta_\varkappa \big(w_\varkappa(x_0 e^{\pi i}) - e^{\pi i (\nu + \mu)} w_\varkappa(x_0) \big),$$

$$- w_5'(x_0 e^{\pi i}) = \sum_{\varkappa=1}^{4} \beta_\varkappa \big(w_\varkappa'(x_0 e^{\pi i}) + e^{\pi i (\nu + \mu)} w_\varkappa'(x_0) \big),$$

$$- w_5''(x_0 e^{\pi i}) = \sum_{\varkappa=1}^{4} \beta_\varkappa \big(w_\varkappa''(x_0 e^{\pi i}) - e^{\pi i (\nu + \mu)} w_\varkappa''(x_0) \big),$$

$$- w_5'''(x_0 e^{\pi i}) = \sum_{\varkappa=1}^{4} \beta_\varkappa \big(w_\varkappa'''(x_0 e^{\pi i}) + e^{\pi i (\nu + \mu)} w_\varkappa'''(x_0) \big).$$

Eindeutige Lösbarkeit und holomorphe Abhängigkeit der Lösungen für $\lambda \neq \lambda_n$ erhält man so wie in **8.21.**

Daß man für $\lambda = \lambda_n$ einfache Pole hat, folgt wie dort, indem man für λ in der Umgebung von $\lambda_n = \frac{1}{4}(\nu + \mu + 2n)^2$ setzt

$$\lambda = \tfrac{1}{4}(\nu' + \mu')^2, \quad 2\alpha = \nu' - \mu' = \nu - \mu,$$

dann sind in geeigneter Umgebung von λ_n auch $\nu' \approx \nu + n$, $\mu' \approx \mu + n$ und $\nu' + \mu'$ nicht ganz. Man kann so als $w_\varkappa(x)$ ($\varkappa = 1, 2, 3, 4$) der Reihe nach

$$J_{\nu'}(x) J_{\mu'}(x), \quad J_{\nu'}(x) J_{-\mu'}(x), \quad J_{-\nu'}(x) J_{\mu'}(x), \quad J_{-\nu'}(x) J_{-\mu'}(x)$$

wählen. Die Determinante des obigen linearen Gleichungssystems wird dann gleich der — für $\lambda \approx \lambda_n$ von 0 verschiedenen — Wronskischen Determinante unseres Fundamentalsystems in x_0, multipliziert mit den Faktoren

$$\big(e^{\pi i (\nu' + \mu')} - e^{\pi i (\nu + \mu)} \big) \big(e^{-\pi i (\nu' + \mu')} - e^{\pi i (\nu + \mu)} \big) \big(e^{2\pi i \alpha} - e^{\pi i (\nu + \mu)} \big) \big(e^{-2\pi i \alpha} - e^{\pi i (\nu + \mu)} \big).$$

Die beiden letzten Faktoren sind von λ unabhängig und von 0 verschieden. Die beiden ersten zusammen zeigen, daß man für $\lambda = \lambda_n$ genau eine einfache Nullstelle hat. Damit aber hat man wieder entsprechende einfache Pole für $z_1(\lambda)$.

Alle weiteren Schlüsse und Verabredungen entsprechen nun fast wörtlich **8.21**.

So hat man schließlich den

Satz 6. *Es seien die Zahlen*

$$\nu, \mu, \nu + \mu$$

nicht ganz. Ist dann $f(x)$ in

$$0 \leq r_1 < |x| < r_2 \leq \infty$$

holomorph und erfüllt die Umlaufsbedingung

$$f(x e^{\pi i}) = e^{\pi i(\nu + \mu)} f(x),$$

so ist $f(x)$ dort eindeutig in eine in kompakten Teilmengen absolut gleichmäßig konvergente Reihe

$$f(x) = \sum_{n=-\infty}^{+\infty} c_n J_{\nu+n}(x) J_{\mu+n}(x)$$

entwickelbar. Die Koeffizienten sind

$$c_n = \frac{\pi^2}{4} \frac{\nu + \mu + 2n}{\sin \pi\nu \cdot \sin \pi\mu} \frac{1}{2\pi i} \oint f(x) \{ [-D + (\nu-\mu)^2 S] J_{-\nu-n}(x) J_{-\mu-n}(x) \} \frac{dx}{x}.$$

Dies ist oben zunächst für $\nu \neq \mu$ bewiesen worden. Der Satz gilt jedoch auch für $\nu = \mu$. Nur wird man sich zum Beweise in diesem Falle auf das einfachere Problem (15), (16) stützen.

Zur Erläuterung der Koeffizientenformel vermerken wir noch einmal, daß

$$Dg = x g'(x)$$

bedeutet und für Funktionen

$$h(x) = \sum_{\substack{n=-\infty \\ \varkappa+n \neq 0}}^{+\infty} a_n x^{\varkappa+n}$$

der Operator S die durch

$$Sh = \sum_{\substack{n=-\infty \\ \varkappa+n \neq 0}}^{+\infty} a_n \frac{1}{\varkappa + n} x^{\varkappa+n}$$

gegebene Umkehrung von D ist.

Als Anwendung bestimmen wir die Entwicklung der Funktion

$$f(x) = \frac{\left(\dfrac{x}{2}\right)^{\nu+\mu}}{\Gamma(\nu+1)\,\Gamma(\mu+1)}.$$

Es wird hier

$$c_n = \frac{\pi^2(\nu+\mu-2n)}{4\sin\pi\nu\cdot\sin\pi\mu}\,\frac{1}{2\pi i}\oint\left\{[D-(\nu-\mu)^2 S]\,\frac{\left(\frac{x}{2}\right)^{\nu+\mu}}{\Gamma(\nu+1)\,\Gamma(\mu+1)}\right\}\times$$

$$\times\,J_{-\nu-n}(x)\,J_{-\mu-n}(x)\,\frac{1}{x}\,dx$$

$$=\frac{\pi^2(\nu+\mu+2n)}{4\sin\pi\nu\cdot\sin\pi\mu}\,\frac{4\nu\mu}{\nu+\mu}\,\frac{1}{\Gamma(\nu+1)\,\Gamma(\mu+1)}\,\gamma_{\nu,\mu,n}\,,$$

wo $\gamma_{\nu,\mu,n}$ der Koeffizient von $(x/2)^{-\nu-\mu}$ in der Potenzreihenentwicklung von $J_{-\nu-n}(x)\,J_{-\mu-n}(x)$ ist. Nun ist

$$J_{\nu_1}(x)\,J_{\nu_2}(x)=\sum_{m=0}^{\infty}\frac{(-1)^m\left(\frac{x}{2}\right)^{\nu_1+\nu_2+2m}\,\Gamma(\nu_1+\nu_2+2m+1)}{m!\,\Gamma(\nu_1+m+1)\,\Gamma(\nu_2+m+1)\,\Gamma(\nu_1+\nu_2+m+1)}\,,\tag{22}$$

wie man leicht aus **8.21.**, (2') mit Hilfe von **4.2.**, (5'') erkennt. Also hat man

$$\gamma_{\nu,\mu,n}=\frac{(-1)^n}{n!}\,\frac{\Gamma(-\nu-\mu+1)}{\Gamma(-\mu+1)\,\Gamma(-\nu+1)\,\Gamma(-\nu-\mu-n+1)}\,.$$

Mit Benutzung des Ergänzungssatzes der Γ-Funktion folgt so

$$c_n=\frac{\nu+\mu+2n}{\nu+\mu}\,\frac{(-1)^n}{n!}\,\frac{\Gamma(-\nu-\mu+1)}{\Gamma(-\nu-\mu-n+1)}=\frac{\nu+\mu+2n}{\nu+\mu}\,\frac{1}{n!}\,\frac{\Gamma(\nu+\mu+n)}{\Gamma(\nu+\mu)}$$

$$=\frac{\nu+\mu+2n}{\nu+\mu+n}\cdot\binom{\nu+\mu+n}{n}\,,$$

also

$$\frac{\left(\frac{x}{2}\right)^{\nu+\mu}}{\Gamma(\nu+1)\,\Gamma(\mu+1)}=\sum_{n=0}^{\infty}\frac{\nu+\mu+2n}{\nu+\mu+n}\binom{\nu+\mu+n}{n}J_{\nu+n}(x)\,J_{\mu+n}(x)\,.\tag{23}$$

Betrachtet man gemäß Satz 6 die Entwicklung einer Funktion

$$f(x)=x^{\nu+\mu}g(x)\,,$$

wo $g(x)$ in $|x|<r$ holomorph und gerade ist, in der Form

$$x^{\nu+\mu}g(x)=\sum_{n=0}^{\infty}c_n J_{\nu+n}(x)\,J_{\mu+n}(x)\,,$$

so erkennt man wie in **8.21.**, daß man hier nur die Einschränkungen benötigt, daß ν,μ und $\nu+\mu$ nicht negativ-ganz sind. In den Koeffizientenformeln sind dabei die entsprechenden Grenzübergänge vorzunehmen, falls $\nu=0,1,2,\ldots$ oder bzw. und $\mu=0,1,2,\ldots$ gewählt werden.

So enthält z.B. die schon im wesentlichen von GEGENBAUER (1877) gegebene Entwicklung (23) eine Reihe einfacherer Spezialfälle, wie etwa

$$1=J_0^2(x)+2\sum_{n=1}^{\infty}J_n^2(x)$$

bzw.

$$\frac{x}{2} = \sum_{n=0}^{\infty} (2n+1)\, J_n(x)\, J_{n+1}(x)$$

oder

$$\frac{x}{\pi} = \sum_{n=0}^{\infty} (n+\tfrac{1}{2})\, J_{n+\frac{1}{2}}^2(x)\,.$$

Im folgenden geben wir noch — allgemeiner als (23) — die Entwicklung von

$$\left(\frac{x}{2}\right)^{\nu+\mu-\lambda} J_\lambda(\alpha x)\,.$$

Man hat

$$c_n = \frac{\pi^2(\nu+\mu+2n)}{4\sin\pi\nu\cdot\sin\pi\mu}\,\frac{1}{2\pi i}\oint\left\{[D-(\nu-\mu)^2 S]\left(\frac{x}{2}\right)^{\nu+\mu-\lambda} J_\lambda(\alpha x)\right\}\times$$

$$\times J_{-\nu-n}(x)\, J_{-\mu-n}(x)\,\frac{dx}{x}\,.$$

Dazu wird

$$[D-(\nu-\mu)^2 S]\left(\frac{x}{2}\right)^{\nu+\mu-\lambda} J_\lambda(\alpha x)=\alpha^\lambda\left(\frac{x}{2}\right)^{\nu+\mu}\sum_{k=0}^{\infty}\frac{\left(-\dfrac{\alpha^2 x^2}{4}\right)^k 4\,(\nu+k)\,(\mu+k)}{\Gamma(\lambda+k+1)\,k!\,(\nu+\mu+2k)}$$

und wegen (22)

$$J_{-\nu-n}(x)\, J_{-\mu-n}(x)=\left(\frac{x}{2}\right)^{-\nu-\mu-2n}\times$$

$$\times\sum_{m=0}^{\infty}\frac{\left(-\dfrac{x^2}{4}\right)^m \Gamma(-\nu-\mu-2n+2m+1)}{m!\,\Gamma(-\mu-n+m+1)\,\Gamma(-\nu-n+m+1)\,\Gamma(-\nu-\mu-2n+m+1)}\,.$$

Für c_n benötigt man $k+m=n$, hat also

$$c_n=\alpha^\lambda\,\frac{\pi^2(\nu+\mu+2n)}{\sin\pi\nu\cdot\sin\pi\mu}\,(-1)^{n+1}\times$$

$$\times\sum_{k=0}^{n}\frac{\Gamma(-\nu-\mu-2k)\,\alpha^{2k}\,\dfrac{1}{k!}\,\dfrac{1}{(n-k)!}}{\Gamma(\lambda+k+1)\,\Gamma(-\nu-k)\,\Gamma(-\mu-k)\,\Gamma(-\nu-\mu-n-k+1)}\,.$$

Mit Hilfe des Ergänzungssatzes der Γ-Funktion rechnet man um zu

$$c_n=\alpha^\lambda\,\frac{\Gamma(\nu+1)\,\Gamma(\mu+1)\,(\nu+\mu+2n)}{\Gamma(\lambda+1)\,n!}\sum_{k=0}^{n}\frac{(-n)_k\,(\nu+1)_k\,(\mu+1)_k\,\Gamma(\nu+\mu+n+k)\,\alpha^{2k}}{k!\,(\lambda+1)_k\,\Gamma(\nu+\mu+2k+1)}$$

$$=\alpha^\lambda\,\frac{\Gamma(\nu+1)\,\Gamma(\mu+1)}{\Gamma(\lambda+1)}\,\frac{\nu+\mu+2n}{\nu+\mu+n}\binom{\nu+\mu+n}{n}\times$$

$$\times\sum_{k=0}^{n}\frac{(-n)_k\,(\nu+1)_k\,(\mu+1)_k\,(\nu+\mu+n)_k}{(\lambda+1)_k\left(\dfrac{\nu}{2}+\dfrac{\mu}{2}+\dfrac{1}{2}\right)_k\left(\dfrac{\nu}{2}+\dfrac{\mu}{2}+1\right)_k\,k!}\left(\frac{\alpha^2}{4}\right)^k$$

$$=\alpha^\lambda\,\frac{\Gamma(\nu+1)\,\Gamma(\mu+1)}{\Gamma(\lambda+1)}\,\frac{\nu+\mu+2n}{\nu+\mu+n}\binom{\nu+\mu+n}{n}\times$$

$$\times\,_4F_3\left(-n,\nu+1,\mu+1,\nu+\mu+n;\lambda+1,\frac{\nu}{2}+\frac{\mu}{2}+\frac{1}{2},\frac{\nu}{2}+\frac{\mu}{2}+1;\frac{\alpha^2}{4}\right).$$

So ist bewiesen

$$\left(\frac{x}{2}\right)^{\nu+\mu-\lambda} J_\lambda(\alpha x)\, \frac{\Gamma(\lambda+1)}{\alpha^\lambda \Gamma(\nu+1)\Gamma(\mu+1)} = \sum_{n=0}^{\infty} \frac{\nu+\mu+2n}{\nu+\mu+n}\binom{\nu+\mu+n}{n} \times$$
$$\times {}_4F_3\left(-n,\nu+1,\mu+1,\nu+\mu+n;\lambda+1,\frac{\nu}{2}+\frac{\mu}{2}+\frac{1}{2},\frac{\nu}{2}+\frac{\mu}{2}+1;\frac{\alpha^2}{4}\right)\times$$
$$\times J_{\nu+n}(x) J_{\mu+n}(x). \tag{24}$$

Hier wird man unter anderem beachten, daß für

$$\nu=\mu=\lambda$$

sich

$${}_4F_3(-n,\cdots) = \frac{\Gamma(2\nu)\,n!}{\Gamma(2\nu+n)}\, C_n^\nu\left(1-\frac{\alpha^2}{2}\right)$$

reduziert (vgl. **5.9.**, (3)), so daß damit

$$\left(\frac{x}{2}\right)^\nu J_\nu(2x\sin\varphi) = 2^\nu \sin^\nu\varphi\, \Gamma(\nu) \sum_{n=0}^{\infty} (\nu+n)\, C_n^\nu(\cos 2\varphi)\, J_{\nu+n}^2(x) \tag{25}$$

entsteht[1].

Von historischem Interesse ist wieder die von GEGENBAUER (1877) betrachtete Entwicklung

$$\frac{x^{\nu+\mu}}{t-x} = \sum_{n=0}^{\infty} B_{n;\nu,\mu}(t)\, J_{\nu+\frac{1}{2}n}(x)\, J_{\mu+\frac{1}{2}n}(x) \qquad (|x|<|t|). \tag{26}$$

Man erhält mit Satz 6 leicht (analog zu **8.21.**, (5))

$$B_{n;\nu,\mu}(t) = \frac{\pi^2}{4}\, \frac{\nu+\mu+n}{\sin\pi\left(\nu+\frac{n}{2}\right)\sin\pi\left(\mu+\frac{n}{2}\right)} \times$$
$$\times \mathrm{Ph}\left\{t^{\nu+\mu-1}\left(-D+(\nu-\mu)^2 S\right) J_{-\nu-\frac{n}{2}}(t)\, J_{-\mu-\frac{n}{2}}(t)\right\} \tag{27}$$

und so mit **8.21.**, (2') nach kleiner Umrechnung explizit

$$B_{n;\nu,\mu}(t) = \frac{2^{\nu+\mu+n}\,(\nu+\mu+n)}{t^{n+1}} \times$$
$$\times \sum_{m=0}^{\le\frac{1}{2}n} \frac{\Gamma\left(\nu+\frac{n}{2}-m+1\right)\Gamma\left(\mu+\frac{n}{2}-m+1\right)\Gamma(\nu+\mu+n-m)}{m!\,\Gamma(\nu+\mu+n-2m+1)}\left(\frac{t}{2}\right)^{2m}. \tag{28}$$

In (26) darf $\nu=\mu=0$ gesetzt werden, wie oben schon gesagt wurde. Ersetzt man dann noch t durch $-t$ und subtrahiert, so entsteht

$$\frac{1}{t^2-x^2} = \sum_{n=0}^{\infty} \varepsilon_n \Omega_n(t)\, J_n^2(x) \tag{29}$$

---

[1] Eine interessante Relation ergibt (25) zusammen mit der Orthogonaleigenschaft der Gegenbauerschen Polynome, **5.9.**, (7).

mit

$$\varepsilon_n t \Omega_n(t) = B_{2n;0,0}(t). \tag{30}$$

Die entsprechenden Formeln hat schon NEUMANN (1869) gegeben.

Auf die naheliegende Gewinnung von Rekursionsformeln und Differentialgleichungen für die $B_{2n;\nu,\mu}(t)$ bzw. $\Omega_n(t)$ soll wieder verzichtet werden.

8.3. Reihen nach Whittakerschen Funktionen

8.31. Entwicklungen nach den Funktionen $M_{\varkappa,\mu+n}(x)$. Im Anschluß an **6.8.** wird man die Entwickelbarkeit analytischer Funktionen $f(x)$, die in einem Kreisring um 0 die Umlaufseigenschaft

$$f(x e^{2\pi i}) = e^{2\pi i(\mu+\frac{1}{2})} f(x)$$

haben, für den Fall

$$2\mu \neq \text{ganz}$$

in Reihen der Form

$$f(x) = \sum_{n=-\infty}^{+\infty} c_n M_{\varkappa,\mu+n}(x)$$

erwarten. Der entsprechende Satz ergibt sich völlig nach dem Vorbilde von **8.21.** Es soll daher hier auf eine Darstellung der Zurückführung auf die Theorie von **8.1.** verzichtet werden.

So notieren wir sofort

Satz 1. *Sei 2μ nicht ganz. Jede in einem Kreisring*

$$0 \leq r_1 < |x| < r_2 \leq \infty$$

holomorphe Funktion $f(x)$ mit der Umlaufseigenschaft

$$f(x e^{2\pi i}) = e^{2\pi i(\mu+\frac{1}{2})} f(x)$$

läßt sich dort eindeutig in eine Reihe

$$f(x) = \sum_{n=-\infty}^{+\infty} c_n M_{\varkappa,\mu+n}(x)$$

entwickeln, die in jeder kompakten Teilmenge absolut gleichmäßig konvergiert. Die Koeffizienten sind

$$c_n = \frac{1}{2\pi i} \oint f(x) M_{\varkappa,-\mu-n}(x) \frac{1}{x^2} dx.$$

Speziell entwickeln wir zunächst $x^{\mu+\frac{1}{2}} e^{\frac{1}{2}x}$. Wegen **6.2.**, (16) hat man hier sofort für $n \geq 0$

$$c_n = \frac{1}{2\pi i} \oint x^{\mu+\frac{1}{2}} e^{\frac{1}{2}x} M_{\varkappa,-\mu-n}(x) \frac{1}{x^2} dx$$

$$= \frac{(-\mu-n-\varkappa+\frac{1}{2})_n}{(1-2\mu-2n)_n\, n!} = \frac{(\frac{1}{2}+\mu+\varkappa)_n}{(2\mu+n)_n\, n!},$$

also wegen $c_n = 0$ für $n < 0$

$$x^{\mu+\frac{1}{2}} e^{\frac{1}{2}x} = \sum_{n=0}^{\infty} \frac{(\frac{1}{2}+\mu+\varkappa)_n}{(2\mu+n)_n \, n!} \, M_{\varkappa,\mu+n}(x). \tag{1}$$

Zur Entwicklung von $x^{\mu+\frac{1}{2}}$ berechnet man zunächst aus **6.2.**, (16) durch Ausmultiplizieren der Potenzreihen

$$M_{\varkappa,\mu}(x) = x^{\mu+\frac{1}{2}} \sum_{n=0}^{\infty} \left(-\frac{1}{2}\right)^n {}_2F_1\left(-n, \mu-\varkappa+\frac{1}{2}; 2\mu+1; 2\right) \frac{x^n}{n!}. \tag{2}$$

Damit wird für $n \geq 0$

$$\frac{1}{2\pi i} \oint x^{\mu+\frac{1}{2}} M_{\varkappa,-\mu-n}(x) \frac{1}{x^2} \, dx$$

$$= \left(-\frac{1}{2}\right)^n {}_2F_1\left(-n, -\mu-n-\varkappa+\frac{1}{2}; 1-2\mu-2n; 2\right) \frac{1}{n!}.$$

So hat man

$$\left.\begin{aligned} x^{\mu+\frac{1}{2}} &= \sum_{n=0}^{\infty} \left(-\frac{1}{2}\right)^n \frac{1}{n!} \times \\ &\times {}_2F_1\left(-n, -\mu-n-\varkappa+\frac{1}{2}; 1-2\mu-2n; 2\right) M_{\varkappa,\mu+n}(x). \end{aligned}\right\} \tag{3}$$

Für

$$\frac{x^{\mu+\frac{1}{2}}}{t-x} = \sum_{n=0}^{\infty} A_{\varkappa,\mu+n,n}(t) M_{\varkappa,\mu+n}(x) \qquad (|x| < |t|) \tag{4}$$

wird natürlich wieder

$$A_{\varkappa,\mu+n,n}(t) = \mathrm{Ph}\left\{t^{\mu-\frac{1}{2}} M_{\varkappa,-\mu-n}(t)\right\}, \tag{5}$$

also wegen (2) explizit

$$\left.\begin{aligned} &A_{\varkappa,\mu+n,n}(t) \\ &:= t^{-n-1} \sum_{s=0}^{n} {}_2F_1\left(-s, -\mu-n-\varkappa+\frac{1}{2}; 1-2\mu-2n; 2\right) \frac{\left(-\frac{t}{2}\right)^s}{s!}. \end{aligned}\right\} \tag{6}$$

(2), (4), (6) finden sich schon bei ERDELYI (1936), allerdings durch Reihenumordnung bewiesen. Dort wird ferner die aus (4) mit Hilfe der Integralformel von CAUCHY entstehende Teilaussage von Satz 1 hergeleitet.

Wir notieren abschließend noch eine allgemeinere mit Satz 1 durch leichte Rechnung zu bestätigende Entwicklung:

$$\left.\begin{aligned} x^{\mu-\nu} e^{(1+\alpha)\frac{x}{2}} M_{\varrho,\nu}(\alpha x) &= \sum_{n=0}^{\infty} \frac{\alpha^{\nu+\frac{1}{2}} (\frac{1}{2}+\mu+\varkappa)_n}{n! \, (2\mu+n)_n} \times \\ &\times {}_3F_2\left(-n, 2\mu+n, \nu-\varrho+\frac{1}{2}; 2\nu+1, \mu+\varkappa+\frac{1}{2}; -\alpha\right) M_{\varkappa,\mu+n}(x). \end{aligned}\right\} \tag{7}$$

In ihr sind einige interessante Spezialfälle enthalten.

Auf die Diskussion der Folgerungen für ganzes 2μ soll hier verzichtet werden.

8.32. Entwicklungen nach Produkten Whittakerscher Funktionen. Weitgehend analog zu den Überlegungen von **8.24.** können auch Entwicklungen nach Produkten Whittakerscher M-Funktionen behandelt werden.

Zweckmäßig geht man davon aus, daß

$$y(x) = x^{-\frac{1}{2}} M_{\varkappa,\mu}(x) \tag{1}$$

der Differentialgleichung

$$y^{[2]} = (\mu^2 + \tfrac{1}{4}x^2 - \varkappa x)\,y \tag{2}$$

genügt, wobei wie in **8.24.**

$$f^{[k]}(x) = \left(x\,\frac{d}{dx}\right)^k f(x)$$

abgekürzt ist.

Auf (2) können dann die Resultate von **8.241., a.** und **b.** angewendet werden. Man setzt dazu

$$a_j = \mu_j^2 + \tfrac{1}{4}x^2 - \varkappa x, \quad b = x, \quad a_j^{[1]} = a^{[1]} = \frac{x^2}{2} - \varkappa x, \quad a^{[2]} = x^2 - \varkappa x. \tag{3}$$

So erhält man für

$$w = x^{-1} M^2_{\varkappa,\hat{\mu}}(x)$$

die Differentialgleichung

$$w^{[3]} = 4(\hat{\mu}^2 + \tfrac{1}{4}x^2 - \varkappa x)\,w^{[1]} + (x^2 - 2\varkappa x)\,w. \tag{4}$$

Im Falle $\mu_1 \neq \mu_2$ soll wieder

$$\tfrac{1}{2}(\mu_1 + \mu_2) = \hat{\mu}, \quad \tfrac{1}{2}(\mu_1 - \mu_2) = \alpha; \quad \mu_1 = \hat{\mu} + \alpha, \quad \mu_2 = \hat{\mu} - \alpha \tag{5}$$

gesetzt werden, was

$$\mu_1^2 + \mu_2^2 = 2\hat{\mu}^2 + 2\alpha^2, \quad a_1 - a_2 = \mu_1^2 - \mu_2^2 = 4\hat{\mu}\alpha \tag{6}$$

nach sich zieht. Damit entsteht für

$$w(x) = x^{-1} M_{\varkappa,\mu_1}(x)\,M_{\varkappa,\mu_2}(x)$$

die Differentialgleichung

$$\left.\begin{aligned} w^{[4]} &= 4\left(\hat{\mu}^2 + \alpha^2 + \tfrac{1}{4}x^2 - \varkappa x\right)w^{[2]} + \\ &\quad + 6\left(\frac{x^2}{2} - \varkappa x\right)w^{[1]} + \left[2(x^2 - \varkappa x) - 16\hat{\mu}^2\alpha^2\right]w. \end{aligned}\right\} \tag{7}$$

Ersetzt man in (4) und (7) nun $\hat{\mu}^2$ durch λ, so kann man wie in **8.242.** Eigenwertprobleme betrachten. Für (4) fordert man

$$4\mu \neq \text{ganz}$$

und

$$w(x e^{2\pi i}) = e^{4\pi i\mu} w(x) \not\equiv 0. \tag{8}$$

Man erhält genau die Eigenwerte

$$\lambda = (\mu + \tfrac{1}{2}n)^2 \qquad (n \text{ ganz}) \tag{9}$$

mit den (bis auf konstanten Faktor bestimmten) Eigenlösungen

$$x^{-1} M^2_{\varkappa,\mu+\frac{1}{2}n}(x). \tag{10}$$

Für (7) fordert man

$$\nu \neq \mu;\ 2\nu,\ 2\mu,\ 2(\nu+\mu) \quad \text{nicht ganz}$$

mit

$$4\alpha^2 = (\nu-\mu)^2$$

und fordert

$$w(x\,e^{2\pi i}) = e^{2\pi i(\nu+\mu)} w(x) \not\equiv 0. \tag{11}$$

Dann sind die Eigenwerte genau

$$\lambda = \tfrac{1}{4}(\nu+\mu+n)^2, \tag{12}$$

und zwar mit den (bis auf konstanten Faktor bestimmten) Eigenlösungen

$$x^{-1} M_{\varkappa,\nu+\frac{1}{2}n}(x)\, M_{\varkappa,\mu+\frac{1}{2}n}(x). \tag{13}$$

Damit nun verläuft die Zurückführung auf **8.1.** nebst der Diskussion des adjungierten Eigenwertproblems ganz analog zu **8.243.** Als zusammenfassendes Resultat notieren wir

Satz 2. *Es seien die Zahlen*

$$2\nu,\ 2\mu,\ 2(\nu+\mu)$$

nicht ganz. Ist dann $f(x)$ in

$$0 \leqq r_1 < |x| < r_2 \leqq \infty$$

holomorph und erfüllt die Umlaufsbedingung

$$f(x\,e^{2\pi i}) = e^{2\pi i(\nu+\mu)} f(x),$$

so ist $f(x)$ dort eindeutig in eine in kompakten Teilmengen absolut gleichmäßig konvergente Reihe

$$f(x) = \sum_{n=-\infty}^{+\infty} c_n M_{\varkappa,\nu+\frac{1}{2}n}(x)\, M_{\varkappa,\mu+\frac{1}{2}n}(x) \tag{14}$$

entwickelbar. Die Koeffizienten sind

$$\left.\begin{array}{l} c_n = \dfrac{\nu+\mu+n}{4(\nu+\frac{1}{2}n)(\mu+\frac{1}{2}n)}\,\dfrac{1}{2\pi i} \times \\[2mm] \qquad \times \oint f(x)\{[-D+(\nu-\mu)^2 S]\,x^{-1} M_{\varkappa,-\nu-\frac{1}{2}n}(x)\, M_{\varkappa,-\mu-\frac{1}{2}n}(x)\}\dfrac{dx}{x^2}. \end{array}\right\} \tag{15}$$

Natürlich gelten damit auch die Biorthogonalitätsrelationen

$$\frac{1}{2\pi i} \oint \left\{ [D-(\nu-\mu)^2 S]\, x^{-1} M_{\varkappa,\,\nu+\frac{1}{2}n}(x)\, M_{\varkappa,\,\mu+\frac{1}{2}n}(x) \right\} \times \\ \times M_{\varkappa,\,-\nu-\frac{1}{2}m}(x)\, M_{\varkappa,\,-\mu-\frac{1}{2}m}(x)\, \frac{1}{x^2}\, dx = \delta_{nm}\, \frac{4\,(\nu+\frac{1}{2}n)\,(\mu+\frac{1}{2}n)}{\nu+\mu+n}\,. \tag{16}$$

In (15), (16) ist S wieder der in **8.24.** beschriebene inverse Operator zu $D=x\,\dfrac{d}{dx}$.

Als Anwendung unseres Satzes notieren wir nur für

$$f(x) = \frac{\nu+\mu}{\nu\cdot\mu}\, x^{\nu+\mu+1} \tag{17}$$

die Koeffizienten

$$\frac{\nu+\mu+n}{\left(\nu+\dfrac{n}{2}\right)\left(\mu+\dfrac{n}{2}\right)}\, \frac{\left(-\mu-\varkappa-\dfrac{n-1}{2}\right)_n}{(-2\mu-n+1)_n\, n!} \times \\ \times {}_3F_2\left(-n,\, -\nu+\varkappa-\frac{n-1}{2},\, 2\mu;\, -2\nu-n+1,\, \mu+\varkappa-\frac{n-1}{2};\, 1\right). \tag{18}$$

8.33. Entwicklungen nach den Funktionen

$$x^{\nu+n}\, \Phi(a+\nu+n,\, 1+\nu+n;\, x)$$

und

$$x^{\nu+n}\, \Phi(a,\, 1+\nu+n;\, x)\,.$$

Nach **6.1.**, (10) genügen die Funktionen

$$y = x^\lambda \Phi(a+\lambda,\, 1+\lambda;\, x) \tag{α}$$

der Differentialgleichung

$$x\,y'' + (1-\lambda-x)\,y' - a\,y = 0\,. \tag{β}$$

Setzt man die komplexe Zahl

$$\nu \neq \text{ganz}$$

voraus, so hat (β) mit der Forderung

$$y(x\,e^{2\pi i}) = e^{2\pi i\nu}\, y(x) \not\equiv 0$$

genau die Eigenwerte

$$\lambda_n = \nu+n \qquad (n = \ldots,\, -1,\, 0,\, 1,\, \ldots)$$

und bis auf konstanten Faktor die Eigenlösungen

$$y_n = x^{\nu+n}\, \Phi(a+\nu+n,\, 1+\nu+n;\, x)\,. \tag{γ}$$

Wegen der Kummerschen Transformation **6.1.**, (12) kann die Funktion (α) auch

$$y = x^\lambda e^x \Phi(1-a, 1+\lambda; -x) \tag{α'}$$

bzw. (γ) auch

$$y_n = x^{\nu+n} e^x \Phi(1-a, 1+\nu+n; -x) \tag{γ'}$$

geschrieben werden. So hängen also die im Titel dieses Abschnitts genannten Reihenentwicklungen sehr eng zusammen.

Wir schreiben im folgenden unsere Überlegungen für die Funktionen

$$y_n = x^{\nu+n} \Phi(a, 1+\nu+n; x) \tag{1}$$

auf, die sich für

$$\nu \neq \text{ganz}$$

als die — bis auf konstanten Faktor bestimmten — Eigenlösungen von

$$x y'' + (1-\lambda-x) y' - (a-\lambda) y = 0 \tag{2}$$

zu den (sämtlichen) Eigenwerten

$$\lambda_n = \nu + n \qquad (n = \dots, -1, 0, 1, \dots) \tag{3}$$

erweisen. (In (α), (β) ist einfach a durch $a-\lambda$ zu ersetzen.)

Der Entwicklungssatz fließt auch hier in gewohnter Weise aus **8.1.** Dazu schreiben wir mit Hilfe des Einheitsoperators E und von

$$D = x \frac{d}{dx} \tag{4}$$

(2) in der Form

$$(D^2 - xD) y + \lambda(-D + xE) y = a x y. \tag{2'}$$

Damit ist nun der Ansatz zur Anwendung von **8.1.** klar. Man wählt wieder $\mathfrak{U}$ bzw. $\mathfrak{U}^*$ als die Gesamtheit der in

$$0 \leq r_1 < |x| < r_2 \leq \infty$$

holomorphen Funktionen mit

$$u(x e^{2\pi i}) = e^{2\pi i \nu} u(x)$$

bzw.

$$v(x e^{2\pi i}) = e^{-2\pi i \nu} v(x)$$

und erklärt

$$(u, v) = \frac{1}{2\pi i} \oint u(x) v(x) \frac{1}{x} dx.$$

Dann ist zu setzen

$$Fu = (D^2 - xD) u, \qquad Hu = (-D + xE) u, \qquad Gu = a x u,$$

womit sich

$$F^* v = D^2 v + D(xv), \qquad H^* v = (D + xE) v, \qquad G^* v = a x v$$

ergeben. Als adjungierte Differentialgleichung entsteht so

$$x z'' + (1 + \lambda + x) z' + (1 + \lambda - a) z = 0. \tag{5}$$

Dies rechnet man mit

$$x = -\xi, \qquad z(x) = w(\xi)$$

leicht zu

$$\xi w'' + (1 + \lambda - \xi) w' - (1 + \lambda - a) w = 0 \tag{5'}$$

um. (5') entsteht aus (2) mit

$$\lambda \to -\lambda, \qquad a \to 1 - a.$$

Man erkennt so, daß (5) die Lösungen

$$z = x^{-\lambda} \Phi(1 - a, 1 - \lambda; -x)$$

und

$$z = \Phi(1 - a + \lambda, 1 + \lambda; -x)$$

hat.

Neben (1) wird man danach für **8.1.**

$$x_n = x^{\nu + n},$$

und nunmehr

$$y_n^* = \frac{-1}{\nu + n} x^{-\nu - n} \Phi(1 - a, 1 - \nu - n; -x)$$

setzen. Der Faktor ergibt sich aus

$$\left.\begin{array}{l} \dfrac{1}{2\pi i} \oint [(-D + xE) x^{\nu + n} \Phi(a, 1 + \nu + n; x)] \times \\[2mm] \qquad \times x^{-\nu - m} \Phi(1 - a, 1 - \nu - m; -x) \dfrac{dx}{x} = \delta_{nm} (-\nu - n), \end{array}\right\} \tag{6}$$

was **8.1.**, (7) entspricht. Speziell wird

$$x_n^* = \frac{-1}{\nu + n} x^{-\nu - n} \Phi(1, 1 - \nu - n; -x).$$

Dies kann leicht anders dargestellt werden. Man bestätigt nämlich sofort, daß

$$z = x^{-\lambda} \Phi(1, 1 - \lambda; -x) = \sum_{n=0}^{\infty} \frac{(-1)^n x^{n - \lambda}}{(1 - \lambda)_n}$$

der Differentialgleichung

$$z' + z = (-\lambda) x^{-\lambda - 1}$$

genügt, was

$$(D + xE) z = (-\lambda) x^{-\lambda} \tag{*}$$

entspricht. Damit — d.h. durch Integration dieser Differentialgleichung — stellt man nun leicht

$$x_n^* = e^{-x} S(e^x x^{-\nu - n})$$

dar, wo S wieder die Umkehrung von D als eineindeutige Abbildung von $\mathfrak{U}^*$ auf sich bedeutet. Übrigens ist mit Hilfe von (*) **8.1.**, (6) sofort zu bestätigen.

Für die Identifizierung mit **8.11.** verläuft nun alles wie gewohnt; nur die Definition der G_k, G_k^* und μ_{nk} für **8.11.**, (8), (9) ist hier erstmals nicht so trivial wie in sämtlichen vorangehenden Anwendungen von **8.1.** Man hat hier

$$G^* x_n^* = a\, x\, e^{-x} S(e^x x^{-\nu-n})$$

und

$$H^* x_n^* = x^{-\nu-n}.$$

So wird man G_k und G_k^* je als Multiplikation mit

$$\frac{a}{(k-1)!}\, e^{-x} x^k \qquad (k=1, 2, 3, \ldots)$$

und

$$\mu_{nk} = \frac{1}{k-\nu-n-1} \qquad (k=1, 2, 3, \ldots)$$

wählen, um **8.11.**, (8) und mit entsprechenden γ_k die dortige Abschätzung (9) zu erhalten.

Für **8.17.**, **B**, (61) kann man mit einer allein von ν abhängenden Konstanten β_1

$$\mu_h = \beta_1 k$$

wählen, wie eine kurze elementare Betrachtung zeigt. Mit Konstanten β_2 und ϱ_2, die von der Wahl des Kreisringes

$$0 \leqq r_1 < \varrho_1 \leqq |x| \leqq \varrho_2 < r_2 \leqq \infty$$

für die Norm in $\mathfrak{U}$ abhängen, wird ferner

$$\gamma_k = \beta_2 \cdot \frac{\varrho_2^k}{(k-1)!}$$

möglich. Damit ist **8.17.**, **B**, (62) evident; und alles Weitere verläuft nun in den gewohnten Bahnen.

Es gilt also

Satz 3 *Sei ν nicht ganz. Dann läßt sich jede Funktion $f(x)$, die für*

$$0 \leqq r_1 < |x| < r_2 \leqq \infty$$

holomorph ist und die Umlaufseigenschaft

$$f(xe^{2\pi i}) = e^{2\pi i\nu} f(x)$$

hat, eindeutig in eine in kompakten Teilgebieten absolut gleichmäßig konvergente Reihe

$$f(x) = \sum_{n=-\infty}^{+\infty} c_n\, x^{\nu+n}\, \Phi(a, 1+\nu+n; x) \tag{7}$$

entwickeln. Die Koeffizienten sind

$$c_n = \frac{-1}{2\pi i (v+n)} \oint f(x)[(D+xE) x^{-v-n} \Phi(1-a, 1-v-n; -x)] \frac{dx}{x} . \tag{8}$$

Mit Benutzung der Kummerschen Transformation können die Koeffizienten leicht zu

$$c_n = \frac{-1}{2\pi i (v+n)} \oint f(x) e^{-x}[D x^{-v-n} \Phi(a-v-n, 1-v-n; x)] \frac{dx}{x} \tag{8'}$$

umgeschrieben werden, dies wiederum ebenso einfach zu

$$c_n = \frac{1}{2\pi i} \oint f(x) e^{-x} x^{-v-n-1} \Phi(a-v-n, -v-n; x) \, dx . \tag{8''}$$

Damit erkennt man zugleich für die oben erstgenannte Entwicklung

$$g(x) = \sum_{n=-\infty}^{+\infty} d_n x^{v+n} \Phi(a+v+n, 1+v+n; x) \tag{9}$$

die Koeffizienten

$$d_n = \frac{1}{2\pi i} \oint g(x) x^{-v-n-1} \Phi(1-a-v-n, -v-n; -x) \, dx . \tag{10}$$

Zur Umrechnung ist nur in (7), (8'') $g(x) = f(x) e^{-x}$ zu setzen, die Kummersche Transformation anzuwenden und dann $1-a \to a$ nebst $-x \to x$ zu substituieren.

Einfachste Entwicklungen dieser Art folgen natürlich auch aus dem mit **7.1.**, (20) und **7.2.**, (37) gegebenen Multiplikationstheorem

$$\Phi(a+v, 1+v; \lambda x) = \sum_{n=0}^{\infty} \frac{(a+v)_n}{(1+v)_n} (\lambda-1)^n \frac{x^n}{n!} \Phi(a+v+n, 1+v+n; x). \tag{11}$$

8.4. Entwicklungen nach Kugelfunktionen

8.41. Entwicklungen nach den Funktionen $\widetilde{\mathfrak{Q}}_{v+n}^{\mu}(x)$. Sei $v+\frac{1}{2}$ keine ganze Zahl. Dann sind für die Legendresche Differentialgleichung

$$[(1-x^2) y'(x)]' + [\lambda - \mu^2(1-x^2)^{-1}] y(x) = 0 \tag{1}$$

mit der Umlaufseigenschaft (um die Strecke $[-1, 1]$)

$$y(x e^{\pi i}) = e^{-\pi i(v+1)} y(x) \not\equiv 0 \tag{2}$$

die Eigenwerte genau (vgl. **5.81.**)

$$\lambda_n = (v+2n)(v+2n+1) \qquad (n=\dots, -1, 0, 1, \dots) \tag{3}$$

und die Eigenlösungen — bis auf konstanten Faktor —

$$y_n(x) = \widetilde{\mathfrak{Q}}_{v+2n}^{\mu}(x) . \tag{4}$$

Die Differentialgleichung (1) ist selbstadjungiert und hat mit der adjungierten Umlaufseigenschaft

$$y^*(xe^{\pi i}) = e^{\pi i \nu} y^*(x) \not\equiv 0 \qquad (2^*)$$

genau die Eigenwerte (3) mit den … Eigenlösungen

$$y_n^*(x) = \widetilde{\mathfrak{Q}}^{\mu}_{-\nu-2n-1}(x). \qquad (4^*)$$

Zur Herleitung des entsprechenden Entwicklungssatzes wird man — angeregt z. B. durch **5.61.**, (5) — mit

$$z = x + (x^2-1)^{\frac{1}{2}}, \quad y(x) = (x^2-1)^{-\frac{1}{4}} w(z) \qquad (5)$$

umrechnen. Dabei wird, wenn wir außerhalb $[-1, 1]$

$$(x^2-1)^{\frac{1}{2}} = x\left(1 - \frac{1}{x^2}\right)^{\frac{1}{2}}$$

mit dem Hauptwert um ∞ eindeutig erklären, die x-Ebene ohne die Strecke $[-1, 1]$ eineindeutig auf $|z| > 1$ abgebildet. (1) wird mit (5) zu

$$-z\frac{d}{dz} z\frac{dw}{dz} + \left(\lambda + \frac{1}{4}\right) w = \left(\mu^2 - \frac{1}{4}\right)(1-x^2)^{-1} w. \qquad (6)$$

(6) mit den Bedingungen

$$w(ze^{\pi i}) = e^{-\pi i(\nu+\frac{1}{2})} w(z) \not\equiv 0 \qquad (7)$$

bzw.

$$w^*(ze^{\pi i}) = e^{\pi i(\nu+\frac{1}{2})} w^*(z) \not\equiv 0, \qquad (7^*)$$

die genau (2) und (2*) entsprechen, haben nun wieder genau die Form, die eine unmittelbare Anwendung von **8.1.** nahelegen bzw. gestatten. Es entsteht so

Satz 1. *Sei $\nu + \frac{1}{2}$ nicht ganz. Dann läßt sich jede in einem konfokalen Ellipsenring mit den Brennpunkten $+1$, -1, d.h. für*

$$1 \leqq r_1 < |x + (x^2-1)^{\frac{1}{2}}| < r_2 \leqq \infty$$

holomorphe Funktion $f(x)$ mit der Umlaufseigenschaft

$$f(xe^{2\pi i}) = e^{-2\pi i \nu} f(x)$$

dort eindeutig in eine Reihe

$$f(x) = \sum_{n=-\infty}^{+\infty}{}' c_n \widetilde{\mathfrak{Q}}^{\mu}_{\nu+n}(x)$$

entwickeln, die in jedem kompakten Teilgebiet absolut gleichmäßig konvergiert. Die Koeffizienten sind

$$c_n = \frac{2(\nu+n)+1}{\cos \pi(\nu+n)\cdot 2\pi i} \oint f(x) \widetilde{\mathfrak{Q}}^{\mu}_{-\nu-n-1}(x)\, dx.$$

Wir haben hier offenbar wieder die beiden auf den Halbumlauf bezogenen Sätze für v und für $v+1$ zusammengefaßt. Umgekehrt erkennt man an der Koeffizientenformel leicht $c_{2n+1}=0$ für $f(xe^{\pi i})=e^{-\pi i(v+1)}f(x)$, $c_{2n}=0$ für $f(xe^{\pi i})=e^{-\pi iv}f(x)$. Natürlich ist auch abzulesen, daß $c_n=0$ $(n<0)$ gilt, falls $f(x)=x^{-v-1}g(x)$ mit in ∞ holomorpher Funktion $g(x)$ bei $r_2=\infty$ ist.

Von besonderem Interesse ist der Fall $v=\mu$, wo wir also $\mu+\tfrac{1}{2}$ als nicht ganz voraussetzen. Es sind nämlich — vgl. **5.9.** — für $n=0, 1, 2, \ldots$ die Funktionen

$$(x^2-1)^{-\frac{\mu}{2}}\widetilde{\mathfrak{Q}}^{\mu}_{-\mu-n-1}(x)=F_{\mu,n}(x) \tag{8}$$

Polynome vom Grade n in x. Der Zusammenhang mit den Gegenbauerschen Polynomen ist mit

$$F_{\mu,n}(x)=\frac{2^{\mu}}{\sqrt{\pi}}\,\Gamma\!\left(\mu+\frac{1}{2}\right)\cos\,(\mu+n)\pi\,n!\,C_n^{\mu+\frac{1}{2}}(x) \tag{9}$$

gegeben. Für diese Polynome erhält man aus Satz 1 leicht

Satz 2. *Sei $\mu+\tfrac{1}{2}$ nicht ganz. Dann läßt sich jede im Innern einer Ellipse mit den Brennpunkten $+1, -1$ (eindeutig) holomorphe Funktion $f(x)$ in eine Reihe*

$$f(x)=\sum_{n=0}^{\infty}d_n C_n^{\mu+\frac{1}{2}}(x)$$

entwickeln, die in kompakten Teilgebieten absolut gleichmäßig konvergiert. Die Koeffizienten sind

$$d_n=\frac{2^{\mu}}{\sqrt{\pi}}\,\Gamma\!\left(\mu+\frac{1}{2}\right)\frac{2(\mu+n)+1}{2\pi i}\,n!\,\oint g(x)\,(x^2-1)^{\frac{\mu}{2}}\widetilde{\mathfrak{Q}}^{\mu}_{\mu+n}(x)\,dx.$$

Speziell für $\mu=0$ erhält man die Entwicklung nach Legendreschen Polynomen mit

$$C_n^{\frac{1}{2}}(x)=P_n(x)$$

und

$$d_n=\frac{2n+1}{2\pi i}\,\oint g(x)\,\mathfrak{Q}_n(x)\,dx.$$

Als Anwendung erhält man aus Satz 2 die für

$$1\le|x+(x^2-1)^{\frac{1}{2}}|<|t+(t^2-1)^{\frac{1}{2}}|$$

gültigen Entwicklungen

$$\frac{(t^2-1)^{-\frac{\mu}{2}}}{t-x}=\frac{2^{\mu}}{\sqrt{\pi}}\,\Gamma\!\left(\mu+\frac{1}{2}\right)\sum_{n=0}^{\infty}[2(\mu+n)+1]\,n!\,C_n^{\mu+\frac{1}{2}}(x)\,\widetilde{\mathfrak{Q}}^{\mu}_{\mu+n}(t) \tag{10}$$

und für $\mu=0$ (die schon von E. Heine (1851) gegebene)

$$\frac{1}{t-x}=\sum_{n=0}^{\infty}(2n+1)\,P_n(x)\,\mathfrak{Q}_n(t). \tag{11}$$

Als Reihen nach Satz 1 notieren wir

$$(x^2-1)^{\frac{\mu}{2}}\,x^{-\nu-\mu-1}=\frac{\mathrm{i}\pi\,2^{\nu}}{\cos\pi\nu}\sum_{n=0}^{\infty}\frac{2\nu+4n+1}{\Gamma(-\nu-n+\frac{1}{2})}\,\frac{\Gamma(-\nu-\mu)}{\Gamma(-\nu-\mu-2n)}\,\frac{1}{n!}\,\widetilde{\mathfrak{Q}}_{\nu+2n}^{\mu}(x)\quad(12)$$

und

$$\begin{aligned}(x^2-1)^{\frac{\mu-1}{2}}&\left(x+(x^2-1)^{\frac{1}{2}}\right)^{-\nu-\mu}\\ &=\frac{\mathrm{i}\pi\,2^{-\mu}}{\cos\pi\nu}\sum_{n=0}^{\infty}\frac{2\nu+4n+1}{\Gamma(-\nu-n+\frac{1}{2})}\,\frac{\Gamma(\frac{1}{2}-\mu+n)\,\Gamma(-\nu-n-\mu)}{\Gamma(\frac{1}{2}-\mu)\,\Gamma(-\nu-2n-\mu)}\,\frac{1}{n!}\,\widetilde{\mathfrak{Q}}_{\nu+2n}^{\mu}(x)\,.\end{aligned}\qquad\Bigg\}\,(13)$$

8.42. Entwicklungen nach den Funktionen $\mathfrak{P}_{\nu}^{-\mu-2n}(x)$. Entweder durch Umrechnung von $\widetilde{\mathfrak{Q}}$ auf $\mathfrak{P}$ im Anschluß an die Formeln **5.61.**, (5) und **5.62.**, (6) oder direkt wieder durch Zurückführung auf **8.1.** erhält man — vgl. auch **5.82.** —

Satz 3. Sei μ nicht ganz. Dann läßt sich jede in einem Ringgebiet

$$0\leqq r_1<\left|\frac{x-1}{x+1}\right|<r_2\leqq 1$$

holomorphe Funktion $f(x)$ mit der Umlaufseigenschaft

$$f\big(1+(x-1)e^{2\pi i}\big)=e^{\pi i\mu}f(x)$$

dort eindeutig in eine Reihe

$$f(x)=\sum_{n=-\infty}^{+\infty}c_n\,\mathfrak{P}_{\nu}^{-\mu-2n}(x)$$

entwickeln, die in kompakten Teilgebieten absolut gleichmäßig konvergiert.
Es sind

$$c_n=\frac{2\pi(\mu+2n)}{\sin\pi\mu}\,\frac{1}{2\pi i}\oint f(x)\,\mathfrak{P}_{\nu}^{\mu+2n}(x)\cdot\frac{dx}{x^2-1}\,.$$

Ist $f(x)=(x-1)^{\frac{\mu}{2}}g(x)$ und $g(x)$ für $\left|\frac{x-1}{x+1}\right|<r_2\leqq 1$ holomorph, d.h. also auch in $x=1$, so gilt natürlich $c_n=0$ $(n<0)$, und die Reihe ist dann auch um $+1$ absolut gleichmäßig konvergent.

Eine Reihe dieser Art ist die für $\mathfrak{Re}\,x>0$ gültige Entwicklung

$$\begin{aligned}2^{\nu}(x+1)^{-\nu-\frac{\mu}{2}}&(x-1)^{\frac{\mu}{2}}\\ &=\frac{\pi}{\sin\pi\mu}\sum_{n=0}^{\infty}\frac{\mu+2n}{\Gamma(1-\mu-n)}\,\frac{\Gamma(-\nu+n)}{\Gamma(-\nu)}\,\frac{\Gamma(-\nu-\mu-n)}{\Gamma(-\nu-\mu-2n)}\,\frac{1}{n!}\,\mathfrak{P}_{\nu}^{-\mu-2n}(x)\,.\end{aligned}\qquad\Bigg\}\,(14)$$

8.5. Entwicklungen nach hypergeometrischen Funktionen

8.51. Entwicklungen nach den Funktionen

$$x^{\nu+n}\,F(a+\nu+n,b+\nu+n;1+\nu+n;x)$$

bzw.

$$\left(\frac{x}{1-x}\right)^{\nu+n}F(a,b;1+\nu+n;x)\,.$$

Neben $F(a,b;1-\lambda;x)$ genügt — vgl. **4.1.**, insbesondere (4) —

$$y=x^{\lambda}F(a+\lambda,b+\lambda;1+\lambda;x)\qquad(1)$$

der hypergeometrischen Differentialgleichung

$$x(1-x)\,y''+[1-\lambda-(a+b+1)\,x]\,y'-ab\,y=0.\qquad(2)$$

Setzt man daher

$$\nu\ \neq\ \text{ganz}$$

voraus, so hat (2) mit der Umlaufsbedingung um 0

$$y(x\,e^{2\pi i})=e^{2\pi i\nu}\,y(x)\ \not\equiv 0\qquad(3)$$

genau die Eigenwerte

$$\lambda_n=\nu+n\qquad(n=\ldots,\ -1,\,0,\,1,\,\ldots)$$

und die bis auf konstanten Faktor bestimmten Eigenlösungen

$$y_n=x^{\nu+n}\,F(a+\nu+n,\,b+\nu+n;\,1+\nu+n;\,x).\qquad(4)$$

Wir beachten nun, daß mit **4.3.**, (7) die Funktion (1) auch

$$y=(1-x)^{1-a-b}\left(\frac{x}{1-x}\right)^{\lambda}F(1-a,\,1-b;\,1+\lambda;\,x)\qquad(1')$$

bzw. (4) auch

$$y_n=(1-x)^{1-a-b}\left(\frac{x}{1-x}\right)^{\nu+n}F(1-a,\,1-b;\,1+\nu+n;\,x)\qquad(4')$$

geschrieben werden kann. So hängen also die im Titel dieses Abschnitts genannten Reihen eng zusammen.

Zum Zwecke der Herleitung eines Entwicklungssatzes durch Anwendung von **8.1.** schreiben wir (2) in der Form

$$-[x(1-x)\,y']'+(a+b-1)\,(x\,y)'+\lambda\,y'=-(a-1)\,(b-1)\,y,\qquad(2')$$

die — nahegelegt durch (1') — **8.11.**, (4) entsprechen soll. Dann entsteht als adjungierte Differentialgleichung

$$-[x(1-x)\,z']'-(a+b-1)\,x\,z'-\lambda\,z'=-(a-1)\,(b-1)\,z\qquad(5')$$

bzw.

$$x(1-x)\,z''+[1+\lambda-(3-a-b)\,x]\,z'-(1-a)\,(1-b)\,z=0.\qquad(5)$$

Diese Differentialgleichung hängt offenbar mit (2) durch die Substitution

$$\lambda\to-\lambda,\qquad a\to 1-a,\qquad b\to 1-b$$

zusammen. (5) hat also als Lösungen die Funktionen

$$F(1-a,\,1-b;\,1-\lambda;\,x)$$

und

$$x^{-\lambda}F(1-a-\lambda,\,1-b-\lambda;\,1-\lambda;\,x)=(1-x)^{a+b-1}\left(\frac{x}{1-x}\right)^{-\lambda}F(a,b;\,1-\lambda;\,x).$$

Dementsprechend hat (5) mit der adjungierten Bedingung

$$z(x\,e^{2\pi i})=e^{-2\pi i\nu}\,z(x)\ \not\equiv 0\qquad(6)$$

wieder die Eigenwerte
$$\lambda_n = \nu + n$$
mit den ... Eigenlösungen

$$y_n^* = \frac{x^{-\nu-n}}{\nu+n}\, F(1-a-\nu-n,\, 1-b-\nu-n;\, 1-\nu-n;\, x) \qquad (7)$$

bzw.

$$y_n^* = \frac{(1-x)^{a+b-1}}{\nu+n} \cdot \left(\frac{x}{1-x}\right)^{-\nu-n} F(a,\, b;\, 1-\nu-n;\, x). \qquad (7')$$

Als Eigenlösungen der Vergleichsprobleme gemäß **8.11.**, (2) bis (5) erhält man $(a=1,\, b=a+b-1)$

$$\left.\begin{array}{l} x_n = (1-x)^{1-a-b}\left(\dfrac{x}{1-x}\right)^{\nu+n}, \\[2ex] x_n^* = \dfrac{x^{-\nu-n}}{\nu+n}\, F(-\nu-n,\, 2-a-b-\nu-n;\, 1-\nu-n;\, x). \end{array}\right\} \qquad (8)$$

Gemäß (7') kann auch

$$x_n^* = \frac{(1-x)^{a+b-1}}{\nu+n}\left(\frac{x}{1-x}\right)^{-\nu-n} F(1,\, a+b-1;\, 1-\nu-n;\, x) \qquad (8')$$

geschrieben werden. Natürlich rechnet man leicht nach, daß

$$\left.\begin{array}{l} -\dfrac{d}{dx}\, y_n^* = x^{-\nu-n-1}\, F(1-a-\nu-n,\, 1-b-\nu-n;\, -\nu-n;\, x) \\[2ex] -\dfrac{d}{dx}\, x_n^* = (1-x)^{a+b-3}\left(\dfrac{x}{1-x}\right)^{-\nu-n-1} \end{array}\right\} \qquad (9)$$

wird.

Zur Reduktion auf **8.1.** wird man nun $\mathfrak{U}$ bzw. $\mathfrak{U}^*$ als die in

$$0 \leqq r_1 < \left|\frac{x}{1-x}\right| < r_2 \leqq 1$$

holomorphen Funktionen mit

$$u(x e^{2\pi i}) = e^{2\pi i\nu} u(x)$$

bzw.

$$v(x e^{2\pi i}) = e^{-2\pi i\nu} v(x)$$

und

$$(u,\, v) = \frac{1}{2\pi i} \oint u(x)\, v(x)\, dx$$

wählen. F, G, H und ihre Adjungierten entnimmt man aus (2') und (5'). Die λ_n, x_n, x_n^*, y_n, y_n^* haben wir oben notiert. Damit sind die Voraussetzungen von **8.11.** erfüllt, wenn für die dortigen Formeln (8), (9) die G_k, G_k^*, γ_k, μ_{nk} noch entsprechend gegeben werden. Hierzu nun beachtet man

$$G^* x_n^* = -(a-1)(b-1)\frac{1}{\nu+n}\left(\frac{x}{1-x}\right)^{-\nu-n} \times$$

$$\times F\left(-\nu-n,\, a+b-1;\, 1-\nu-n;\, \frac{x}{1-x}\right),$$

was mit (8) und **4.3.**, (9) entsteht, und — vgl. (9) —

$$H^* x_n^* = (1-x)^{a+b-3}\left(\frac{x}{1-x}\right)^{-\nu-n-1}.$$

Das gibt für G_k und G_k^* ($k=1, 2, 3, \ldots$) die Multiplikation mit

$$(a-1)(b-1)(1-x)^{3-a-b}\frac{(a+b-1)_{k-1}}{(k-1)!}\cdot\left(\frac{x}{x-1}\right)^k$$

und

$$\mu_{nk} = \frac{1}{\nu+n+k-1}.$$

Mit einer allein von ν abhängenden Konstanten β_1 gilt dann wieder **8.17.**, **B**, (61) mit

$$\mu_k = \beta_1 k,$$

ganz wie in **8.33.** Mit Konstanten β_2, ϱ_2, die von der Wahl des abgeschlossenen Ringgebietes

$$0\leqq r_1 < \varrho_1 \leqq \left|\frac{x}{1-x}\right| \leqq \varrho_2 < r_2 \leqq 1$$

für die Norm in $\mathfrak{U}$ abhängen, wird ferner

$$\gamma_k = \beta_2 \frac{(a+b-1)_{k-1}}{(k-1)!}\varrho_2^k$$

möglich. Damit ist schließlich wieder **8.17.**, **B**, (62) evident; und so ist die Zurückführung auf **8.1.** voll gelungen.

Es gilt damit

Satz 1. *Sei ν nicht ganz. Dann läßt sich jede Funktion $f(x)$, die für*

$$0\leqq r_1 < \left|\frac{x}{1-x}\right| < r_2 \leqq 1$$

holomorph ist und die Umlaufseigenschaft

$$f(xe^{2\pi i}) = e^{2\pi i\nu}f(x)$$

hat, eindeutig in eine in kompakten Teilgebieten absolut gleichmäßig konvergente Reihe

$$f(x) = \sum_{n=-\infty}^{+\infty} c_n x^{\nu+n} F(a+\nu+n, b+\nu+n; 1+\nu+n; x) \tag{10}$$

entwickeln. Die Koeffizienten sind $\left(\text{vgl. (9)}\right)$

$$c_n = \frac{1}{2\pi i}\oint f(x) x^{-\nu-n-1}F(1-a-\nu-n, 1-b-\nu-n; -\nu-n; x)\,dx. \tag{11}$$

Einige einfache Entwicklungen nach Satz 1 folgen auch aus dem Multiplikationstheorem

$$\left.\begin{aligned}
&F(a+\nu, b+\nu; 1+\nu; \lambda x)\\
&= \sum_{n=0}^{\infty} \frac{(a+\nu)_n (b+\nu)_n}{n!\,(1+\nu)_n}(\lambda-1)^n x^n F(a+\nu+n, b+\nu+n; 1+\nu+n; x),
\end{aligned}\right\} \tag{12}$$

das sich aus **7.2.**, (37) auf Grund der Tatsache ergibt, daß

$$\frac{\Gamma(a+\alpha)\,\Gamma(b+\alpha)}{\Gamma(c+\alpha)}\,F(a+\alpha,\,b+\alpha;\,c+\alpha;\,z)=F(z,\alpha)$$

Lösung der F-Gleichung

$$\frac{d}{dz}\,F(z,\alpha)=F(z,\alpha+1)$$

ist (vgl. **7.**).

8.52. Entwicklungen nach „verallgemeinerten" Kugelfunktionen $\widetilde{\mathfrak{Q}}^{\mu,\varkappa}_{\nu+n}(x)$.
Wir knüpfen an **4.5.**, insbesondere an die dortige Definition (19) an.
Danach hat die selbstadjungierte Differentialgleichung

$$\left[(1-x^2)\,y'\right]'+\left[\lambda-\frac{\mu^2}{1-x^2}-\frac{\varkappa(\varkappa+1)}{x^2}\right]y=0 \tag{13}$$

mit den zueinander adjungierten Bedingungen

$$y(x\,e^{\pi i})=e^{-\pi i(\nu+1)}\,y(x)\not\equiv 0 \tag{14}$$

bzw.

$$y^*(x\,e^{\pi i})=e^{\pi i\nu}y^*(x)\not\equiv 0, \tag{14*}$$

falls wir hier

$$\nu+\tfrac{1}{2}\neq\text{ganz}$$

voraussetzen, genau die Eigenwerte

$$\lambda_n=(\nu+2n)(\nu+2n+1)\qquad(n=\ldots,\,-1,\,0,\,1,\,\ldots) \tag{15}$$

mit den bis auf konstanten Faktor bestimmten Eigenlösungen

$$y_n(x)=\widetilde{\mathfrak{Q}}^{\mu,\varkappa}_{\nu+2n}(x) \tag{16}$$

bzw. — wir verzichten auf Normierung —

$$y_n^*(x)=\widetilde{\mathfrak{Q}}^{\mu,\varkappa}_{-\nu-2n-1}(x). \tag{16*}$$

Um den entsprechenden Entwicklungssatz mit Hilfe von **8.1.** zu gewinnen, verfährt man ganz analog zu **8.41.** Man erhält, indem man wieder die Resultate für ν und $\nu+1$ zusammenfaßt, den

Satz 1. *Sei $\nu+\tfrac{1}{2}$ nicht ganz. Dann läßt sich jede in einem konfokalen Ellipsenring mit den Brennpunkten $+1$, -1, d.h. für*

$$1\leqq r_1<|x+(x^2-1)^{\frac{1}{2}}|<r_2\leqq\infty$$

holomorphe Funktion $f(x)$ mit der Umlaufseigenschaft

$$f(x\,e^{2\pi i})=e^{-2\pi i\nu}f(x)$$

dort eindeutig in eine Reihe

$$f(x)=\sum_{n=-\infty}^{\infty}c_n\,\widetilde{\mathfrak{Q}}^{\mu,\varkappa}_{\nu+n}(x)$$

entwickeln, die in jedem kompakten Teilgebiet absolut gleichmäßig konvergiert. Die Koeffizienten sind

$$c_n = \frac{2(\nu+n)+1}{\cos\pi(\nu+n)\cdot 2\pi i} \oint f(x)\,\tilde{\mathfrak{Q}}^{\mu,\varkappa}_{-\nu-n-1}(x)\,dx.$$

Wir verzichten auf Anwendungsbeispiele, erwähnen nur, daß sich hier leicht — entsprechend zu **8.41.**, Satz 2 — die Theorie der Entwicklungen nach *Jacobischen Polynomen*

$$\mathfrak{F}(\alpha,\gamma,x) = F(-n,\alpha+n;\gamma;x)$$

anschließen läßt.

8.6. Asymptotische Formeln

Die Bemerkungen von Abschnitt **8.14.** kann man bequem dazu benutzen, um neben entsprechenden Entwicklungssätzen zugleich auch asymptotische Aussagen für das entsprechende Funktionensystem zu gewinnen. Gemäß **8.17.** ist bei allen unseren Anwendungen in **8.14.**, (21), (22), (23)

$$\varepsilon_r = O\!\left(\frac{1}{n}\right) \qquad (n\to\pm\infty).$$

Demgemäß würde man zu **8.21.** die Aussage erhalten, daß für nicht ganzes ν in

$$0 < |x| \leqq \varrho_2 < \infty$$

gleichmäßig

$$J_{\nu+n}(x) = \frac{x^{\nu+n}}{2^{\nu+n}\,\Gamma(\nu+n+1)}\left(1+O\!\left(\frac{1}{n}\right)\right) \qquad (n\to\pm\infty)$$

gilt. Indem man entsprechende Gleichmäßigkeit bezüglich ν nachprüft, erhält man daraus leicht

$$J_\nu(x) = \frac{x^\nu}{2^\nu\,\Gamma(\nu+1)}\left(1+O\!\left(\frac{1}{\nu}\right)\right) \tag{1}$$

für $\mathfrak{Re}\,\nu\to\pm\infty$, und dies gleichmäßig für obige x und beschränkten $|\mathfrak{Im}\,\nu|$, solange dabei $|\nu+n|$ für $n=1, 2, 3, \dots$ nach unten beschränkt bleibt.

In gleichem Sinne gilt bei **8.22.** in Ringgebieten

$$0 < \varrho_1 \leqq \left|\frac{x\,e^{(1-x^2)^{\frac{1}{2}}}}{1+(1-x^2)^{\frac{1}{2}}}\right| \leqq \varrho_2 < 1$$

die asymptotische Formel

$$J_\nu(\nu x) = \frac{(\nu x)^\nu \exp[\nu(1-x^2)^{\frac{1}{2}}]\left(1+O\!\left(\frac{1}{\nu}\right)\right)}{e^\nu\,\Gamma(\nu+1)[1+(1-x^2)^{\frac{1}{2}}]\,(1-x^2)^{\frac{1}{4}}}. \tag{2}$$

Während (1) sich leicht auch aus der Potenzreihenentwicklung von $J_\nu(x)$ nach x gewinnen läßt, die quasi eine entsprechende asymptotische

Reihe für v darstellt, und dementsprechend weniger interessant ist, gestaltet sich eine anderweitige Herleitung bzw. Erweiterung von (2) weniger einfach und natürlich.

8.23. und **8.24.** geben natürlich gegenüber (1) nichts Neues.

8.31. und **8.32.** liefern analog zu (1)

$$M_{\varkappa,\mu}(x) = x^{\mu+\frac{1}{2}}\left(1+O\left(\tfrac{1}{\mu}\right)\right) \qquad (\Re\mu \to \pm\infty) \tag{3}$$

gleichmäßig in $0<|x|\leq\varrho_2<\infty$ und für beschränkten $|\Im\mu|$, falls nur $|2\mu+n|$ bei $n=1, 2, 3, \ldots$ nach unten beschränkt bleibt.

8.33. gibt

$$\Phi(a, c; x)=1+O\left(\tfrac{1}{c}\right) \qquad (\Re c \to \pm\infty) \tag{4}$$

gleichmäßig für beschränktes x und $\Im c$, falls $|c+n|$ $(n=0, 1, 2, \ldots)$ nach unten beschränkt bleibt. Dies kann natürlich auch auf andere Weise erhalten werden.

Ebenso erhält man bei **8.51.** in analogem Sinne

$$F(a, b; c; x)=1+O\left(\tfrac{1}{c}\right) \qquad (\Re c \to \pm\infty). \tag{5}$$

Interessant ist das asymptotische Verhalten der Funktionen $\widetilde{\mathfrak{Q}}_v^{\mu}(x)$, das man im Anschluß an **8.41.** bekommt. Es gilt danach für

$$1<\varrho_1\leq|x+(x^2-1)^{\frac{1}{2}}|\leq\varrho_2<\infty, \qquad |\Im v|\leq c_1,$$
$$|v-n-\tfrac{1}{2}|\geq c_2>0 \qquad (n \text{ ganz})$$

gleichmäßig bei $\Re v \to \pm\infty$

$$\widetilde{\mathfrak{Q}}_v^{\mu}(x) = \left|\frac{\pi}{2}\frac{1}{\Gamma(v+\frac{3}{2})}(x^2-1)^{-\frac{1}{4}}\left(x+(x^2-1)^{\frac{1}{2}}\right)^{-v-\frac{1}{2}}\left(1+O\left(\tfrac{1}{v}\right)\right)\right.. \tag{6}$$

Analog gilt im Anschluß an **8.42.** bei $\Re\mu \to \pm\infty$

$$\mathfrak{P}_v^{-\mu}(x)= \frac{1}{\Gamma(\mu+1)}\left(\frac{x-1}{x+1}\right)^{\frac{\mu}{2}}\left(1+O\left(\tfrac{1}{\mu}\right)\right) \tag{7}$$

gleichmäßig für

$$0<\varrho_1\leq\left|\frac{x-1}{x+1}\right|\leq\varrho_2<1, \qquad |\Im\mu|\leq c_1,$$
$$|\mu-n|\geq c_2>0 \qquad (n \text{ ganz}).$$

(6) und (7) können auch mit Hilfe von **5.61.**, (5) und **5.62.**, (6) im Anschluß an die Formel (5) dieses Abschnitts erhalten werden. (6) gilt übrigens analog auch für die verallgemeinerten Kugelfunktionen $\widetilde{\mathfrak{Q}}_v^{\mu,\varkappa}(x)$.

Mit Benutzung von

$$P_n(x)= \frac{(-1)^n}{n!}\,\widetilde{\mathfrak{Q}}_{-n-1}^{0}(x) \qquad (n=0, 1, 2, \ldots) \tag{8}$$

erhält man für die Legendreschen Polynome aus (6)

$$P_n(x) = \frac{1}{\sqrt{2\pi n}}\,(x^2-1)^{-\frac{1}{4}}\left(x+(x^2-1)^{\frac{1}{2}}\right)^{n+\frac{1}{2}}\left(1+O\left(\frac{1}{n}\right)\right) \tag{9}$$

bei $n \to +\infty$ gleichmäßig in

$$1 < \varrho_1 \leq \left|x+(x^2-1)^{\frac{1}{2}}\right| \leq \varrho_2 < \infty.$$

Für $-1 < z < 1$ kann nun mit einer z einmal positiv umlaufenden Kurve $\mathfrak{C}$

$$P_n(z) = \frac{1}{2\pi i}\oint_{\mathfrak{C}}\frac{P_n(x)}{x-z}\,dx \tag{10}$$

dargestellt werden. Man berechnet leicht mit Hilfe geeigneter Deformationen von $\mathfrak{C}$, daß mit $z = \cos\varphi$ $(0 < \varphi < \pi)$

$$\frac{1}{2\pi i}\oint_{\mathfrak{C}}\frac{(x^2-1)^{-\frac{1}{4}}(x+(x^2-1)^{\frac{1}{2}})^{n+\frac{1}{2}}}{x-z}\,dx = 2\,(\sin\varphi)^{-\frac{1}{2}}\cos\left[\left(n+\frac{1}{2}\right)\varphi - \frac{\pi}{4}\right]$$

wird. Tatsächlich läßt sich zeigen, daß

$$P_n(\cos\varphi) = \sqrt{\frac{2}{\pi n}}\,(\sin\varphi)^{-\frac{1}{2}}\cos\left[\left(n+\frac{1}{2}\right)\varphi - \frac{\pi}{4}\right] + O(n^{-\frac{3}{2}}) \tag{11}$$

gleichmäßig in abgeschlossenen Teilintervallen von $0 < \varphi < \pi$ gilt.

8.7. Bemerkung zu den Entwicklungssätzen

Wie man leicht sieht, gilt der folgende

Hilfssatz 1. *Die Funktionen*

$$f_n(x) \qquad (n = \ldots, -1, 0, 1, \ldots)$$

seien im Kreisring

$$0 \leq r_1 < |x| < r_2 \leq \infty$$

eindeutig holomorph; es gelte

$$f_n(x) = x^n\left(1 + \varepsilon_n(x)\right) \qquad (n = \ldots, -1, 0, 1, \ldots)$$

und hier

$$\varepsilon_n(x) \to 0 \qquad (n \to \pm\infty)$$

gleichmäßig in jedem kompakten Teilkreisring

$$0 \leq r_1 < \varrho_1 \leq |x| \leq \varrho_2 < r_2 \leq \infty.$$

Ist dann die Reihe

$$\sum_{n=-\infty}^{+\infty} a_n f_n(x)$$

für zwei Stellen x_1, x_2 mit

$$r_1 < |x_1| < |x_2| < r_2$$

konvergent, so ist sie in jedem abgeschlossenen Teilkreisring

$$|x_1| < \varrho_1 \leqq |x| \leqq \varrho_2 < |x_2|$$

absolut gleichmäßig konvergent.

Man hat dort nämlich für $n \to + \infty$

$$|a_n f_n(x)| \leqq \left(\frac{\varrho_2}{|x_2|}\right)^n \left|\frac{1 + \varepsilon_n(x)}{1 + \varepsilon_n(x_2)}\right| |a_n f_n(x_2)|,$$

wobei die beiden letzten Faktoren gleichmäßig beschränkt bleiben;
analog für $n \to -\infty$

$$|a_n f_n(x)| \leqq \left(\frac{|x_1|}{\varrho_1}\right)^{|n|} \left|\frac{1 + \varepsilon_n(x)}{1 + \varepsilon_n(x_1)}\right| |a_n f_n(x_1)|.$$

Ebenso gilt natürlich für Entwicklungen vom Potenzreihentyp der

Hilfssatz 2. *Sind die Funktionen*

$$g_n(x) \qquad (n = 0, 1, 2, \ldots)$$

für $|x| < r \leqq \infty$ holomorph und hat man in kompakten Teilgebieten gleichmäßig

$$g_n(x) = x^n (1 + \varepsilon_n(x)), \qquad \varepsilon_n(x) \to 0,$$

so ist eine Reihe

$$\sum_{n=0}^{+\infty} a_n g_n(x),$$

falls sie für ein x_0, $r > |x_0| > 0$, konvergiert, für

$$|x| \leqq \varrho < |x_0|$$

*absolut gleichmäßig konvergent. — Unter den genannten Voraussetzungen
hat man absolut gleichmäßige Konvergenz für*

$$|x| \leqq r_1 < \min\left(r, \frac{1}{\limsup \sqrt[n]{|a_n|}}\right)$$

und Divergenz für

$$\frac{1}{\limsup \sqrt[n]{|a_n|}} < |x| < r.$$

Auch die letzte Aussage dieses Hilfssatzes gilt analog für die Reihen
vom Laurent-Typ unter den Annahmen von Hilfssatz 1.

Auf Grund der asymptotischen Formeln von **8.6.** lassen sich nun die
Bemerkungen der oben notierten Hilfssätze auf fast alle in den Abschnitten **8.2.** bis **8.5.** aufgeschriebenen Entwicklungssätze übertragen.
Die Reihen dieser Art sind also sämtlich, falls sie in entsprechenden
offenen Gebieten überhaupt konvergieren, auch in kompakten Teilgebieten
absolut gleichmäßig konvergent. Ebenso hat man hinsichtlich der „Konvergenzradien" volle Analogie zu den Laurent- bzw. Potenzreihen.

Literaturhinweise

Handbücher und Formelsammlungen

ERDÉLYI, MAGNUS, OBERHETTINGER and TRICOMI: Higher transcendental functions
I, II, III. New York-Toronto-London 1953/55.
MAGNUS u. OBERHETTINGER: Formeln und Sätze für die speziellen Funktionen der
mathematischen Physik. Berlin-Göttingen-Heidelberg 1948.
J. MEIXNER: Spezielle Funktionen der mathematischen Physik. Handbuch der
Physik I. Berlin-Göttingen-Heidelberg 1956.

Lehrbücher

COURANT-HILBERT: Methoden der mathematischen Physik I, II. Berlin 1931/37.
WHITTAKER-WATSON: A course of modern analysis. Cambridge 1927.
E. D. RAINVILLE: Special functions. New York 1960.
A. KRATZER u. W. FRANZ: Transzendente Funktionen. Leipzig 1960.

Spezialliteratur

Zu 1.3.

D. V. WIDDER: The Laplace transform. Princeton 1946.
G. DOETSCH: Einführung in Theorie und Anwendung der Laplace-Transformation.
Basel u. Stuttgart 1958.
G. DOETSCH: Handbuch der Laplace-Transformation I, II, III. Basel 1950/55/56.

Zu 2.

N. NIELSEN: Handbuch der Theorie der Gammafunktion. Leipzig 1906.
E. ARTIN: Einführung in die Theorie der Gammafunktion. Leipzig u. Berlin 1931.
LÖSCH-SCHOBLIK: Die Fakultät und verwandte Funktionen. Leipzig 1951.

Zu 3.

N. NIELSEN: Handbuch der Theorie der Zylinderfunktionen. Leipzig 1904.
G. N. WATSON: A treatise on the theory of Besselfunctions. Cambridge 1952.
R. WEYRICH: Die Zylinderfunktionen und ihre Anwendungen. Leipzig u. Berlin
1937.
GRAY-MATHEWS-MACROBERT: A treatise on Besselfunctions and their applications
to physics. London 1952.

Zu 4.

F. KLEIN: Vorlesungen über die hypergeometrischen Funktionen. Berlin 1933.
P. APPELL et J. KAMPÉ DE FÉRIET: Fonctions hypergéométriques et hypersphériques;
Polynomes d'Hermite. Paris 1926.
J. KAMPÉ DE FÉRIET: La fonction hypergéométrique. Mem. sci. math. No. 85.
Paris 1937.

Zu 5.

E. HEINE: Handbuch der Kugelfunktionen I, II. Berlin 1878/81.
T. M. MACROBERT: Spherical harmonics. London 1927.

E. W. HOBSON: The theory of spherical and ellipsoidal harmonics. Cambridge 1931.
J. LENSE: Kugelfunktionen. Leipzig 1950.
R. LAGRANGE: Polynomes et fonctions de Legendre. Mem. sci. math. No. 97. Paris 1939.
L. ROBIN: Fonctions sphériques de Legendre et fonctions sphéroidales I, II, III. Paris 1957/58/59.

Zu 6.

H. BUCHHOLZ: Die konfluente hypergeometrische Funktion. Berlin-Göttingen-Heidelberg 1953.
F. G. TRICOMI: Funzioni ipergeometriche confluenti. Monografie matematiche Rome I, 1954.
— Fonctions hypergéométriques confluentes. Mem. sci. math. No. 140, 1960.
L. J. SLATER: Confluent hypergeometric functions. Cambridge 1960.

Zu 7.

C. TRUESDELL: A unified theory of special functions. Annals of math. studies No. 18. Princeton 1948.

Einige Ergänzungen

Asymptotische Reihen
A. ERDÉLYI: Asymptotic expansions. Dover Publications USA 1956.

Mathieusche Funktionen
N. W. MACLACHLAN: Theory and application of Mathieu functions. Oxford 1947.
J. MEIXNER u. F. W. SCHÄFKE: Mathieusche Funktionen und Sphäroidfunktionen. Berlin-Göttingen-Heidelberg 1954.
R. CAMPBELL: Théorie générale de l'équation de Mathieu. Paris 1955.

Sphäroidfunktionen
J. MEIXNER u. F. W. SCHÄFKE: Mathieusche Funktionen und Sphäroidfunktionen. Berlin-Göttingen-Heidelberg 1954.
C. FLAMMER: Spheroidal wave functions. California; Stanford 1957.